高等学校"十一五"规划教材　土木工程系列

砌体结构设计

张洪学　主编

哈爾濱工業大學出版社

内容简介

本书是根据砌体结构课程的教学基本要求及《砌体结构设计规范》(GB 50003—2001)编写的。结合我国近年来砌体结构的新发展,主要介绍了砌体材料及砌体的力学性能,砌体结构和构件以概率理论为基础的极限状态设计方法,构件的受压、局部受压、受拉、受弯和受剪承载力计算,配筋砌体和配筋砌块砌体剪力墙承载力计算及墙体设计,混合结构房屋墙体设计,过梁、圈梁、墙梁、挑梁及墙体的构造措施以及砌体结构房屋抗震设计。

本书可作为高等学校土木工程专业的砌体结构课程教材,也可供土木工程技术人员参考。

图书在版编目(CIP)数据

砌体结构设计/张洪学主编.—哈尔滨:哈尔滨工业大学出版社,2007.9(2014.2 重印)

ISBN 978-7-5603-2280-3

Ⅰ.砌…　Ⅱ.张…　Ⅲ.砌块结构　Ⅳ.TU36

中国版本图书馆 CIP 数据核字(2007)第 087880 号

策划编辑　郝庆多
责任编辑　郝庆多　张　瑞
封面设计　卞秉利
出版发行　哈尔滨工业大学出版社
社　　址　哈尔滨市南岗区复华四道街 10 号　邮编 150006
传　　真　0451-86414749
网　　址　http://hitpress.hit.edu.cn
印　　刷　肇东市一兴印刷有限公司
开　　本　787mm×1092mm　1/16　印张 13.5　插页 1　字数 337 千字
版　　次　2008 年 1 月第 1 版　2014 年 2 月第 4 次印刷
书　　号　ISBN 978-7-5603-2280-3
定　　价　29.00 元

前　言

砌体结构在我国历史悠久,大量的房屋是用砌体建造的。随着我国墙体材料的不断改革和发展,砌体结构的使用范围也在不断扩大,同时对砌体材料提出了更新、更高的要求。配筋砌块砌体结构的研究和实践取得了许多新的成果和进展,使得砌体结构房屋由多层向中高层发展。砌体结构在土木工程学科中占有重要位置,是高等学校土木工程专业学生必修的课程。

本书是根据土木工程专业“砌体结构”教学大纲和新修订的《砌体结构设计规范》(GB 50003—2001)编写的。在保证全书必要系统性的同时,又保证了其内容的先进性,简要介绍了砌体结构的发展历史和今后的发展趋势;对砌体结构材料的力学性能作了较详细的阐述;简要介绍了砌体结构的设计方法;详细地讨论了无筋砌体受压构件及砌体房屋的受力性能和设计方法;重点介绍了配筋砌块砌体剪力墙的结构布置与设计方法,集中反映了在砌体结构研究方面的最新成果;按照《砌体结构设计规范》(GB 50003—2001)编写了圈梁、过梁、墙梁、跳梁的设计方法;针对砌体结构的抗震要求,介绍了砌体结构房屋的抗震设计内容。本书可作为高等学校土木工程专业的专业课教材,同时也可供有关的工程设计人员参考。

为了便于学生自学和进一步理解本书内容,各主要章节编写了较多的习题、思考题及典型的设计例题。本书第1、2章由张洪学编写;第3、4、5章由曹宏涛、金殿玉编写;第6、7、8章由张洪学、金殿玉、赵传华编写;李明家、刘辉、逯琳琳、刘长宇、藤学峰为本书各章节的部分内容及例题与习题的编写做了很多工作;全书由张洪学、金殿玉统稿,张洪学任主编。书稿承蒙张维信教授审稿并提出许多宝贵意见,作者谨致衷心感谢。

书中错误和不足之处在所难免,恳请读者批评指正。

张洪学

2007年5月

目　　录

第1章 绪 论

砌体结构是用各种块材(普通黏土砖、空心砖、各种砌块和石材)和砂浆砌筑而成的结构。砌体按照所采用块材的不同,可分为砖砌体、石砌体和砌块砌体3大类,因此在没有砌块之前砌体结构也称为砖石结构。砌体结构构件可分为无筋砌体和配筋砌体,无筋砌体的块材随着国家"禁实"政策在大中城市的逐步落实,黏土实心砖将被非烧结砖和各种空心砌块取代;而配筋砌体已经从应用越来越少的配筋砖砌体发展成为配筋砌块砌体。

1.1 我国砌体结构历史悠久、量大面广

在我国的砌体结构历史上有举世闻名的万里长城,它是在2 000多年前用"秦砖汉瓦"建造的世界上最伟大的砌体工程之一;我国早在春秋战国时期就已兴修水利,如仍在起灌溉作用的秦代李冰父子修建的都江堰水利工程;还有1 400年前用料石修建的现存河北赵县的安济桥,这是世界上最早的敞肩式拱桥,该桥已被美国土木工程学会选入世界第12个土木工程里程碑,由此可见,我国应用砌体结构的历史悠久,值得我们自豪和继承。

解放后我国在砖石结构方面有了很大的发展,砖的产量逐年增长。据统计,1980年的全国年产量为1 600亿块,1996年增至6 200亿块,为世界其他各国每年砖产量的总和。全国基本建设中采用砌体作墙体材料约占90%左右,在办公、住宅等民用建筑中大量采用砖墙承重。20世纪50年代这类房屋一般为3~4层,现在已为5~6层,不少城市一般建到7~8层。现在每年兴建的城市住宅建筑面积几亿平方米以上,在中小型单层工业厂房和多层轻工业厂房,以及影剧院、食堂、仓库等建筑中也广泛采用砖墙、柱承重结构。

砖石结构还用于建造各种构筑物,如镇江市建成的顶部外径2.18 m、底部外径4.78 m、高60 m的砖烟囱,用料石建成的80 m排气塔;在湖南建造的高12.4 m、直径6.3 m、壁厚240 mm的砖砌粮仓群;福建用毛石建造的横跨云宵—东山两县的大型引水工程——向东渠,其中陈岱渡槽全长4 400 m、高20 m,槽支墩共258座,工程规模宏大。此外,我国在古代建桥技术的基础上,于1959年建成跨度60 m、高52 m的石拱桥,接着又建成了敞肩式现代公路桥,最大跨度达120 m的湖南乌巢河大桥。我国建成的跨度在100 m以上的石拱桥有10座(包括乌巢河桥),每座都创下了新的纪录。

砌体结构材料有极强的地方性,具有取材容易、加工简单(挖地烧砖)、砌筑工艺容易掌握等优点,并且经过长时间的改进和发展,形成了具有各地特色的传统制作方式和砌筑方法,至今砌体材料仍在我国墙体材料中占有绝对优势,可谓量大面广。据统计,全国墙体材料中以砌体为承重和非承重(填充、围护)材料约占85%左右,因此,砌体材料可以说是我国的主要墙体材料。但是砌体结构也有一个致命伤——"挖地烧砖",即破坏环境、消耗能源。全国有砖、瓦企业约12万个,占地600多万亩。每年烧制6 000多亿块标准砖,取土14.3亿立方米,相当于毁坏土地120万亩,其生产每年要消耗约9 000万吨标准煤。在这种形势下,国家实行了"禁

实"政策,"禁实"工作的范围从城市扩展到城镇、从公共建筑扩展到民用住宅及工业建筑,"禁实"工作力度从"禁实"深入至"禁黏"。2003年6月30日"十五"规划提出,170个大中城市实现"禁实",2005年年底所有省会城市禁实。目前全国累计实现"禁实"的城市已多达239个,部分城市实现了由"禁实"到"禁黏",如北京市提出的2004年10月1日起禁止生产黏土类制品。因此,量大面广的黏土实心砖就将逐步被禁用而退出历史舞台。

砌块生产和应用的历史只有100多年,其中以混凝土砌块生产最早,自1824年发明波特兰水泥后,最早的混凝土砌块于1882年问世,美国于1897年建成第一幢砌块建筑。1933年美国加利福尼亚长滩大地震中无筋砌体震害严重,之后推出了配筋混凝土砌块结构体系,建造了大量的多层和高层配筋砌体建筑,如1952年建成的26幢6~13层的美国退伍军人医院,1966年在圣地亚哥建成的8层海纳雷旅馆(位于9度区)和洛杉矶19层公寓等,这些砌块建筑大部分都经受了强烈地震的考验。1958年我国建成采用混凝土空心砌块做墙体的房屋。

砌体结构之所以不断发展,成为我国应用最广泛的结构形式之一,其重要原因在于砌体结构具有很多优点:易于就地取材,降低工程造价;有很好的耐火性和较好的耐久性;保温、隔热性能好,节能效果明显;节约水泥、钢材和木材。当然砌体结构也存在许多缺点:自重大,强度较低,材料用量较多;砌筑砂浆和砖、石、砌块之间的黏结力较弱,因此无筋砌体的抗拉、抗弯及抗剪强度低,抗震及抗裂性能较差;砌筑工作繁重,劳动量大,生产效率低;黏土砖生产占用农田。

因此砌体结构主要应用于如下范围:

(1)砌体主要用于承受压力的构件,如房屋的基础、内外墙、柱等。无筋砌体房屋一般可建5~7层,配筋砌块剪力墙结构房屋可建8~18层。此外,过梁、屋盖、地沟等构件也可使用砌体结构。

(2)在工业与民用建筑中,砌体往往也被用来砌筑围护墙和填充墙,工业企业中的烟囱、料斗、管道支架、对渗水性要求不高的水池等特殊构件也可用砌体建造。农村建筑如仓库、跨度不大的加工厂房也可用砌体建造。

(3)在交通运输方面,砌体结构可用于桥梁、隧道工程,各种地下渠道、涵洞、挡土墙等;在水利建设方面,可用石材砌筑水坝和渡槽等。

但是应该注意,砌体结构是用单块块材和砂浆砌筑的,目前大多是手工操作,质量较难保证均匀一致,加上无筋砌体抗拉强度低、抗裂抗震性能较差等缺点,在应用时应注意有关规范、规程的使用范围。在地震区采用砌体结构,应采取必要的抗震措施。

1.2　新材料、新技术、新结构的研究与应用

20世纪60年代以来,我国黏土空心砖(多孔砖)的生产和应用有较大的发展,在南京建造了6~8层的空心砖承重的旅馆,当时空心砖孔隙率为22%,与实心砖强度等效,但可减轻自重17%、减小墙厚20%、节省砂浆20%~30%、砌筑工时缩短20%~25%、墙体造价降低19%~23%。根据节能的进一步要求,近年来我国在消化吸收国外先进技术的基础上,制造出规格为380 mm×240 mm×190 mm、孔隙率为40%的烧结保温空心砖(块),这种保温砖的密度为1 012 kg/m^3,抗压强度为10.5 MPa,热阻为1.649 m^2·K/W。主要力学和热工性能的指标接近或达到了国际同类产品的水平。《多孔砖砌体设计与施工技术规程》行业标准,为这种砖的推

广创造了条件。

近年来，采用混凝土、轻骨料混凝土或加气混凝土，以及利用河砂、各种工业废料、粉煤灰、煤矸石等制作无热料水泥煤渣混凝土砌块或蒸压灰砂砖、粉煤灰硅酸盐砖、砌块等在我国有较大的发展。1958年建成采用砌块作墙体的房屋，经过50多年的实践，砌块墙体已成为我国墙体革新的有效途径之一。砌块种类、规格较多，其中以中、小型砌块较为普遍，在小型砌块中又开发出多种强度等级的承重砌块和装饰砌块。据不完全统计，1996年全国砌块总产量约为2 500万立方米，各类砌块建筑约5 000万平方米，近10年混凝土砌块与砌块建筑的年递增量都在20%左右，尤其在大中城市推广迅速，以上海推广砌块建筑为例，1994年约50万平方米，1995年约100万平方米，1996年约150万平方米，到1999年一季度累计完成的砌块建筑450万平方米。这些砌块建筑大多是多层的，至于中高层、高层砌块建筑，我国于20世纪80年代就着手和进行试点工作，如1982年建成的广西壮族自治区科委10层砌块住宅试验楼、1986年建成的广西区建二公司11层小砌块试验楼(7度设防)，为我国砌块中高层建筑的发展做了开创性的工作。20世纪90年代初期，在总结国内外配筋混凝土砌块试验研究经验的基础上，我国在配筋砌块结构的配套材料、配套应用技术的研究上获得了突破，在此基础上开展了更具代表性和针对性的试点工程，如1997年建成的盘锦市国税局15层砌块住宅，1998年建成的上海18层混凝土空心砖块配筋砌体住宅。试点工程实践表明，中高层配筋砌块建筑具有明显的社会经济效益，盘锦15层砌块建筑，节省钢材45%、降低土建造价18%；上海18层砌块建筑节约钢材25%、降低土建造价7.4%。因此，将中高层配筋砌块结构体系纳入到我国砌体结构设计规范中是理所当然的。由此可见，作为黏土砖的主要替代材和某些功能强于黏土砖的砌块的发展前景是非常好的。

我国在20世纪50~70年代，采用预制大型墙板建造多层住宅，如采用振动砖墙板、烟灰煤渣、矿渣混凝土墙板建造了几十万平方米的建筑。近10多年来，北京等地采用内浇(混凝土)外砌的混合结构建造中高层建筑，取得了较好的经济效益。最近几年，清华大学开展了多层大开间混凝土核心筒、砌体外墙的混合结构的试验研究和小规模试点工程，在改进和扩展砌体结构的性能和应用范围方面做了有益的探索。

我国配筋砌体应用研究起步较晚，20世纪60年代衡阳和株洲一些房屋的部分墙、柱采用网状配筋砌体承重，节省了钢材和水泥。1958~1972年在徐州采用配筋砖柱建筑了12~24 m、吊车起重量为50~200 t的单层厂房36万平方米，使用情况良好。20世纪70年代以来，尤其是1975年海城－营口地震和1976年唐山大地震之后，对设置构造柱和圈梁的约束砌体进行了一系列的试验研究，其成果引入我国抗震设计规范。在此基础之上，通过在砖墙中加大加密构造柱形成所谓强约束砌体的中高层结构的研究取得了可喜的成果，如辽宁沈阳、江苏徐州、湖南长沙、甘肃兰州等地先后建造了8~9层上百万平方米的这类建筑，获得了较好的经济效益。这些研究成果有的已纳入到地方标准或国家标准。这是我国科研工作者在采用黏土砖砌体低强材料建造中高层建筑方面做出的贡献。利用强度如此低的砌体材料在地震区建造如此之高的建筑惟有我国。

配筋砖砌体结构和约束砖砌体的研究和应用也取得了较大进展。1984年中国西北建筑设计院等单位在西安采用配竖向钢筋空心砖墙承重建成一幢按8度设防的6层住宅。辽宁省建筑设计院设计了一种介于钢筋混凝土框架－填充墙结构与带钢筋混凝土构造柱的砖混结构体系之间的“砖混组合墙体系”，1987年在沈阳(7度区)共建成这种带钢筋混凝土约束柱和圈梁的“砖混组合墙体系”8层住宅34幢,共17万平方米。

近10年来,采用混凝土、轻集料混凝土,以及利用各种工业废渣、粉煤灰、煤矸石等制成的混凝土砌块在我国有较大发展。混凝土砌块属于非烧结性块材,它是由胶凝材料、集料按一定比例经机械成型、养护而成的块材。在材料组成上有以砂石作骨料的混凝土承重空心砌块,以浮石、煤矸石为骨料的轻骨料混凝土砌块,近年来又研制出大掺量粉煤灰混凝土承重砌块等。混凝土砌块按尺寸可划分为小型混凝土空心砌块和中型混凝土空心砌块,其中以小型混凝土空心砌块的应用较为普遍,小型混凝土空心砌块按厚度又可划分为190 mm和290 mm两大系列。砌块结构根据配筋方式和受力情况的不同分为约束配筋砌块结构和均匀配筋砌块结构。约束配筋砌块结构系指仅在砌块墙的局部配置构造钢筋,如在墙体的转角、丁字接头、十字接头和墙体较大洞口边缘设置竖向钢筋,并在这些部位设置一定的拉结钢筋网片。约束配筋砌块结构在地震设防烈度为6度、7度和8度地区建造房屋的允许层数分别为7层、6层和5层,当采取加强构造措施后,分别可以建到8层、7层和6层。和约束配筋砌体对应的是所谓均匀配筋砌体,即国外广泛应用的配筋混凝土砌块剪力墙结构,这种砌体结构和钢筋混凝土剪力墙一样,对水平和竖向配筋有最小含钢率要求,而且在受力模式上也类同于混凝土剪力墙结构,它是利用配筋砌块剪力墙承受结构的竖向和水平作用,是结构的承重和抗侧力构件。配筋砌体的注芯率一般大于50%,由于砌体的强度高、延性好,可用于大开间和高层建筑结构。均匀配筋砌块结构在地震设防烈度为6度、7度、8度和9度地区建造房屋的允许层数分别为18层、16层、14层和8层。由混凝土砌块代替黏土砖作为承重墙体材料既保留了传统砖结构取材广泛、施工方便、造价低廉的特点,又具有强度高、延性好的钢筋混凝土结构的特性。它的最大优势在于砌块的生产不毁坏耕地,而且耗能较低,仅为生产黏土砖的一半,符合国家可持续发展的技术政策,是我国墙体材料改革的有效途径之一。

正是由于配筋砌体具有强度高、延性好等性能,和钢筋混凝土剪力墙十分类似,可以应用于大开间和高层建筑结构。发美国抗震规范规定,配筋砌体的适用范围和钢筋混凝土结构相同。我国从20世纪80年代初期主持编制国际标准《配筋砌体设计规范》起至今对其进行了较为系统的试验研究,表明用配筋砌体可建造一定高度的既经济又安全的建筑结构,如广西的10~11层、盘锦的15层、上海的18层等。目前已经建成的配筋砌块高层有首钢18层配筋砌块住宅工程(8度设防),辽宁抚顺6栋16层砌块住宅、哈尔滨2栋18层砌块住宅等。可见配筋砌体中高层的研究和应用具有十分广阔的前景。

我国有着用砖砌筑拱和壳的丰富经验,解放以来,又向新的结构形式和大跨度方向发展。20世纪50~60年代修建了一大批砖拱屋盖和楼盖,还建成了10.5 m×11.3 m的扁球形砖壳屋盖,16 m×16 m的双曲扁球型砖薄壳和40 m直径的圆形球砖壳。20世纪60年代南京用带勾空心砖建成14 m×10 m的双曲扁壳屋盖仓库,以及10 m直径的圆形壳屋盖油库,在西安建成了24 m双曲扁壳屋盖等。20世纪70年代我国还在闽清梅溪大桥工程中建成88 m跨的(混凝土柱)双曲砖拱桥等。

我国大型板材墙体也有发展,20世纪50年代曾用振动砖墙板建成5层住宅,承重墙板厚120 mm。1974年在南京、西安等地用空心砖做振动砖墙板建成4层住宅。1965~1972年在北京用烟灰矿渣混凝土做墙板建成11.5万平方米的住宅,节约普通黏土砖1 900万块。1986年在长沙建成内墙采用混凝土空心大板,外墙采用砖砌体的8层住宅。

1.3 砌体结构理论研究与计算方法

解放前直至1950年我国尚无任何建筑结构设计理论研究。国家建委于1956年批准在我国推广应用前苏联《砖石及钢筋砖石结构设计标准和技术规范》(NUTY 120—55),直到20世纪60~70年代,在我国有关部门的领导和组织下,在全国范围内对砖石结构进行了比较大规模的试验研究和调查,总结出一套符合我国实际、比较先进的砖石结构理论、计算方法和经验。在砌体强度计算公式、无筋砌体受压构件的承载力计算、按刚弹性方案考虑房屋的空间工作,以及有关构造措施方面具有我国特色。在此基础上于1973年颁布了国家标准《砖石结构设计规范》(GBJ3—73),这是我国第一部砖石结构设计规范。从此我国的砌体结构设计进入了一个崭新的阶段。20世纪70年代中期至80年代末期,为修订(GBJ 3—73)规范,我国对砌体结构进行了第二次较大规模的试验研究,其中收集我国历年来各地试验的砌体强度数据4 023个,补充长柱受压试件近200个,局压试件100多个,墙梁试件200多根及2 000多个有限元分析数据并进行了11栋多层的砖房空间性能实测和大量的理论分析工作等。在砌体结构的设计方法、多层房屋的空间工作性能、墙梁的共同工作,以及砌块的力学性能和砌块房屋的设计方面取得了新的研究成果。此外,对配筋砌体、构造柱和砌体房屋的抗震性能方面也进行了许多试验研究,相继发布了《中型砌块建筑设计与施工规范》(JGJ 5—80)、《混凝土小型空心砌块建筑设计与施工规程》(JGJ 14—82)、《冶金工业厂房钢筋混凝土墙梁设计规程》(YS 07—79)、《多层砖房设置钢筋混凝土构造柱抗震设计与施工规程》(JGJ 13—82)等,特别是《砌体结构设计规范》(GBJ 3—88),使我国砌体结构设计理论和方法趋于完善。我国砌体结构可靠度的设计方法,已达到当前的国际先进水平。对于多层砌体房屋的空间工作,在墙梁中考虑墙和梁的共同工作和局压设计方法等专题的研究成果在世界上处于领先地位。近10余年来,特别是《砌体结构设计规范》(GBJ 3—88)发布后,进入了第三次较大规模的修订时期。如1995年发布的《混凝土小型空心砖块建筑技术规程》(JGJ/T 14—95),通过试验增强抗震构造措施,使原规范(JGJ 14—82)的适用建筑层数可增加一层,扩大了地震区的应用范围。1999年6月1日颁行的《砌体工程施工及验收规范》(GB 50203—98),取代了《砖石工程施工及验收规范》(GB 203—83)。它主要补充了近年来新型材料和配筋砌体施工技术、施工质量控制等级方面的内容。1988年修订的《砌体结构设计规范》(GBJ 3—88),主要在砌体结构可靠度方面、配筋混凝土砌块砌体、墙梁的抗震方面作了调整和补充。根据我国当前国情,对砌体结构可靠度作了适当的上调。这样做主要是为了促进采用较高等级的砌体材料,提高耐久性和适当提高抗风险能力。我国主编的国际标准《配筋砌体结构设计规范》和我国近年来各地较大规模的试验研究和试点建筑的经验,使我国配筋砌体特别是配筋混凝土砌块中高层的理论更完善,应用范围和限制有了较大的扩展和突破。如其应用范围,已达到钢筋混凝土剪力墙的适用范围。配筋灌孔混凝土砌块砌体是作为一个体系纳入到砌体规范中的,它的未来的实施,对促进我国砌块结构向高档次发展具有重要作用。

我国砌体结构理论近年来有较大提高,在《砌体结构设计规范》(GBJ 3—88)发布以后,陆续出版了许多教材和著作,如丁大钧主编的《砌石结构》、《砌体结构学》,施楚贤主编的《砌体结构理论与设计》、《砌体结构论文集》、《砌体结构设计手册》,唐岱新主编的《砌体结构设计》等。这些对促进我国砌体结构的发展有推动作用。

新修订的《砌体结构设计规范》(GB 50003—2001)已于2002年3月1日正式发布实施。这是根据近年来国内科研试验最新成果和大量工程实践经验,参考国际规范及国外工程经验,结合我国经济建设发展需要而修订的。新修订的规范增加了配筋砌块砌体剪力墙结构以适应城市建筑和节能省地、墙体改革的需要,使得建造中高层配筋砌块砌体结构成为可能,也反映了我国砌体结构发展已进入了现代砌体结构的发展阶段。

1.4 展 望

砌体是由包括多种材料的块体砌筑而成的,其中砖石是最古老的建筑材料,几千年来由于其良好的物理力学性能,易于取材、生产和施工,造价低廉,至今仍为我国主导的建筑材料。但是我国的砌体材料普遍存在着自重大、强度低、生产能耗高、毁田严重、施工机械化水平较低和耐久性、抗震性能较差等弊病,因此要针对这些问题开展以下方面的工作。

1.积极开发节能省地型的新型建材

1988年第一次国际材料研究会议上首次提出"绿色建材"的概念,1992年6月联大巴西里约热内卢环境和发展世界各国首脑会议,通过了"21世纪议程"宣言,确认了"可持续发展"的战略方针,其目标是:依据环境再生、协调共生、持续自然的原则,尽量减少自然资源的消耗,尽可能对废弃物的再利用和净化。保护生态环境以确保人类社会的可持续发展。

近年来发达国家在实施《绿色建材》计划上取得了较大的进展,我国以1992年联合国环境与发展首脑会议为契机,遵照江泽民同志"经济的发展,必须与人口、环境、资源统筹考虑,决不能走浪费资源和先污染后治理的老路,更不能吃祖宗饭、断子孙路……"的指示精神,迅速行动起来,广泛研制"绿色建材"产品,取得了初步成果。

(1) 加大限制高能耗、高资源消耗、高污染低效益的产品的生产力度。如对黏土砖国家早就出台了减少和限制使用的政策。近年的限制力度越来越大,如北京、上海等城市在建筑上不准采用黏土实心砖,这间接地促进了其他新型材料的发展。

(2) 大力发展蒸压灰砂废渣制品。这包括钢渣砖、粉煤灰砖、炉渣砖及其空心砌块、粉煤灰加气混凝土墙板等。这些制品我国20世纪80年代以前的生产量曾达2.5亿块,吃掉工业废渣几百万吨,但由于种种原因大多数厂家已停产,致使黏土砖生产回潮。今后应加大科研投入、改进工艺、提高产品性能和强度等级、降低成本,向多功能化发展。

(3) 利用页岩生产多孔砖。我国页岩资源丰富,分布地域较广。烧结页岩砖具有能耗低、强度高、外观规则等优点,其强度等级可达MU15~MU30,可砌筑清水墙和中高层建筑。页岩砖在四川、湖北和大连等地已得到初步应用,如成都的绵城苑小区16万平方米的建筑均采用这种砖。

(4) 大力发展废渣轻型混凝土墙板。这种轻板利用粉煤灰代替部分水泥,骨料为陶粒、矿渣或炉渣等轻骨料,加入玻璃纤维或其他纤维,以及其他轻材料,提高砌体施工技术的工业化水平。

(5) GRC板的改进与提高。这种板自重轻、防火、防水、施工安装方便。GRC空心条板是大力发展的一种墙体制品,需用先进的生产工艺和装配方式,以提高板的产量和质量。

(6) 推广使用蒸压纤维水泥板。我国是世界上第三大粉煤灰生产国,仅电力工业年排灰量达上亿吨,目前的利用率仅为38%。其实粉煤灰经处理后可生产价值更高的墙体材料,如高性能混凝土砌块、蒸压纤维增强粉煤灰墙板等。它具有体积质量(容重)低、导热系数小、可加工性强、颜色白净的特点,目前全国的产量已达700万平方米。

(7) 大力推广复合墙板和复合砌块。目前国内外没有单一材料,既满足建筑节能保温隔热,又满足外墙的防水、强度的技术要求,因此只能用复合技术来满足墙体的多功能要求,如钢丝网水泥夹芯板。目前看来,现场湿作业,抹灰后难以克服的龟裂现象有待改进。复合砌块墙体材料,也是今后的发展方向,如采用矿渣空心砖、灰砂砖砌块、混凝土空心砌块中的任意一种与绝缘材料相复合都可满足外墙的要求,目前已有少量生产。我国在复合墙体材料的应用方面已有一定基础,宜进一步改善和完善配套技术,大力推广,这是墙体材料"绿色化"的主要出路。

2.发展高强砌体材料

目前我国的砌体材料和发达国家相比,强度低、耐久性差。如黏土砖的抗压强度一般为7.5~15 MPa,承重空心砖的孔隙率不到25%。而发达国家的砌体材料抗压强度一般均达到30~60 MPa,且能达到100 MPa,承重空心砖的孔隙率可达到40%,体积质量一般为13 kN/m^3,最轻可达0.6 kN/m^3。根据国外经验和我国的条件,只要在配料、成型、烧结工艺上进行改进,是可以显著提高烧结砖的强度和质量的,如在中美合资的大连太平洋砖厂可生产出抗压强度为20~100 MPa的页岩砖。由于强度高、耐久性和耐磨性好及独特的色彩,可做清水墙和装饰材料,已出口和广泛用于高档建筑。高强块材具有比低强材料高得多的价格优势。

根据我国对黏土砖的限制政策,可就地取材、因地制宜,在黏土较多的地区(如西北高原),发展高强黏土制品、高孔隙率的保温砖和外墙装饰砖、块材等;在少黏土的地区发展高强混凝土砌块、承重装饰砌块和利用废材料制成的砌块等。

在发展高强块材的同时,研制高强度等级的砌筑砂浆。目前的砂浆强度等级最高为M15。当与高强块材匹配时需开发大于M15以上的高性能砂浆。我国已经实施的《混凝土小型空心砌块砂浆和灌孔混凝土》行业标准中砂浆的强度等级为M5~M30,灌孔混凝土的强度等级为C20~C40,这是混凝土砌块配套材料方面的重要进展,对推动高强砌体材料结构的发展有重要作用。

根据发展趋势,为确保质量,发展干拌砂浆和商品砂浆具有很好的前景。干拌砂浆是把所有配料在干燥状态下混合装包供应现场按要求加水搅拌即可,天津舒布洛克水泥砌块公司已供应这种干拌砂浆。商品砂浆的优点同商品混凝土,这类砂浆的发展一旦取代传统砂浆,将是一个巨大的变革。

3.继续加强配筋砌体和预应力砌体的研究

我国虽已初步建立了配筋砌体结构体系,但需研制和定型生产砌块建筑施工用的机具,如铺砂浆器、小直径振捣棒(直径不大于25 mm)、小型灌孔混凝土浇注泵、小型钢筋焊机、灌孔混凝土检测仪等。这些机具对配筋砌块结构的质量至关重要。

预应力砌体其原理同预应力混凝土,能明显地改善砌体的受力性能和抗震能力。国外,特别是英国在配筋砌体和预应力砌体方面的水平很高。我国20世纪80年代初期曾有过研究,但直至最近才有少数专家对预应力砖墙的抗震设计提出了建议。

4.加强砌体结构理论的研究

进一步研究砌体结构的破坏机理和受力性能,通过物理和数学模式,建立精确而完整的砌体结构理论,是世界各国关心的课题。我国在这方面的研究具有较好的基础,研究课题有一定的深度,对继续加强这方面的工作十分有利,对促进砌体结构发展也有深远意义。为此,还必须加强对砌体结构的试验技术和数据处理的研究,使测试自动化,以得到更精确的试验结果。

正如一位资深砌体结构学者 E.A.James 指出的"砌体结构经历了一次中古欧洲的文艺复兴,其有吸引力的功能特性和经济性,是它获得新生的关键。我们不能停留在这里,我们正在进一步赋予砌体结构的新的概念和用途"。坚持科学态度,敢于创新,不断努力,我们对砌体结构的未来充满信心。

本章小结

(1) 砌体结构是用各种块材(普通黏土砖、空心砖、各种砌块和石材)和砂浆砌筑而成的结构。

(2) 砌体按照所采用块材的不同,可分为砖砌体、石砌体和砌块砌体 3 大类,因此在没有砌块之前砌体结构也称为砖石结构。砌体结构构件可分为无筋砌体和配筋砌体。

(3) 砌体结构优缺点。

砌体结构优点:易于就地取材,降低工程造价;有很好的耐火性和较好的耐久性;保温、隔热性能好,节能效果明显;节约水泥、钢材和木材。

砌体结构缺点:自重大,强度较低,材料用量较多;砌筑砂浆和砖、石、砌块之间的黏结力较弱,因此无筋砌体的抗拉、抗弯及抗剪强度低,抗震及抗裂性能较差;砌筑工作繁重,劳动量大,生产效率低;黏土砖生产占用农田。

(4) 砌体结构主要应用范围:砌体主要用于承受压力的构件,房屋的基础、内外墙、柱等。无筋砌体房屋一般可建 5 ~ 7 层,配筋砌块剪力墙结构房屋可建 8 ~ 18 层。此外,过梁、屋盖、地沟等构件也可用砌体结构建造。

(5) 新材料、新技术、新结构的发展正在克服砌体结构的缺点,使砌体结构在满足建筑功能、节约工程造价的基础上建造起更高的建筑物。

(6) 今后在砌体结构方面我们主要应做好以下的工作:积极开发节能环保型的新型建材;发展高强砌体材料;继续加强配筋砌体和预应力砌体的研究,加强砌体结构理论的研究;结合我国的国情,扩大砌体结构的应用范围。

思考题

1.1 砌体、块材、砂浆三者之间的关系如何?

1.2 砖石结构与砌体结构有何区别?

1.3 砌体结构与其他结构形式相比,应用与发展有何特点?

1.4 为了使建筑节能省地,砌体结构材料应如何改进?

1.5 砌体结构的理论研究取得了哪些成果?今后的主要研究方向是什么?

第2章 砌体的基本力学性能

2.1 砌体的材料及种类

2.1.1 块体材料

1.烧结砖

烧结砖可分为烧结普通砖和烧结多孔砖。

(1) 烧结普通砖

用塑压黏土制坯,干燥后熔烧而成的实心和孔隙率不大于15%的砖称为烧结普通砖。其中实心黏土砖是主要品种,是目前应用最广泛的块体材料。其他非黏土原料制成的砖的生产和推广应用,既能利用工业废料,又可保护土地资源,是砖瓦工业发展的方向。例如,烧结页岩砖、烧结煤矸石砖、烧结粉煤灰砖等。

烧结普通砖具有全国统一的规格,其尺寸为240 mm×115 mm×53 mm 。具有这种尺寸的砖通称“标准砖”。

(2)烧结多砖孔

以黏土、页岩、煤矸石为主要原料,经焙烧而成,孔隙率不小于15%,孔的尺寸小而数量多的砖,简称多孔砖。

我国生产的多孔砖有多种形式和规格,它们的应用尚不普遍。

2.非烧结砖

以硅质材料和石灰为主要原料压制成坯并经高压釜蒸汽养护而成的实心砖统称硅酸盐砖。这类材料中仅有蒸压灰砂砖、蒸压粉煤灰砖被纳入新规范,其规格尺寸与实心黏土砖相同。

3.混凝土砌块

混凝土砌块是指采用普通混凝土或利用浮石、火山渣、陶粒等为骨料的轻集料混凝土制成的实心或空心砌块。

混凝土砌块规格多样,一般将高度在180~350 mm的砌块称为小型砌块;高度在360~900 mm的砌块称为中型砌块;高度大于900 mm的砌块称为大型砌块。

小型砌块尺寸较小、自重较轻、型号多、使用灵活、便于手工操作,目前在我国应用较广泛。中、大型砌块尺寸较大、自重较重,适用于机械起吊和安装,可提高施工速度、减轻劳动强度,但其型号不多,使用不够灵活,在我国很少采用。图2.1为常用的几种混凝土小型砌块。

4.天然石材

石材一般采用重质天然石。当重度(重力密度)大于18 kN/m³ 的称为重石(花岗岩、砂岩、石灰石等),重度(重力密度)小于18 kN/m³ 的称为轻石(凝灰岩、贝壳灰岩等)。重石材由

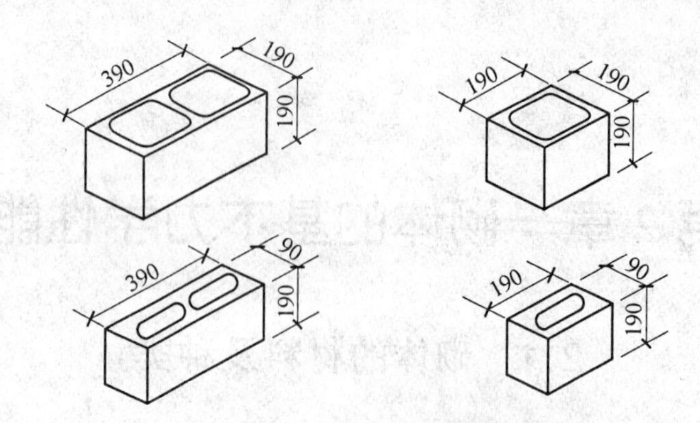

图 2.1 常用的混凝土小型砌块(单位:mm)

于强度大,抗冻性、抗水性、抗气性均较好,故通常用于建筑物的基础、挡土墙等,在石材产地也可用于砌筑承重墙体。但石材导热系数大,因此,在炎热及寒冷地区不宜用做建筑物外墙。

天然石材分为料石和毛石两种。料石按其加工后外形的规则程度又分为细料石、半细料石、粗料石和毛料石。毛石是指形状不规则,中部厚度不大于 200 mm 的块石。

石砌体中的石材应选用无明显风化的天然石材。

2.1.2 砂浆

砂浆是由砂、无机胶结料(水泥、石灰、石膏、黏土等)按一定比例加水搅拌而成的。砌体是用砂浆将单块的块体砌筑成为整体的。砂浆在砌体中的作用是使块体与砂浆接触表面产生黏结力和摩擦力,从而把散放的块体材料凝结成整体以承受荷载,并因抹平块体表面使应力分布均匀。同时,砂浆填满了块体间的缝隙,减少了砌体的透气性,从而提高砌体的隔热、防水和抗冻性能。

1.砂浆的种类

砂浆按其配合成分可分为以下几种。

(1) 水泥砂浆

水泥砂浆为不加塑性掺和料的纯水泥砂浆,由于能在潮湿环境中硬化,一般多用于含水量较大的地基土中的地下砌体。

(2) 混合砂浆

混合砂浆为水泥石灰砂浆、水泥黏土砂浆,强度较好,施工方便,常用于地上砌体。

(3) 非水泥砂浆

非水泥砂浆为不含水泥的砂浆,如石灰砂浆,属气硬性(即只能在空气中硬化)材料,强度不高,通常用于地上砌体;黏土砂浆,强度低,用于简易建筑;石膏砂浆,硬化快,一般用于不受潮湿的地上砌体。

2.砂浆的性能要求

砂浆除了强度要求外还应具有以下的性能。

(1) 可塑性

为了在砌筑时能将砂浆很容易且很均匀地铺开,从而提高砌体强度和砌筑效率,砂浆应具有适当的可塑性(流动性),其值可通过标准锥体沉入砂浆的深度测定。例如砖砌体的沉入深度为 70 ~ 100 mm 方为合格。

(2) 保水性

砂浆的质量在很大程度上取决于其保水性,亦即在运输、砌筑过程中保持相等质量的能力。在砌筑过程中,砖将吸收一 部分水分,这对于砂浆的强度和密实性是有利的,但如果砂浆保水性很小,新铺在砖面上的砂浆中水分很快被吸去,则使砂浆铺平困难,影响正常硬化作用,降低砂浆强度。砂浆的保水性由分层度试验方法确定。

纯水泥砂浆的可塑性及保水性较差,其强度等级虽然符合要求,但砌筑质量较差,所以规范规定用这种砂浆砌筑的砌体强度应予以折减。为使砂浆具有适当的可塑性和保水性,砂浆中除水泥外应另加入塑性掺和料,如黏土、石灰等组成水泥混合砂浆。但是,也不宜掺得过多,否则会增加灰缝中砂浆的横向变形,降低砌体的强度。

2.1.3 砌块砂浆与灌孔混凝土

在混凝土小型砌块建筑中,为了提高房屋的整体性、承载力和抗震性能,常在砌块孔洞中设置钢筋并浇筑灌孔混凝土,使其形成钢筋混凝土芯柱。在有些混凝土小型砌块砌体中,虽然孔内并没有配钢筋,但为了增大砌体横截面面积,或为了满足其他功能要求,也需要灌孔。灌孔混凝土是由水泥、砂、碎石、水以及根据需要掺入的掺和料和外加剂等组分按一定比例采用机械搅拌后,用于浇注混凝土砌块砌体芯柱或其他需要填实部位孔洞的混凝土,简称砌块灌孔混凝土。新规范根据《混凝土小型空心砌块灌孔混凝土》(JC 861—2000)国家建材行业标准引入了专用灌孔混凝土,其强度等级用 Cb 表示。

2.1.4 砌体的种类

砌体按其材料的不同可分为砖砌体、砌块砌体和石砌体;按其砌筑形式的不同可分为实心砌体和空心砌体;按其作用不同可分为承重砌体和非承重砌体;按配筋程度可分为无筋砌体、约束砌体和配筋砌体。配筋砌体是指配筋率较高,破坏时钢筋能充分发挥作用的砌体,如组合砖砌体、网状配筋砖砌体和配筋砌块砌体剪力墙等。

砌体能成为整体承受荷载,除了靠砂浆使块体黏结之外,还需要使块材在砌体中合理排列,即上、下皮块体必须互相搭砌,并避免出现过长的竖向通缝。

下面介绍几种按材料不同划分的砌体类别。

1.砖砌体

砖砌体通常用作承重外墙、内墙、砖柱、围护墙及隔墙。墙体的厚度是根据强度和稳定的要求来确定的。对于房屋的外墙,还需要满足保温、隔热和不透风的要求。北方寒冷地区的外墙厚度往往是由保温条件确定的,但在截面较小、受力较大的部位(如多层房屋的窗间墙)还需进行强度校核。

砖砌体按照砖的搭砌方式, 常用的有一顺一丁、梅花丁(即同一皮内,丁顺间砌)和三顺一丁砌法,而过去的五顺一丁砌法已很少采用。对于实心砖柱,用砍砖办法有可能做到严格的搭砌,完全消除竖向通缝,但由于砍砖不易整齐,往往只顾及外侧尺寸,内部形成难以密实的砂浆块,反倒降低砌体的受力性能。所以应采用不砍砖但又不让竖向通缝超过三皮的砌法。

黏土砖还可以砌成空心砌体。我国应用的轻型砌体有空斗墙、空气夹层墙、填充墙、多层墙等多种类型。

由外层半砖、里层一砖,中间形成 40 mm 空气层的 400 mm 厚夹层墙,其热工效果可相当于两砖厚的实心墙,对节省材料减轻自重有一定好处,只是施工及其砌筑质量要求较高,且空气夹层容易被砂浆堵塞。

填充墙是用砖砌成内外薄壁,在其中填充轻质保温材料,如玻璃棉、岩棉、苯板、膨胀珍珠岩等。哈尔滨市某节能住宅小区修建了内叶为一砖墙,外叶为半砖墙(有的用多孔砖),中间填80 mm厚岩棉,组成复合墙体的节能达标住宅,这种由几种材料组成的墙体又叫多层墙。

由蒸压灰砂砖、蒸压粉煤灰砖砌成的各种砌体,根据各地的具体条件也得到了应用。

2.砌块砌体

目前,我国已经应用的砌块砌体有混凝土小型空心砌块砌体,混凝土中型空心砌块砌体,粉煤灰中型实心砌块砌体。和砖砌体一样,砌块砌体也应分皮错缝搭砌。中型砌块上、下皮搭砌长度不得小于砌块高度的1/3,而且不小于150 mm;小型砌块上、下皮搭砌长度不得小于90 mm。

混凝土小型空心砌块由于块小便于砌筑,在使用上比较灵活,多层砌块房屋可以利用砌块的竖向孔洞做成配筋芯柱,其作用相当于多层砖房的构造柱,满足房屋抗震构造要求。

利用天然资源如浮石、火山渣、人工制成的陶粒以及工业废料(炉渣、粉煤灰等)制作轻骨料混凝土空心砌块,在有条件的地区也得到了广泛应用。

新规范根据目前应用情况和国家大力推广应用混凝土小型空心砌块的要求,已取消了中型砌块。

3.石砌体

石砌体由天然石材和砂浆砌筑而成,它可分为料石砌体和毛石砌体两大类。在石材产地充分利用这一天然资源比较经济,因此应用较为广泛。石砌体可用做一般民用房屋的承重墙、柱和基础。料石砌体还用于建造拱桥、坝和涵洞等构筑物。

4.配筋砌体

为了提高砌体的强度或当构件截面尺寸受到限制时,在砌体内配置适量的钢筋,这就是配筋砌体。目前国内采用的配筋砌体主要有两种:网状配筋砌体和组合砖砌体,如图2.2~2.4所示。前者将钢筋网配在砌体水平灰缝内,后者在砌体外侧预留的竖向凹槽内配置纵向钢筋,浇灌混凝土而制成组合砖砌体。组合砖砌体还可分为外包式组合砖砌体与内嵌式组合砌体。外包式组合砌体是指在砌体外侧预留的竖向凹槽内配置纵向钢筋,再浇筑混凝土或砂浆面层构成的砌体。内嵌式组合砖砌体是指由砖砌体与钢筋混凝土构造柱组成,柱嵌入在砖墙之中的砌体。

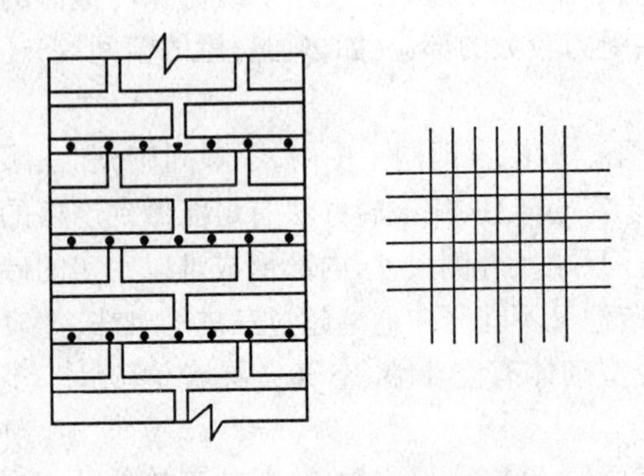

图2.2　横向配筋砌体(右为钢筋网)

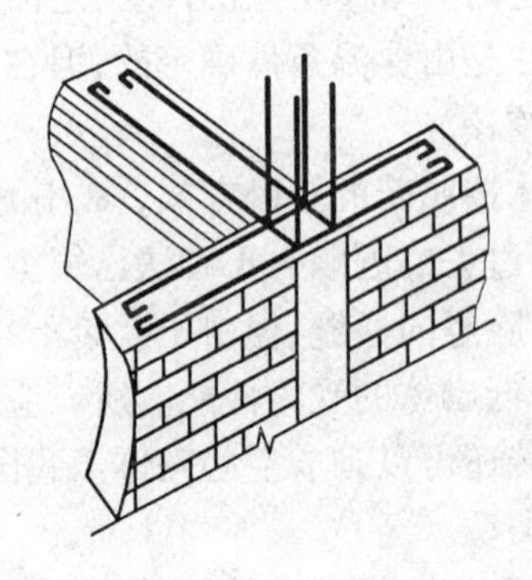

图2.3　内嵌式组合砖砌体墙

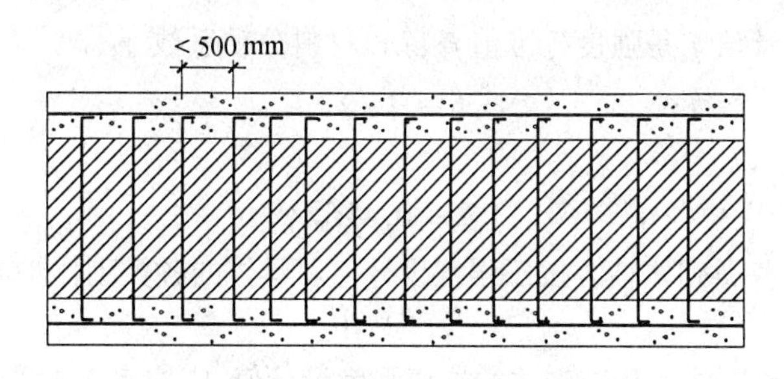

图 2.4　外包式组合砖砌体墙

配筋混凝土空心砌块砌体是利用普通混凝土小型空心砌块的竖向孔洞配以竖向和水平钢筋，浇灌注芯混凝土形成的配筋砌块剪力墙，可用于建造中、高层房屋，这是配筋砌体的又一种形式，现已纳入新规范。

5.预应力砌体

对砖砌体和砌块砌体，可在其孔洞内或槽口内放置预应力钢筋，以提高砌体的抗裂性或满足变形要求。我国已有这方面的应用，但目前还缺乏成熟经验。

6.墙板

南京旭建新型建筑材料有限公司发展了一种蒸压轻质加气混凝土，简称 ALC，可制成砌块和板材。用 ALC 制成多种板材，可用于外墙、内墙的砌筑。

2.2　材料的强度等级及砌体强度设计值

2.2.1　块材及砂浆的强度等级

块体和砂浆的强度等级，应按下列规定采用：

(1) 烧结普通砖、烧结多孔砖等的强度等级：MU30、MU25、MU20、MU15 和 MU10；

(2) 蒸压灰砂砖、蒸压粉煤灰砖的强度等级：MU25、MU20、MU15 和 MU10；

(3) 砌块的强度等级：MU20、MU15、MU10、MU7.5 和 MU5；

(4) 石材的强度等级：MU100、MU80、MU60、MU50、MU40、MU30 和 MU20；

(5) 砂浆的强度等级：M15、M10、M7.5、M5 和 M2.5。

注：①石材的规格、尺寸及其强度等级可按相关规范规定的方法确定；

②确定蒸压粉煤灰砖和掺有粉煤灰 15% 以上的混凝土砌块的强度等级时，其抗压强度应乘以自然碳化系数，当无自然碳化系数时，可取人工碳化系数的 1.15 倍；

③确定砂浆强度等级时应采用同类块体为砂浆强度试块底模。

2.2.2　砌体的抗压强度设计值

砌体抗压强度标准值是取抗压强度平均值 f_m 的概率密度分布函数 0.05 的分位值，即

$$f_k = f_m(1 - 1.645\delta_f) \tag{2.1}$$

式中，δ_f 为砌体受压强度的变异系数；f_m 为砌体抗压强度平均值，见本章 2.3.4。

对于除毛石砌体外的各类砌体的抗压强度，δ_f 可取 0.17，则

$$f_k = f_m(1 - 1.645 \times 0.17) = 0.72f_m$$

砌体抗压强度设计值 f 是强度标准值 f_k 除以材料分项系数 γ_f,即

$$f = f_k/\gamma_f \tag{2.2}$$

因为 $\gamma_f = 1.6$,所以

$$f = 0.45 f_m \tag{2.3}$$

根据上式可得出各类砌体轴心抗压强度设计值。具体的各类砌体轴心抗压强度设计值见表 2.1~2.6。

(1) 烧结普通砖和烧结多孔砖砌体的抗压强度设计值,应按表 2.1 采用。

表 2.1　烧结普通砖和烧结多孔砖砌体的抗压强度设计值　MPa

砖强度等级	砂浆强度等级					砂浆强度
	M15	M10	M7.5	M5	M2.5	0
MU30	3.94	3.27	2.93	2.59	2.26	1.15
MU25	3.60	2.98	2.68	2.37	2.06	1.05
MU20	3.22	2.67	2.39	2.12	1.84	0.94
MU15	2.79	2.31	2.07	1.83	1.60	0.82
MU10	—	1.89	1.69	1.50	1.30	0.67

(2) 蒸压灰砂砖和蒸压粉煤灰砖砌体的抗压强度设计值,应按表 2.2 采用。

表 2.2　蒸压灰砂砖和蒸压粉煤灰砖砌体的抗压强度设计值　MPa

砖强度等级	砂浆强度等级				砂浆强度
	M15	M10	M7.5	M5	0
MU25	3.60	2.98	2.68	2.37	1.05
MU20	3.22	2.67	2.39	2.12	0.94
MU15	2.79	2.31	2.07	1.83	0.82
MU10	—	1.89	1.69	1.50	0.67

(3) 单排孔混凝土和轻骨料混凝土砌块砌体的抗压强度设计值,应按表 2.3 采用。

表 2.3　单排孔混凝土和轻骨料混凝土砌块砌体的抗压强度设计值　MPa

砌块强度等级	砂浆强度等级				砂浆强度
	Mb15	Mb10	Mb7.5	Mb5	0
MU20	5.68	4.95	4.44	3.94	2.33
MU15	4.61	4.02	3.61	3.20	1.89
MU10	—	2.79	2.50	2.22	1.31
MU7.5	—	—	1.93	1.71	1.01
MU5	—	—	—	1.19	0.70

注:①对错孔砌筑的砌体,应按表中数值乘以 0.8;

②对独立柱或厚度为双排组砌的砌块砌体,应按表中数值乘以 0.7;

③对 T 形截面砌体,应按表中数值乘以 0.85;

④表中轻骨料混凝土砌块为煤矸石和水泥煤渣混凝土砌块。

(4) 孔隙率不大于 35%的双排孔或多排孔轻骨料混凝土砌块砌体的抗压强度设计值,应按表 2.4 采用。

表 2.4　轻骨料混凝土砌块砌体的抗压强度设计值　MPa

砌块强度等级	砂浆强度等级			砂浆强度
	Mb10	Mb7.5	Mb5	0
MU10	3.08	2.76	2.45	1.44
MU7.5	—	2.13	1.88	1.12
MU5	—	—	1.31	0.78

注:① 表中的砌块为火山渣、浮石和陶粒轻骨料混凝土砌块;

② 对厚度方向为双排组砌的轻骨料混凝土砌块砌体的抗压强度设计值,应按表中数值乘以 0.8。

(5) 块体高度为 180 ~ 350 mm 的毛料石砌体的抗压强度设计值,应按表 2.5 采用。

表 2.5　毛料石砌体的抗压强度设计值　MPa

毛料石强度等级	砂浆强度等级			砂浆强度
	M7.5	M5	M2.5	0
MU100	5.42	4.80	4.18	2.13
MU80	4.85	4.29	3.73	1.91
MU60	4.20	3.71	3.23	1.65
MU50	3.83	3.39	2.95	1.51
MU40	3.43	3.04	2.64	1.35
MU30	2.97	2.63	2.29	1.17
MU20	2.42	2.15	1.87	0.95

注:对下列各类料石砌体,应按表中数值分别乘以系数:细料石砌体 1.5;半细料石砌体 1.3;粗料石砌体 1.2;干砌勾缝石砌体 0.8。

(6) 毛石砌体的抗压强度设计值,应按表 2.6 采用。

表 2.6　毛石砌体的抗压强度设计值　MPa

毛石强度等级	砂浆强度等级			砂浆强度
	M7.5	M5	M2.5	0
MU100	1.27	1.12	0.98	0.34
MU80	1.13	1.00	0.87	0.30
MU60	0.98	0.87	0.76	0.26
MU50	0.90	0.80	0.69	0.23
MU40	0.80	0.71	0.62	0.21
MU30	0.69	0.61	0.53	0.18
MU20	0.56	0.51	0.44	0.15

2.2.3 砌体的抗拉强度和抗剪强度设计值

龄期为 28 d 的以毛截面计算的各类砌体的轴心抗拉强度设计值、弯曲抗拉强度设计值和抗剪强度设计值，当施工质量控制等级(详见第 3 章的 3.1.6)为 B 级时，应按表 2.7 采用。

表 2.7　沿砌体灰缝截面破坏时砌体的轴心抗拉强度设计值、弯曲抗拉强度设计值和抗剪强度设计值

MPa

强度类别	破坏特征	砌体种类	砂浆强度等级			
			≥M10	M7.5	M5	M2.5
轴心抗拉	沿齿缝 	烧结普通砖、烧结多孔砖	0.19	0.16	0.13	0.09
		蒸压灰砂砖、蒸压粉煤灰砖	0.12	0.10	0.08	0.06
		混凝土砌块	0.09	0.08	0.07	
		毛石	0.08	0.07	0.06	0.04
弯曲抗拉	沿齿缝 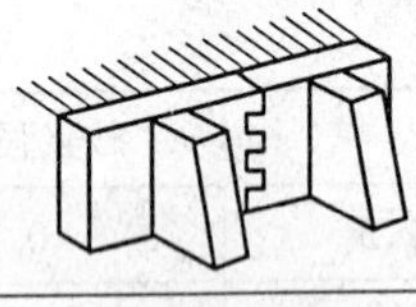	烧结普通砖、烧结多孔砖	0.33	0.29	0.23	0.17
		蒸压灰砂砖、蒸压粉煤灰砖	0.24	0.20	0.16	0.12
		混凝土砌块	0.11	0.09	0.08	
		毛石	0.13	0.11	0.09	0.07
	沿通缝 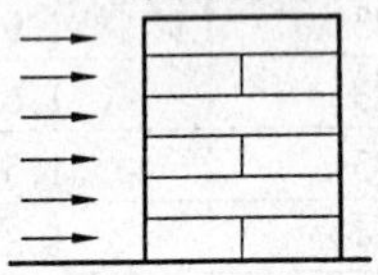	烧结普通砖、烧结多孔砖	0.17	0.14	0.11	0.08
		蒸压灰砂砖、蒸压粉煤灰砖	0.12	0.10	0.08	0.06
		混凝土砌块	0.08	0.06	0.05	
抗剪	烧结普通砖、烧结多孔砖		0.17	0.14	0.11	0.08
	蒸压灰砂砖、蒸压粉煤灰砖		0.12	0.10	0.08	0.06
	混凝土和轻骨料混凝土砌块		0.09	0.08	0.06	
	毛石		0.21	0.19	0.16	0.11

注：①对于用形状规则的块体砌筑的砌体，当搭接长度与块体高度的比值小于 1 时，其轴心抗拉强度设计值 f_t 和弯曲抗拉强度设计值 f_{tm} 应按表中数值乘以搭接长度与块体高度比值后采用；

②对孔隙率不大于 35% 的双排孔或多排孔轻骨料混凝土砌块砌体的抗剪强度设计值，可按表中混凝土砌块砌体抗剪强度设计值乘以 1.1；

③对蒸压灰砂砖、蒸压粉煤灰砖砌体，当有可靠的试验数据时，允许对表中强度设计值作适当调整；

④对烧结页岩砖、烧结煤矸石砖、烧结粉煤灰砖砌体，当有可靠的试验数据时，允许对表中强度设计值作适当调整。

2.2.4　灌孔砌块砌体的抗压强度和抗剪强度设计值

1. 灌孔砌块砌体的抗压强度

空心砌块内孔灌以混凝土，由于混凝土受到砌块周壁的约束，使得这种灌孔后的砌块砌体的抗压强度必然高于空心砌体。

根据试验结果，灌孔砌块砌体的抗压强度平均值为

$$f_{g,m} = f_m + 0.94\alpha f_{c,m} \tag{2.4}$$

或

$$f_{g,m} = f_m + 0.63\alpha f_{cu} \tag{2.5}$$

式中，f_m 为空心砌块砌体抗压强度平均值；α 为空心砌块中灌孔混凝土面积与砌体毛面积的比值；$f_{c,m}$ 为灌孔混凝土轴心抗压强度平均值；f_{cu} 为灌孔混凝土立方体抗压强度平均值。

国内 150 个砌体的试验值与式(2.5) 计算值之比的平均值为 1.112，变异系数为 0.193。

当砌体和混凝土材料的分项系数分别为 1.6 和 1.4，砌体和混凝土受压时的变异系数均取 0.17 时，按《建筑结构可靠度设计统一标准》(GB 50068—2001)，灌孔砌体的抗压强度设计值为

$$f_g = f + 0.82\alpha f_c \tag{2.6}$$

$$\alpha = \delta\rho \tag{2.7}$$

式中，f_g 为灌孔砌体抗压强度设计值，不应大于未灌孔砌体抗压强度设计值的 2 倍；f 为空心砌块砌体抗压强度设计值；f_c 为灌孔混凝土轴心抗压强度设计值；δ 为混凝土砌块的孔隙率；ρ 为混凝土砌块的灌孔率，即截面灌孔混凝土面积和截面孔洞面积的比值，不应小于 33%。

在实际施工中，每层墙体的最下面一层砌块一般都设有检查孔和清扫孔，这样就导致了此处混凝土受砌块侧壁的约束力要小一些，需将灌孔混凝土项乘以降低系数 0.75。因而灌孔混凝土的抗压强度设计值的计算式为

$$f_g = f + 0.6\alpha f_c \tag{2.8}$$

在统计的试验资料中，试件采用的块体及灌孔混凝土的强度等级大多在 MU10 ~ MU20 及 C10 ~ C30 的范围内，而少量的高强混凝土灌孔的砌体，其抗压强度达不到上述公式的计算值。经分析，在采用式(2.8) 时应限制 $f_g/f \leqslant 2$。

式(2.8) 较好地反应了空心砌块砌体和灌孔混凝土抗压强度以及不同灌孔率对砌体抗压强度的影响。

2. 灌孔砌块砌体的抗剪强度

砌体处于受剪状态时可能产生剪摩、剪压和斜压 3 种破坏形态。在现行结构设计规范中，规定砌体的抗剪强度与砂浆强度的平方根成正比。为方便今后建立砌体在上述 3 种破坏形态下的抗剪强度，提出砌体抗剪强度与砌体抗压强度的平方根成线性关系的表达式。

118 个砌块砌体的抗剪试验结果表明，灌孔砌块砌体的抗剪强度平均值的计算式可取

$$f_{vg,m} = 0.32 f_{g,m}^{0.55} \tag{2.9}$$

此式考虑了不同灌孔率对砌体抗剪强度的影响。

按上述试验结果统计，试验值与计算值之比的平均值为 1.043，其变异系数为 0.214。

当砌体和混凝土材料性能分项系数分别取 1.6 和 1.4，其变异系数均取 0.20 时，灌孔砌块砌体的抗剪强度设计值为

$$f_{vg} = 0.208 f_g^{0.55} \tag{2.10}$$

最后取

$$f_{vg} = 0.20 f_g^{0.55} \tag{2.11}$$

2.2.5 砌体强度设计值的调整系数

下列情况的各类砌体,其砌体强度设计值应乘以调整系数 γ_a:

(1) 对有吊车房屋砌体,跨度不小于 9 m 的梁下烧结普通砖砌体,跨度不小于 7.5 m 的梁下烧结多孔砖、蒸压灰砂砖、蒸压粉煤灰砖砌体,混凝土和轻骨料混凝土砌块砌体,γ_a 取 0.9。

(2) 对无筋砌体构件,其截面面积小于 0.3 m² 时,γ_a 取其截面面积加 0.7。对配筋砌体构件,当其中砌体截面面积小于 0.2 m² 时,γ_a 取其截面面积加 0.8(构件截面面积以平方米计)。

(3) 当砌体用水泥砂浆砌筑时,对表 2.1 ~ 2.6 中的数值,γ_a 取 0.9;对表 2.7 中数值,γ_a 取 0.8;对配筋砌体构件,当其中的砌体采用水泥砂浆砌筑时,仅对砌体的强度设计值乘以调整系数 γ_a。

(4) 当施工质量控制等级为 A 级时,γ_a 可取 1.05,C 级时,γ_a 取 0.89;

(5) 当验算施工中房屋的构件时,γ_a 取 1.1。

注:配筋砌体不允许采用 C 级。

2.3 砌体的受压性能

2.3.1 砌体中砖和砂浆的受压性能

砖砌体是由砖和砂浆两种性能差别较大的材料组成的,因此它的受压工作性能和匀质的整体材料有很大差别。为了正确理解砖砌体的受压工作性能,下面我们对砖砌体中砖和砂浆的受力性能进行分析。

在压力作用下,砌体内的单块砖和砂浆的应力状态有如下特点:

(1) 砖砌体中砖和砂浆的受力十分复杂。由于砖本身的形状不完全规则平整、灰缝的厚度和密实性不均匀,使得单块砖在砌体内并不是均匀受压而实际处于不均匀受压、局部受压、受弯、受剪以及竖缝处的应力集中状态下。由于砖的脆性、抵抗受弯和受剪的能力较差,砌体内第一批裂缝的出现是由单块砖的受弯受剪引起的。

(2) 由于砖和砂浆受压后的弹性模量及横向变形系数不同(砖的横向变形较中等强度等级以下的砂浆小),当砖和砂浆之间因存在黏结力、摩擦力而共同变形时,砖将受到砂浆的影响而增大砖的横向变形,使砖产生拉应力。所以单块砖在砌体中处于压、弯、剪、拉的复合应力状态,砌体抗压强度降低;相反,砂浆的横向变形由于砖的约束而减小,因而砂浆处于三向受压状态,抗压强度提高。由于砖和砂浆的这种交互作用,使得砌体的抗压强度比相应砖的强度低很多,而对于用较低强度等级砂浆砌筑的砌体的抗压强度有时就较砂浆本身的强度高很多,甚至刚砌筑好的砌体也能承受一定的荷载(当验算施工阶段砂浆尚未硬化的新砌体强度时,可按砂浆强度为零来确定其砌体强度,简称零强度)。砖和砂浆的交互作用在砖内产生了附加拉应力,从而加快了砖内裂缝的出现,因此在较低强度等级砂浆砌筑的砌体内,砖内裂缝出现较早。

(3) 竖向灰缝上的应力集中。在砌体中竖向灰缝的饱满度不易保证,同时竖向灰缝内的砂浆和砖的黏结力也不能保证砌体的整体性。因此,在竖向灰缝内的砖上将产生拉应力和剪应力的集中，从而加快砖的开裂，使砌体强度降低。

(4) 弹性地基梁作用。由于砌体内的每一块砖都置于水平灰缝上，我们可以将砖视为置于弹性地基上的梁，这种受力状态将使砖受弯受剪。"地基"（砂浆）弹性模量的大小直接影响到其上砖的变形，砂浆的弹性模量越小，砖的变形越大，砖内产生的弯剪应力也越高。

从以上试验结果可以看出，单块砖在砌体内并不是均匀受压，它除受压外，还将受到拉、弯、剪、扭的作用。由于砖的脆性，使砖的抗拉、抗弯、抗剪强度大大低于它的抗压强度，因此，当单块砖的抗压强度还未充分发挥时，砌体就因拉、弯、剪的作用而开裂了，最终使砖砌体的强度低于砖的强度。

2.3.2　砖砌体轴心受压破坏特征

试验结果表明，轴心受压砖砌体从开始加载直至破坏的整个过程，大致可分为以下3个阶段，如图2.5所示。

第一阶段：从开始加载至个别砖内出现第一批裂缝。此时的压力约为破坏荷载的50%～70%，主要与砌体所用砂浆的强度等级有关，且这第一批裂缝是砌体内某些单块砖在拉、弯、剪复合作用下产生的。该阶段特点是砌体处于弹性受力阶段，裂缝只在单块砖内出现，且在荷载不增加时，裂缝不会继续发展，如图2.5(a)所示。

第二阶段：随着荷载的增加，单块砖内的裂缝向上下延伸，不断发展，竖向贯通若干皮砖，形成一段段连续的裂缝。其特点是当荷载达到破坏荷载的80%～90%时，即使荷载不再增加，裂缝仍将继续发展，砌体已临近破坏，在工程实践中应视为构件处于危险状态。应立即采取措施或进行加固处理，如图2.5(b)所示。

第三阶段：压力继续增加至砌体完全破坏。其特点是随着荷载的继续增加，则砌体中的裂缝迅速延伸，宽度增大，并形成通缝，连续的贯通裂缝把砌体分割成1/2砖左右的小柱体(个别砖可能被压碎)而失稳破坏，如图2.5(c)所示。此时砌体的强度称为砌体的破坏强度(以砌体破坏时的压力除以砌体截面面积所得的应力值称为砌体的极限抗压强度)。

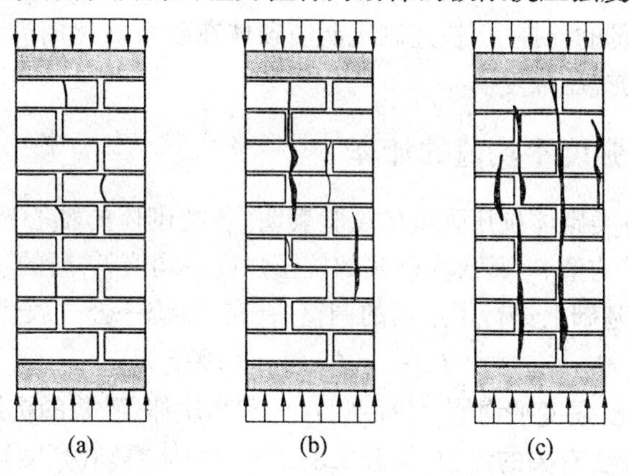

图2.5　轴心受压砖砌体

2.3.3　影响砌体受压性能的主要因素

影响砖砌体抗压强度的主要因素有砖的强度等级和砖的厚度，砂浆强度等级及砂浆层铺砌厚度，块体的规整程度和尺寸，砌筑质量等。

(1) 块体强度对砌体强度的影响

砖的强度等级越高，砖的抗折强度越大，它在砖砌体中越不容易开裂，因而能在较大程度上提高砖砌体的抗压强度。试验表明，当砖的强度等级提高一倍时，砌体抗压强度约可提高40% 左右。

(2) 块体的规则程度和尺寸对砌体强度的影响

块体表面的规则平整程度对砌体抗压强度有一定的影响。块体的表面越平整，灰缝的厚度越均匀，有利于改善其体内的复杂应力状态，使砌体抗压强度提高。同理，块体的尺寸，尤其是块体的高度(厚度) 对砌体抗压强度的影响也较大，高度大的块体其抗弯、抗剪和抗拉能力增大。例如，我们当前正在广泛应用的配筋砌块砌体因其尺寸为砖块的几倍，所以即使在不配筋的情况下也大大提高了砌体的强度。但应注意，块体高度增大后，砌体受压时的脆性也增加。

(3) 砂浆性能对砌体强度的影响

砂浆的强度越高，砌体的抗压强度也越高。试验表明，如砂浆强度等级提高一倍，砌体的抗压强度可提高约 26% 。但为节省水泥，砂浆的强度不应超过块体的强度。

砂浆的弹塑性性能对砌体的抗压强度也有重要影响。随着砂浆变形率的增大，砖内的弯剪应力和压应力亦随之增大，砌体强度将有较大的降低。砂浆的和易性(流动性和保水性) 好，容易铺成厚度和密实性较均匀的灰缝，因而可减小砖内的弯剪应力，从而可提高砌体的抗压强度。若砂浆的流动性和保水性差，砌体抗压强度平均降低约 10% 。

(4) 砌筑质量与灰缝的厚度

砂浆铺砌饱满、均匀，可改善块体在砌体中的受力性能，使之较均匀地受压而提高砌体的抗压强度；反之则降低强度。因此，《砌体工程施工质量验收规范》(GB 50203—2002) 规定，砌体水平灰缝的砂浆饱满程度不得低于 80% ，砖柱和宽度小于 1 m 的窗间墙竖向灰缝的砂浆饱满程度不得低于 60% 。同时砖在砌筑前要提前浇水湿润，以增加砖和砂浆的黏结性能。

砂浆厚度对砌体抗压强度也有影响。灰缝厚容易铺砌均匀，对改善单块砖的受力性能有利，但砂浆横向变形的不利影响也相应增大。实践证明灰缝厚度以 10 ~ 12 mm 为宜。

另外，在保证质量的前提下，快速砌筑能使砌体在砂浆硬化前即受压，可增加水平灰缝的密实性而提高砌体的抗压强度。

2.3.4 砌体抗压强度平均值的计算

近年来我国对各类砌体抗压强度的试验表明，各类砌体的轴心抗压强度平均值主要取决于块体的抗压强度平均值 f_1，其次为砂浆的抗压强度平均值 f_2，新的《砌体结构设计规范》在原规范(GBJ 3—88) 的基础上进行了适当的调整、补充，以统一公式表达为

$$f_m = k_1 f_1 \alpha (1 + 0.07 f_2) k_2 \tag{2.12}$$

式中，f_m 砌体轴心抗压强度平均值，MPa；f_1、f_2 分别为块体、砂浆的抗压强度平均值，MPa；k_1 为与块体类别及砌筑方法有关的参数，见表 2.8；α 为与块体类别(高度) 有关的参数，见表 2.8；k_2 为砂浆强度影响的修正系数，见表 2.8。

表 2.8　砌体轴心抗压强度平均值计算参数

序号	砌体类别	计算参数		
		k_1	α	k_2
1	烧结普通砖、烧结多孔砖、蒸压灰砂砖、蒸压粉煤灰砖	0.78	0.5	当 $f_2 < 1$ 时, $k_2 = 0.6 + 0.4f_2$
2	混凝土砌块	0.46	0.9	当 $f_2 = 0$ 时, $k_2 = 0.8$
3	毛料石	0.79	0.5	当 $f_2 < 1$ 时, $k_2 = 0.6 + 0.4f_2$
4	毛石	0.22	0.5	当 $f_2 < 2.5$ 时, $k_2 = 0.4 + 0.24f_2$

注:① k_2 在表列条件以外时均取 1.0;

② 混凝土砌块砌体的轴心抗压强度平均值,当 $f_2 > 10$ MPa 时,应乘以系数 $(1.1 - 0.01f_2)$,对 MU20 的砌体应乘以系数 0.95,且满足 $f_1 \geqslant f_2$, $f_1 \leqslant 20$ MPa。

新规范中关于砌体抗压强度平均值计算公式(2.12)具有以下特点:

(1) 继承了原规范(GBJ 3—88)的特点,采用形式上一致的计算公式,避免了对各类砌体采取不同的计算公式;公式形式简单,不但与国际标准接近,而且式中各参数的物理概念明确。式中主要变量反映块体与砂浆强度(f_1、f_2)对砌体抗压强度的影响与块体类别和砌筑方法有关的参数 k_1、与块体高度有关的参数 α,以及考虑砂浆强度较低或较高时砌体抗压强度的修正系数 k_2,因此公式(2.12)值与试验结果符合较好。

(2) 引入近年来的新型材料,如蒸压灰砂砖、蒸压粉煤灰,轻集料混凝土砌块及混凝土小型空心砌块灌孔砌体的计算指标。

(3) 为适应砌块建筑的发展,增加了 MU20 强度等级的混凝土砌块,补充收集了高强混凝土砌块抗压强度试验数据,发现原规范(GBJ 3—88)对于高强砌块砌体的计算结果偏高,并进行了适当的调整使之更符合试验结果。

2.4　砌体的受拉、受弯、受剪性能

与砌体的抗压强度相比,其抗拉、抗弯、抗剪强度很低,所以通常砌体结构都用于受压构件,但在实际工程中有时也遇到受拉、受弯、受剪的情况。例如,圆形砖水池由于液体对池壁的压力,在池壁垂直截面内引起环向拉力;又如挡土墙在土壤侧压力作用下墙壁像竖向悬臂柱一样受弯工作等。

砌体在受拉、受弯、受剪时可能发生沿齿缝(灰缝)的破坏、沿块体和竖向灰缝的破坏以及沿通缝(灰缝)的破坏。

2.4.1　砌体轴心受拉破坏特征

按照力作用于砌体方向的不同,砌体可能发生如图 2.6 所示的 3 种受拉破坏。当轴向拉力与砌体水平灰缝平行时,可能发生沿块体和竖向灰缝截面破坏,如图 2.6(a)所示;或沿竖向和水平向灰缝的齿缝截面破坏,如图 2.6(b)所示;当轴向拉力与水平灰缝垂直时,发生沿水平灰缝的截面破坏,如图 2.6(c)所示。

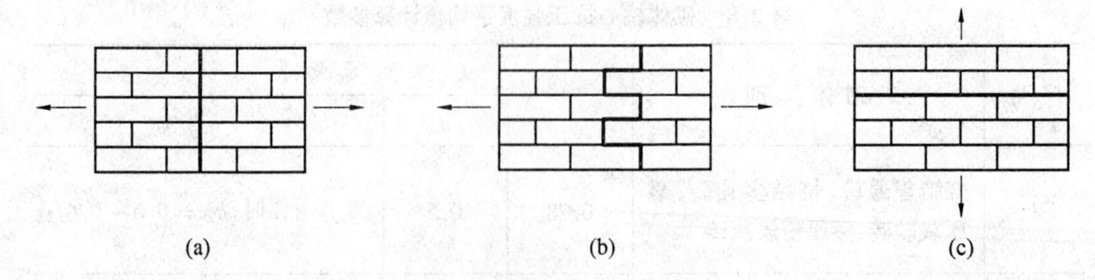

图 2.6 砌体轴心受拉的破坏形式

砌体的抗拉、抗弯、抗剪强度主要取决于灰缝的强度,亦即砂浆的强度。大多数情况下,破坏发生在砂浆和块体的连接面,因此,灰缝的强度就取决于砂浆和块材之间的黏结力。砌体的竖向灰缝中砂浆一般不能很好地填满,同时砂浆在其硬化过程中收缩时,砌体发生不断的沉降,水平灰缝中的砂浆和块体的黏结并未破坏,而且不断地增长,因此,在计算中仅考虑水平灰缝中的黏结力,而不考虑竖向灰缝的黏结力。水平灰缝中的黏结力,根据力的作用方向不同,分为力垂直于灰缝面的法向黏结力和力平行于灰缝面的切向黏结力。大量试验表明,法向黏结力不易保证,工程中不允许设计利用法向黏结强度的轴心受拉构件。

2.4.2 砌体弯曲受拉破坏特征

当砌体受弯时,总是在受拉区发生破坏。因此,砌体的抗弯能力将由砌体的弯曲抗拉强度确定。和轴心受拉类似,砌体弯曲受拉也有 3 种破坏形式。砌体在竖向弯曲时,应采用沿通缝截面的弯曲抗拉强度,如图 2.7(a)所示。砌体在水平方向弯曲时,有两种破坏可能:沿齿缝截面的破坏,如图 2.7(b)所示;以及沿块体和竖向灰缝破坏,如图 2.7(c)所示。和轴心受拉情况一样,这两种破坏取其较小的强度值进行计算。

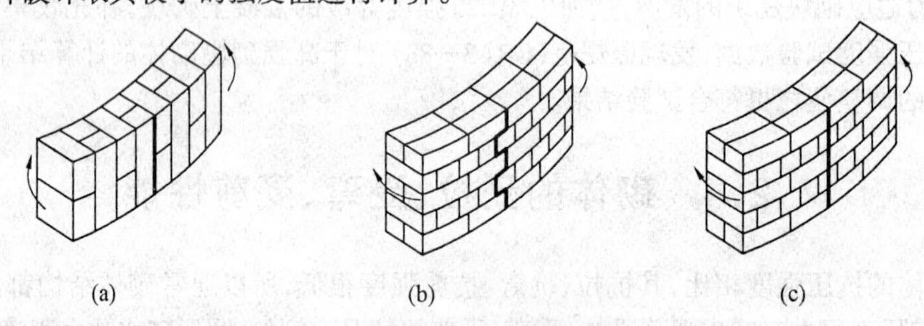

图 2.7 砌体弯曲受拉的破坏形式

2.4.3 砌体受剪破坏特征

根据构件的实际破坏形态,砌体受剪破坏可分为通缝破坏(图 2.8(a))、齿缝破坏(图 2.8(b))、和阶梯形缝破坏(图 2.8(c))。沿块体和竖向灰缝的破坏不但很少遇到,且其承载力往往将由其上层砌体的弯曲抗拉强度来决定,所以规范仅仅规定了 3 种抗剪强度。由于竖向灰缝不饱满,抗剪强度很低,因此可以认为对这两种破坏的砌体抗剪强度相同,试验也是如此。

标准的烧结多孔砖砌体的抗剪强度和普通黏土砖相同,尤其是多孔、小孔的空心砖,由于砌筑时砂浆嵌入孔洞形成销键,通缝抗剪强度还有所提高。

影响砌体抗剪强度的因素主要有砂浆和块体的强度、法向压应力、砌筑质量、加载方式等。

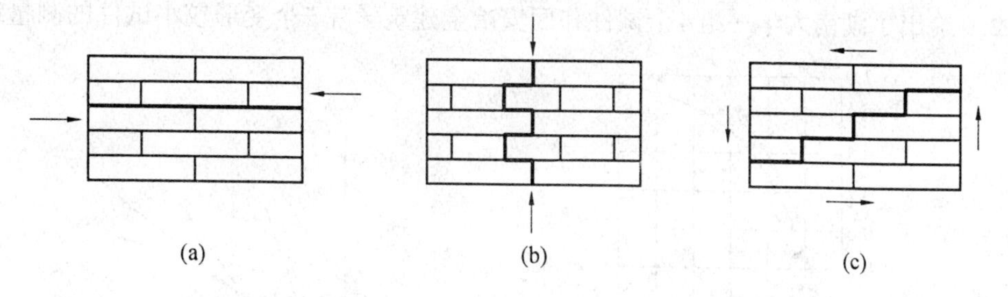

图 2.8 砌体受剪的破坏形式

2.4.4 砌体的轴心抗拉、抗弯、抗剪强度平均值

《砌体结构设计规范》(GB 50003—2001)对于各类砌体的轴心抗拉、弯曲抗拉、抗剪强度平均值均采用统一的计算模式,即

$$f_{t,m}、f_{tm,m}、f_{v,m} = k\sqrt{f_2} \tag{2.13}$$

式中,f_2 为砂浆抗拉强度平均值,N/mm^2;系数 k 按砌体种类及受力状态不同,按表 2.9 取用。

表 2.9 轴心抗拉强度平均值 $f_{t,m}$、弯曲抗拉强度平均值 $f_{tm,m}$ 及抗剪强度平均值 $f_{v,m}$ 中的系数

N/mm^2

砌体种类	$f_{t,m} = k_3\sqrt{f_2}$	$f_{tm,m} = k_4\sqrt{f_2}$		$f_{v,m} = k_5\sqrt{f_2}$
	k_3	k_4		k_5
		沿齿缝	沿通缝	
烧结普通砖、烧结多孔砖	0.141	0.25	0.125	0.125
蒸压灰砂砖、蒸压粉煤灰砖	0.090	0.18	0.090	0.090
混凝土砌块	0.069	0.081	0.056	0.690
毛 石	0.075	0.113	—	0.188

沿块材截面破坏的轴心抗拉强度和弯曲抗拉强度,用于高黏结强度砂浆砌筑而块材强度较低的砌体。新规范提高了块材强度的最低限值,因此对此种破坏的计算已经没有必要了。

混凝土小型空心砌块砌体的拉、弯、剪的强度平均值,新规范以沿水平灰缝抗剪强度试验资料为基准,对拉、弯强度按下列比值确定:对砌体沿齿缝截面轴心抗拉强度可取与通缝抗剪强度相等的值;对砌体沿齿缝截面弯曲抗拉强度可取抗剪强度的 1.2 倍左右;对砌体沿通缝截面轴心抗拉强度可取抗剪强度的 0.8 倍左右。

2.5 砌体的变形性能

2.5.1 砌体的受压应力 - 应变关系

砌体是弹塑性材料,从受压一开始,应力与应变就不成直线关系变化。随着荷载的增加,变形增长逐渐加快。在接近破坏时,荷载增加很少,变形急剧增长。因此,砌体的应力 - 应变关系是一种曲线变化规律。

图 2.9 给出了湖南大学一组 4 个试件和西安冶金建筑学院 5 个变形较小试件的测量结果。

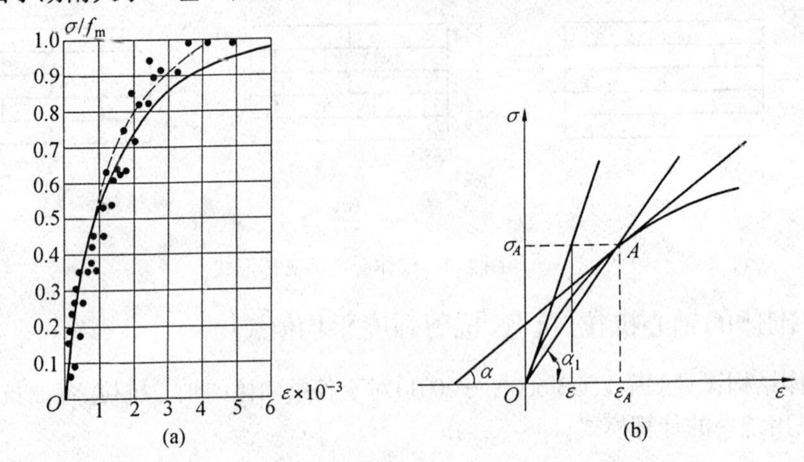

图 2.9　砌体的受压应力 - 应变关系

根据国内外资料,应力应变 σ - ε 曲线可采用关系式

$$\varepsilon = -\frac{n}{\xi}\ln\left(1-\frac{\sigma}{nf_m}\right) \tag{2.14}$$

式中,ξ 为弹性特征值; n 为常数,取为 1 或略大于 1;f_m 为砌体的抗压强度平均值。

砌体的应变随弹性特征值 ξ 的增加而降低,弹性特征值 ξ 可由试验结果给出。图 2.9 中,曲线是按 $\xi = 460\sqrt{f_m}$ 给出的,图中虚线按 $n = 1.05$,实线按 $n = 1.0$ 绘制,两条曲线均与试验值吻合较好。对于 $n = 1.0$,当 σ 趋向 f_m 时,曲线斜率将与 ε 轴平行,也即 ε 趋向无穷大,这与实际不符。当不需要计算与 f_m 对应的压应变,而仅需借助公式(2.14)计算砌体的弹性模量时,取 $n = 1$ 计算较为简便。此时

$$\varepsilon = -\frac{1}{\xi}\ln\left(1-\frac{\sigma}{f_m}\right) \tag{2.15}$$

砌体轴心受压时,灰缝中砂浆的应变占总应变中很大的比例。有资料表明,砖砌体中灰缝应变可占总应变的 75%。块材高度与灰缝厚度的比值越小,水平灰缝越多,灰缝应变所占的比重也就越大。灰缝应变除砂浆本身的压缩应变外,块体与砂浆接触面空隙的压密也是其中的一个因素。

2.5.2　砌体的弹性模量

砌体的弹性模量是其应力与应变的比值,主要用于计算砌体构件在荷载作用下的变形,是衡量砌体抵抗变形能力的一个物理量,其大小主要通过实测砌体的应力 - 应变曲线求得。

砌体的弹性模量根据应力、应变取值的不同可以有以下几种不同的表示方法。

在砌体受压的应力 - 应变曲线上任意点切线的正切,也即该点应力增量与应变增量的比值,称为该点的切线弹性模量,如图 2.9(b) 中的 A 点。

由式(2.15),可求得砌体的切线弹性模量为

$$E' = \tan\alpha = \frac{d\sigma}{d\varepsilon} = \xi f_m\left(1-\frac{\sigma}{f_m}\right) \tag{2.16}$$

令 $\frac{\sigma}{f_m} = 0$,即得初始弹性模量为

$$E_0 = \xi f_m \tag{2.17}$$

砌体的初始弹性模量 E_0,用试验方法是较难测定且不容易测准的。规范规定砌体弹性模量 E 取应力－应变曲线上应力为 $0.43f_m$ 处的割线模量。由式(2.15)可得

$$E = \frac{\sigma_{0.43}}{\varepsilon_{0.43}} = \frac{0.43f_m}{-\frac{1}{\varepsilon}\ln 0.57} = 0.765\xi f_m \approx 0.8\xi f_m \tag{2.18}$$

比较式(2.17)和式(2.18),则有

$$E = 0.8E_0 \tag{2.19}$$

对于砖砌体,ξ 值可取 $460\sqrt{f_m}$,则上式可写成

$$E = 351.9f_m\sqrt{f_m} \approx 370f_m\sqrt{f_m} \tag{2.20}$$

式(2.20)的关系如图 2.10 所示,对 176 个试件的试验资料进行了统计分析,试验值与计算值的平均比值为 0.96,变异系数为 0.235,说明两者较为吻合。为了便于应用,新、旧规范均采用更为简化的形式。按不同强度等级砂浆,取砌体的弹性模量与砌体抗压强度成正比的关系,即图 2.10 中的虚直线所示。由于砌体的强度与砂浆的强度有一定的匹配关系,所以图 2.10 中由斜直线确定的弹性模量与按曲线取值还是比较接近的。

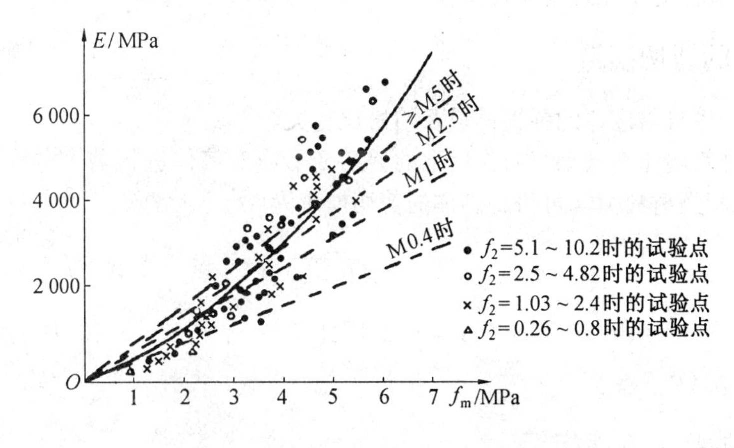

图 2.10　砖砌体受压弹性模量试验结果

对于小型砌块砌体,也是按照上述取值原则并参照混凝土小型空心砌块建筑技术规程的有关数据来确定其弹性模量的。

对于石砌体,由于石材的弹性模量和强度均大大高于砂浆的弹性模量和强度,砌体受压变形主要是因灰缝内砂浆的变形引起的,因此根据福建省建筑科学研究所的试验研究结果,规范仅按砂浆强度等级来确定其砌体的弹性模量。

粗、毛料石砌体在 $\sigma = 0.3f_m$ 时的割线模量可采用经验公式计算,即

$$E = 566 + 677f_2 \tag{2.21}$$

细料石、半细料石砌体的弹性模量可取为粗、毛料石的 3 倍。

各类砌体的弹性模量值见表 2.10。

表 2.10　各类砌体的弹性模量 E　　MPa

砌体种类	砂浆强度等级			
	≥ M10	M7.5	M5	M2.5
烧结普通砖、烧结多孔砖砌体	$1\,600f$	$1\,600f$	$1\,600f$	$1\,390f$
蒸压灰砂砖、蒸压粉煤灰砖砌体	$1\,060f$	$1\,060f$	$1\,060f$	$960f$
混凝土砌块砌体	$1\,700f$	$1\,600f$	$1\,500f$	—
粗料石、毛料石、毛石砌体	7 300	5 650	4 000	2 250
细料石、半细料石砌体	22 000	17 000	12 000	6 750

轻集料混凝土砌块砌体的弹性模量可按上表中混凝土砌块砌体的弹性模量采用。

单排孔对孔砌筑的灌孔砌块砌体的应力 – 应变关系符合对数规律。灌孔砌体的弹性模量的计算式为

$$E = 1\,700 f_g \tag{2.22}$$

式中，f_g 为灌孔砌体的抗压强度设计值。

2.5.3　砌体的剪切模量

砌体的剪切模量与砌体的弹性模量及泊松比有关。

在设计中计算墙体在水平荷载作用下的剪切变形或对墙体进行剪力分配时，需要用到砌体的剪切模量。根据材料力学可得到砌体的剪切模量为

$$G = \frac{E}{2(1+\nu)} \tag{2.23}$$

式中，ν 为材料的泊松系数，一般为 0.1 ~ 0.2，因此 $G = \frac{E}{2(1+\nu)} = (0.41 \sim 0.45)E$，规范规定近似取 $G = 0.4E$。

2.5.4　砌体的物理性能指标

1.砌体的干缩变形和线膨胀系数

温度变化引起砌体热胀、冷缩变形。当这种变形受到约束时，砌体会产生附加内力、附加变形及裂缝。当计算这种附加内力及变形裂缝时，砌体的线膨胀系数是重要的参数。国内外试验研究表明，砌体的线膨胀系数与砌体种类有关，规范规定的各类砌体的线膨胀系数和收缩率见表 2.11。

表2.11　砌体的线膨胀系数和收缩率

砌体类别	线膨胀系数/(10^{-6}·℃$^{-1}$)	收缩率/(mm·m^{-1})
烧结黏土砖砌体	5	-0.1
蒸压灰砂砖、蒸压粉煤灰砖砌体	8	-0.2
混凝土砌块砌体	10	-0.2
轻骨料混凝土砌块砌体	10	-0.3
料石和毛石砌体	8	—

2.摩擦系数

当砌体与其他材料沿接触面产生相对滑动时,在滑动面将产生摩擦力。摩擦力的大小与法向压力和摩擦系数有关。规范规定的砌体的摩擦系数见表2.12。

表2.12　摩擦系数

材料类别	摩擦面情况	
	干燥的	潮湿的
砌体沿砌体或混凝土滑动	0.70	0.60
木材沿砌体滑动	0.60	0.50
钢沿砌体滑动	0.45	0.35
砌体沿砂或卵石滑动	0.60	0.50
砌体沿粉土滑动	0.55	0.40
砌体沿黏性土滑动	0.50	0.30

本章小结

(1) 砌体是用砂浆将单块的块体砌筑成为整体的承重块体。本章较为系统地介绍了主要砌体的种类与性能,同时也介绍了组成各类砌体的块体及砂浆的种类和主要性能。

(2) 砂浆在砌体中的作用是使块体与砂浆接触表面产生黏结力和摩擦力,从而把散放的块体材料凝结成整体以承受荷载。同时,砂浆填满了块体间的缝隙,从而提高砌体的隔热、防水和抗冻性能。砂浆要求有足够的强度、可塑性、保水性。

(3) 砌体最基本最重要的力学指标是轴心抗压强度。砌体的轴心抗压试验表明,砌体破坏大体上经历了单块砖先开裂、裂缝贯穿若干皮砖、形成独立小柱3个特征阶段;从单块砖受压时的应力状态分析可知单块砖处于拉、压、弯、剪等复杂应力状态,因此砖的抗压强度有所降低,砂浆则处于三向受压状态,其抗压强度有所提高;要明确受压破坏过程即单块砖受压时的应力状态,同时从机理上理解影响砖砌体抗压强度的主要因素有砖的强度等级和砖的厚度,砂浆强度等级及砂浆层铺砌厚度,块体的规整程度和尺寸,砌筑质量等。

(4) 砌体的轴心抗拉、抗弯、抗剪强度主要与砂浆或块体的强度等级有关。当砂浆的强度等级较低,发生沿齿缝或沿通缝截面破坏时,它们主要与砂浆的强度等级有关;当块体强度等级较低,常发生沿块体截面破坏时,它们主要与块体的强度等级有关。

(5) 砌体的弹性模量、切变模量、干缩变形、线膨胀系数是砌体变形性能的主要组成部分,而摩擦系数是砌体抗剪计算中一个常用的物理指标。砌体的弹性模量是其应力与应变的比值,主要用于计算砌体构件在荷载作用下的变形,是衡量砌体抵抗变形能力的一个物理指标,其大小主要通过实测砌体的应力-应变曲线求得;砌体的剪切模量和砌体的弹性模量与泊松比有关;当计算由温度变化产生的附加内力、附加变形及裂缝时,线膨胀系数成为重要参数;摩擦力是当砌体与其他材料沿接触面产生滑动时所产生的力,其大小与法向力及摩擦系数有关。

思考题

2.1 砌体有哪些种类? 对块体与砂浆有何基本要求?

2.2 试述砂浆在砌体结构中的作用,对其有何要求?

2.3 在什么情况下,需对砌体强度设计值进行调整?

2.4 砌体受压、受拉、受弯和受剪时,破坏形态如何? 与哪些因素有关?

2.5 分述砌体施工质量控制等级对砌体强度设计值的影响,在砌体结构设计中对施工质量控制等级有何规定?

2.6 砌体的受压弹性模量是如何确定的? 它有哪些影响因素?

习 题

2.1 已知混凝土小型空心砌块强度等级为 MU20、砌块孔隙率为 45%,采用水泥混合砂浆 Mb15 砌筑,用 Cb40 混凝土全灌孔,施工质量控制等级为 B 级。试计算该灌孔砌块砌体抗压强度平均值。

第3章 无筋砌体结构构件的承载力计算

3.1 砌体结构可靠度设计

我国《砌体结构设计规范》(GB 50003—2001)采用以概率理论为基础的极限状态设计方法,以可靠度指标度量结构的可靠度,采用分项系数的设计表达式计算。在学习砌体结构构件承载力的设计计算方法之前,有必要了解有关极限状态设计方法的一些基本概念。

3.1.1 结构的功能要求

结构设计的主要目的是保证所建造的结构安全适用,能够在设计使用年限内满足各项功能要求,并且经济合理。我国《建筑结构可靠度设计统一标准》(GB 50068—2001)规定,建筑结构必须满足下列功能要求:

(1) 安全性

在正常设计、正常施工和正常使用条件下,结构应能承受可能出现的各种荷载作用和变形而不发生破坏;在偶然事件发生时及发生后,仍能保持必要的整体稳定性。

(2) 适用性

在正常使用时,结构应具有良好的工作性能。对砌体结构而言,应对影响正常使用的变形、裂缝等进行控制。

(3) 耐久性

在正常维护条件下,结构应在预定的设计使用年限内满足各项使用功能的要求,即应有足够的耐久性。

安全性、适用性和耐久性可概括为结构的可靠性。

3.1.2 结构的极限状态

结构在使用期间能够满足上述功能要求而良好地工作,称为结构“可靠”或“有效”;反之,则称为结构“不可靠”或“失效”。区分结构“可靠”或“失效”的标志是“结构的极限状态”。

整个结构或结构的一部分超过某一特定状态(如达到最大承载力、失稳或变形、裂缝超过规定的限值等)而不能满足设计要求时,此特定状态称为该功能的极限状态。

结构的极限状态分为两类,即承载力极限状态和正常使用极限状态,均规定有明显的极限状态标志或限值。承载能力极限状态对应于结构或构件达到最大承载力或达到不适于继续承载的变形;正常使用极限状态对应于结构或构件达到正常使用或耐久性的某项规定限值。

砌体结构应按承载能力极限状态设计,并满足正常使用极限状态的要求。根据砌体结构的特点,砌体结构正常使用极限状态的要求,一般情况下可由相应的构造措施来保证。

3.1.3 结构上的作用、作用效应和结构的抗力

结构是房屋建筑或其他构筑物中承重骨架的总称。结构上的作用是指使结构产生内力、变形、应力或应变的所有原因。直接作用是指施加在结构上的集中荷载和分布荷载,如结构自重、人群自重、风压和积雪自重等;间接作用是指引起结构外加变形或约束变形的其他作用,如温度变化、基础沉降和地震作用等。结构上的作用按随时间的变异情况可分为永久作用、可变作用和偶然作用;按随空间位置的变异情况可分为固定作用和可动作用;按结构的反应情况可分为静态作用和动态作用。

作用效应是指各种作用施加在结构上,使结构产生的内力和变形。当"作用"为"荷载"时,其效应也称为荷载效应。由于荷载效应与荷载一般成线性关系,故荷载效应可用荷载值乘以荷载效应系数来表示。

结构的抗力是指整个结构或构件承受内力或变形的能力。结构的抗力是材料性能、几何参数以及计算模式的函数。当不考虑材料性能随时间的变异时,结构抗力为随机变量。

3.1.4 结构的可靠度与可靠指标

结构的工作状态可以用作用效应 S 和结构抗力 R 的关系式来描述,如令

$$Z = R - S \tag{3.1}$$

显然,当 $Z > 0$ 时,结构可靠;当 $Z < 0$ 时,结构失效;当 $Z = 0$ 时,结构处于极限状态。

由于作用效应 S 和结构抗力 R 的随机性,结构"可靠"或"失效"的工作状态也具有随机性。因此结构"可靠"或"失效"的程度也只能以概率的意义来衡量,而非一个定值。如果以 $p_f = p(Z < 0)$ 表示结构失效的概率,以 $p_s = p(Z > 0)$ 表示结构可靠的概率,显然有 $p_s = 1 - p_f$,也即可以用结构的失效概率 p_f 的大小来表示结构工作状态的可靠程度。结构的失效概率 p_f 越小,结构的可靠度越大,当结构的失效概率 p_f 小到人们可以接受的程度时,即认为结构是可靠的,如图 3.1 所示。

计算失效概率是最理想的方法,但由于影响结构可靠性的因素十分复杂,在目前从理论上准确地计算失效概率还是有困难的。因此,我国《建筑结构可靠度设计统一标准》(GB 50068—2001)中规定采用近似概率方法,即采用平均值 μ_Z 和标准差 σ_Z 及可靠指标 β 代替失效概率 p_f 来近似地计算结构的可靠度。

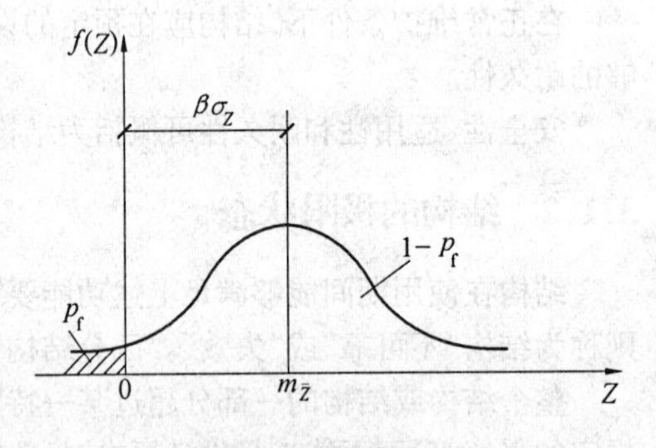

图 3.1 失效概率 p_f

为了使分析简单化,假定 R 和 S 均服从正态分布,R 的平均值为 μ_R,标准差为 σ_R;S 的平均值为 μ_S,标准差为 σ_S;且 R 和 S 相互独立。由概率理论可知,两个相互独立的正态分布随机变量之差仍服从正态分布,因此 Z 的平均值和标准差可分别表示为

$$\mu_Z = \mu_R - \mu_S \tag{3.2}$$

$$\sigma_Z = \sqrt{\sigma_R^2 + \sigma_S^2} \tag{3.3}$$

式中，μ_R、σ_R、μ_S、σ_S 分别表示 R 和 S 的平均值和标准差，则失效概率 p_f 为

$$p_f = p(Z \leqslant 0) = p\left(\frac{Z-\mu_Z}{\sigma_Z} \leqslant -\frac{\mu_Z}{\sigma_Z}\right) = \Phi\left(-\frac{\mu_Z}{\sigma_Z}\right) = 1-\Phi\left(\frac{\mu_Z}{\sigma_Z}\right) \tag{3.4}$$

式中，$\Phi\left(\frac{\mu_Z}{\sigma_Z}\right)$ 表示标准正态分布的分布函数值，可从标准正态分布表中查出。

$$\beta = \frac{\mu_S}{\sigma_Z} = \frac{\mu_R - \mu_S}{\sqrt{\sigma^2 + \sigma^2}} \tag{3.5}$$

由式(3.4)和图 3.1 可以看出，β 值越大，失效概率 p_f 越小，可靠概率 p_s 越大；β 值越小，失效概率 p_f 越大，可靠概率 p_s 越小；β 与 p_f、p_s 有一一对应的关系，所以 β 与 p_f 一样可以作为衡量结构可靠度的指标。可靠指标 β 与失效概率 p_f 之间的对应关系见表 3.1。

表 3.1　可靠指标与失效概率的对应关系

β	2.7	3.2	3.7	4.2
p_f	3.5×10^{-3}	6.9×10^{-4}	1.1×10^{-4}	1.3×10^{-5}

目标可靠指标的选择，理论上应根据各种结构的重要性及失效后果以优化方法独立地分析确定。但鉴于目前资料尚不够完备，考虑到设计规范的现实继承性，《建筑结构可靠度设计统一标准》(GB 50068—2001) 给出的目标可靠度指标值是根据校准法确定的。校准法的实质就是在总体上接受各种结构设计规范规定的，反映我国长期工程实践经验的结构可靠度水准，对于延性破坏的结构或构件要求 $\beta \geqslant 3.2$，对于脆性破坏的结构或构件要求 $\beta \geqslant 3.7$。砌体结构的破坏属于脆性破坏，因此要求 $\beta \geqslant 3.7$。

3.1.5　设计表达式

为了使结构的可靠度设计方法简便、实用，并考虑到工程设计人员的习惯，对于一般常见的结构，我国《建筑结构可靠度设计统一标准》(GB 50068—2001) 没有推荐直接按目标可靠度指标进行设计的方法，而是采用了定值分项系数的极限状态表达式。设计表达式各项系数的确定，是在各项标准值已给定的前提下，选取最优的荷载分项系数和抗力分项系数，使按设计表达式计算的各种结构构件所具有的可靠度指标与规范的目标可靠度指标之间在总体上误差最小。

砌体结构按承载能力极限状态设计的表达式为：

(1) 当可变荷载多于 1 个时，应按下列公式中最不利组合进行计算

$$\gamma_0\left(1.2S_{Gk} + 1.4S_{Q1k} + \sum_{i=2}^{n}\gamma_{Qi}\Psi_{ci}S_{Qik}\right) \leqslant R(f, a_k, \cdots) \tag{3.6}$$

$$\gamma_0\left(1.35S_{Gk} + \sum_{i=1}^{n}\Psi_{ci}S_{Qik}\right) \leqslant R(f, a_k, \cdots) \tag{3.7}$$

(2) 当仅有 1 个可变荷载时，可按下列公式中最不利组合进行计算

$$\gamma_0(1.2S_{Gk} + 1.4S_{Qk}) \leqslant R(f, a_k, \cdots) \tag{3.8}$$

$$\gamma_0(1.35S_{Gk} + S_{Qk}) \leqslant R(f, a_k, \cdots) \tag{3.9}$$

式中，γ_0 为结构重要性系数。对安全等级为一级或设计使用年限为 50 年以上结构构件，不应小于 1.1，对安全等级为二级或设计使用年限为 50 年的结构构件，不应小于 1.0，对安全等级为三级或设计使用年限为 1 ~ 5 年的结构构件，不应小于 0.9；S_{Gk} 为永久荷载标准值的效应；S_{Q1k} 为

在基本组合中起控制作用的一个可变荷载标准值的效应；S_{Qik} 为第 i 个可变荷载标准值的效应；$R(\cdot)$ 为结构构件的抗力函数；γ_{Qi} 为第 i 个可变荷载的分项系数；Ψ_{ci} 为第 i 个可变荷载的组合值系数，一般情况下应取 0.7，对书库、档案库、储藏室或通风机房、电梯机房应取 0.9；f 为砌体的强度设计值，$f = f_k/\gamma_f$；f_k 为砌体的强度标准值，$f_k = f_m - 1.645\sigma_f$；$\gamma_f$ 为砌体结构的材料性能分项系数，一般情况下，宜按施工等级国 B 级考虑，取 $\gamma_f = 1.6$；当为 C 级时，取 $\gamma_f = 1.8$；f_m 为砌体的强度平均值；σ_f 为砌体的强度标准差；a_k 为几何参数标准值。

注：① 当楼面活荷载标准值大于 4 kN/m² 时，式中系数 1.4 应为 1.3；

② 施工质量控制等级划分要求应符合表 3.2 的规定。

(3) 当砌体结构作为一个刚体，需验算整体稳定性时，例如倾覆、滑移、漂浮等，应按下列公式进行验算

$$\gamma_0\left(1.2S_{G2k} + 1.4S_{Q1k} + \sum_{i=2}^{n} S_{Qik}\right) \leqslant 0.8S_{G1k} \tag{3.10}$$

式中，S_{G1k} 为起有利作用的永久荷载标准值的效应；S_{G2k} 为起不利作用的永久荷载标准值的效应。

3.1.6　施工质量控制等级的影响

我国长期以来，设计规范的安全度未和施工技术、施工管理水平等挂钩。而实际上它们对结构的安全度影响很大，因此，为保证规范规定的安全度，有必要考虑"施工质量控制等级"对结构可靠度的影响。

砌体施工质量控制等级是根据施工现场的质量管理，砂浆和混凝土的强度，砌筑工人技术等级的综合水平而划分的。《砌体工程施工质量验收规范》(GB 50203—2001) 按照砌体施工质量控制的严格程度将其划分为 A、B、C 三个等级(如表 3.2)。其中砌筑砂浆、混凝土强度的离散性又是按照砂浆、混凝土施工质量划分为"优良""一般"和"差"三个质量水平，相对应为"离散性小""离散性较小"和"离散性大"(表 3.3、表 3.4)。

表 3.2　砌体施工质量控制等级的划分

项　目	施工质量控制等级		
	A	B	C
现场质量管理	制度健全，并严格执行；非施工方质量监督人员经常到现场，或现场设有常驻代表；施工方有在岗专业技术管理人员，人员齐全，并持证上岗	制度基本健全，并能执行；非施工方质量监督人员间断地到现场进行质量控制；施工方有在岗专业技术管理人员，人员齐全，并持证上岗	有制度；非施工方质量监督人员很少作现场质量控制；施工方有在岗专业技术管理人员
砂浆、混凝土强度	试块按规定制作，强度满足验收规定，离散性小	试块按规定制作，强度满足验收规定，离散性小	试块强度满足验收规定，离散性大
砂浆拌合方式	机械拌和；配合比计量控制严格	机械拌和；配合比计量控制一般	机械拌和；配合比计量控制较差
砌筑工人	中级工以上，其中高级工不少于 20%	高、中级工不少于 70%	初级工以上

表 3.3　砌筑砂浆 M2.5 ~ M20 的质量水平

质量水平	强度标准差 σ/MPa					
	M2.5	M5	M7.5	M10	M15	M20
优良	0.50	1.00	1.50	2.00	3.00	4.00
一般	0.62	1.25	1.88	2.50	3.75	5.00
差	0.75	1.50	2.25	3.00	4.50	6.00

表 3.4　混凝土在不同生产条件下的质量水平

质量水平		优良		一般		差	
强度等级		< C20	≥ C20	< C20	≥ C20	< C20	≥ C20
强度标准差/MPa	预拌混凝土厂	≤ 3.0	≤ 3.5	≤ 4.0	≤ 5.0	> 4.0	> 5.0
	集中搅拌混凝土的施工现象	≤ 3.5	≤ 4.0	≤ 4.5	≤ 5.0	> 4.5	> 5.5
强度不小于混凝土强度等级值的百分率/%	预拌混凝土厂、集中搅拌混凝土的施工现象	≥ 95		> 85		≤ 85	

考虑到我国目前的施工质量水平，对一般多层房屋宜按 B 级控制，对配筋砌体剪力墙高层建筑，设计时宜选用 B 级的砌体强度指标，而在施工时宜采用 A 级的施工质量控制等级。这样做是为了提高这种结构体系的安全储备。规范中的砌体度指标是按 B 级给出的，如采用 A 级或 C 级只需乘以相应的强度调整系数 γ_a 修正后进行计算。当为 A 级时，γ_a 可取 1.05；C 级时，γ_a 取 0.89。

施工控制等级的选择主要由设计和建设单位商定，并在工程设计图中明确设计采用的施工控制等级。

3.2　无筋砌体受压构件

砌体的最大特点是其抗压强度相对较高。因此在静力荷载作用下，无筋砌体主要以墙、柱形式作为承受上部荷载的受压构件。

无筋砌体的受压承载力不仅与截面尺寸、砌体强度有关，也与构件的高厚比有关。

3.2.1 单向偏心受压构件

1. 受压短柱

短柱是指其抗压承载力仅与截面尺寸和材料强度有关的柱。设计中以高厚比 $\beta \leqslant 3$($\beta = H_0/h$,式中 H_0 为墙、柱的计算长度,h 为墙厚或矩形截面柱与其对应的边长,详见第 5 章 5.2.1) 的墙柱构件为受压短柱。

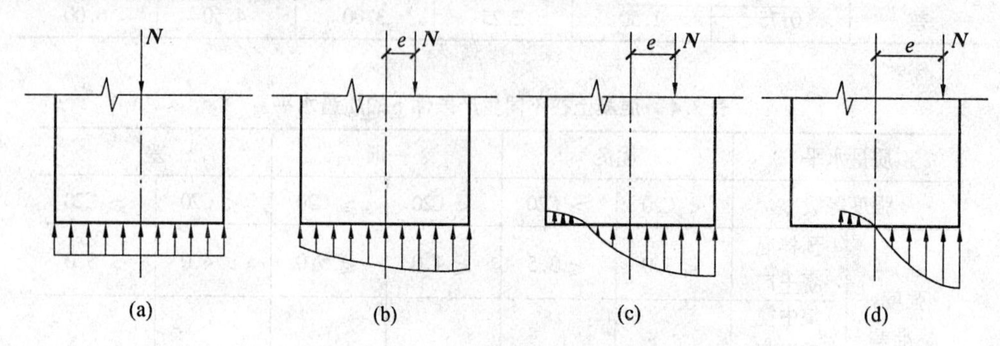

图 3.2 受压短柱截面应力分布

大量试验结果表明:当构件上作用的荷载偏心距 e 较小时,构件全截面受压。在偏心距 $e = 0$ 即轴心压力作用下,截面应力基本呈均匀分布,如图 3.2(a) 所示;随着偏心距增大,由于砌体的弹塑性性能,压应力分布图呈曲线形,如图 3.2(b) 所示;当荷载偏心距继续增大时,远离荷载的截面边缘出现受拉区,如图 3.2(c) 所示,破坏特征与上述全截面受压相似,但承载力有所降低;随着水平裂缝不断地延伸发展,受压面积逐渐减小,荷载对实际受压面积的偏心距也逐渐变小,裂缝不至于无限制地发展而导致结构构件的破坏,而是达到新的平衡,局部受压面上的砌体抗压强度略有提高,但砌体所受的压应力和压应变均不断增大,且部分截面受拉而退出工作,如图 3.2(d) 所示,故受压砌体的极限承载力明显下降;当剩余截面减小到一定程度时,砌体受压边将出现竖向裂缝,直至破坏。

根据四川省建筑科学研究院等单位对矩形、T 型、十字型截面砌体的大量试验研究结果,经过统计分析,提出采用短柱偏心影响系数 α_1(偏心受压构件与轴心受压构件承载力的比值)来综合反应单向偏心受压的影响,并得到 α_1 与 e/h 的关系曲线,如图 3.3 所示,由图可以明显看出受压承载力随偏心距增大而降低。

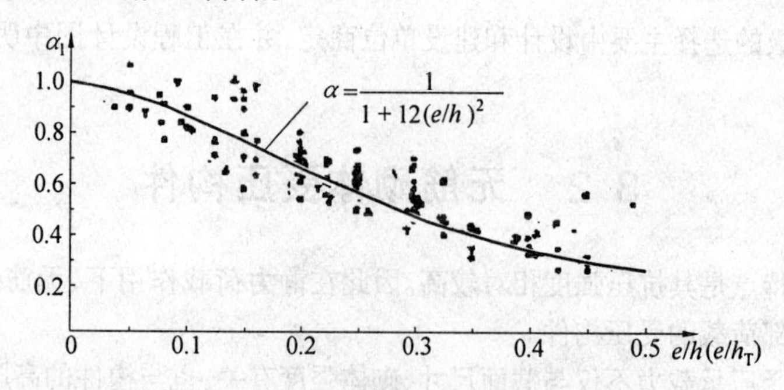

图 3.3 砌体偏心受压构件 α 与 e/h 的关系曲线

在材料力学偏心距影响系数公式形式的基础上,规定砌体受压时偏心影响系数 α_1 的关系

式为

$$\alpha_1 = \frac{1}{1 + (e/i)^2} \tag{3.11}$$

式中，e 为轴向力偏心距，$e = \frac{M}{N}$；i 为截面的回转半径，$i = \sqrt{\frac{I}{A}}$，I 为截面沿偏心方向的惯性矩，A 为截面面积。

对于矩形截面可写为

$$\alpha_1 = \frac{1}{1 + 12(e/h)^2} \tag{3.12}$$

对于T型、十字型截面，可按公式(3.11)计算，也可采用折算厚度 $h_T = \sqrt{12}i \approx 3.5i$ 代替 h，仍按式(3.12)计算。

试验表明单向偏压短柱的承载力可用下式表达

$$N = \alpha_1 Af \tag{3.13}$$

式中，α_1 为偏心影响系数；A 为构件的截面面积；f 为砌体的抗压强度设计值。

2. 受压长柱

(1) 轴心受压长柱

当墙、柱构件的高厚比 $\beta > 3$ 时，属于受压长柱。此类构件由于偶然偏心的影响往往产生侧向变形，引起构件纵向弯曲破坏，因而导致受压承载力降低。这种偶然偏心是由于砌体材料的非均质性、砌筑时构件尺寸的偏差以及荷载实际作用位置的偏差等因素引起的。在砌体构件中，水平砂浆削弱了砌体的整体性，故其纵向弯曲现象比钢筋混凝土构件更为明显。

在承载力计算中引入稳定系数 φ_0，以考虑侧向挠曲对承载力的影响。按材料力学，构件产生弯曲破坏时的临界应力为

$$\sigma_{cr} = \pi^2 E(\frac{i}{H_0})^2 \tag{3.14}$$

式中，E 为弹性模量；H_0 为柱的计算高度。

由于砌体的弹性模量随应力的增大而降低，当应力达到临界应力时，弹性模量可取为此处的切线模量。根据湖南大学给出的砖砌体的应力 - 应变关系公式，即

$$\varepsilon = -\frac{1}{460\sqrt{f_m}}\ln(1 - \frac{\sigma}{f_m}) \tag{3.15}$$

则

$$E = \frac{d\sigma}{d\varepsilon} = 460 f_m \sqrt{f_m}(1 - \frac{\sigma}{f_m}) \tag{3.16}$$

代入式(3.14)，可得

$$\sigma_{cr} = 460\pi^2 f_m \sqrt{f_m}(1 - \frac{\sigma_{cr}}{f_m})(\frac{i}{H_0})^2 \tag{3.17}$$

$$\varphi_0 = \sigma_{cr}/f_m = 460\pi^2 \sqrt{f_m}(1 - \frac{\sigma_{cr}}{f_m})(\frac{i}{H_0})^2 \tag{3.18}$$

如令 $\varphi_1 = 460\pi^2 \sqrt{f_m}(\frac{i}{H_0})^2$，对于矩形截面 $i = \frac{h}{\sqrt{12}}$；且 $\beta = \frac{H_0}{h}$，则得 $\varphi_1 \approx 370\pi^2 \sqrt{f_m}\frac{1}{\beta^2}$。因此，式(3.18)可表示为

$$\varphi_0 = \frac{1}{1 + \frac{1}{\varphi_1}} = \frac{1}{1 + \frac{1}{370\sqrt{f_m}}\beta^2} = \frac{1}{1 + \eta_1\beta^2} \tag{3.19}$$

式中，$\eta_1 = \frac{1}{370\sqrt{f_m}}$，它较全面地考虑了砖和砂浆强度以及其他因素对构件纵向弯曲的影响。规范参照式(3.19)的形式按如下公式计算轴心受压柱的稳定系数，即

$$\varphi_0 = \frac{1}{1 + \eta\beta^2} \tag{3.20}$$

式中，η 与砂浆强度 f_2 有关，$f_2 \geqslant 5$ MPa时，$\eta = 0.0015$；$f_2 = 2.5$ MPa时，$\eta = 0.002$；$f_2 = 0$ MPa时，$\eta = 0.009$。

(2) 偏心受压长柱

长柱在承受偏心压力作用时，柱端弯矩作用导致柱侧向变形(挠度)，使柱中部截面的轴向压力偏心距比初始状态时增大，相当于柱的截面出现附加偏心距，并随着偏心压力的增大而不断增大。这样的相互作用加剧了柱的破坏，所以在长柱的承载力计算时我国规范采用附加偏心距法，将偏心影响系数中的偏心距增加一项由纵向弯曲产生的附加偏心距 e_i，如图3.4所示，即

$$\varphi = \frac{1}{1 + \left(\frac{e_0 + e_i}{i}\right)^2} \tag{3.21}$$

附加偏心距 e_i 可根据如下边界条件确定，即初始偏心距 $e_0 = 0$ 时，$\varphi = \varphi_0$，φ_0 为轴心受压的纵向弯曲系数。以 $e_0 = 0$ 代入式(3.21)，得 $\varphi_0 = \frac{1}{1 + \left(\frac{e_i}{i}\right)^2}$，经整理得

$$e_i = i\sqrt{\frac{1}{\varphi_0} - 1}$$

对于矩形截面

$$e_i = \frac{h}{\sqrt{12}}\sqrt{\frac{1}{\varphi_0} - 1} \tag{3.22}$$

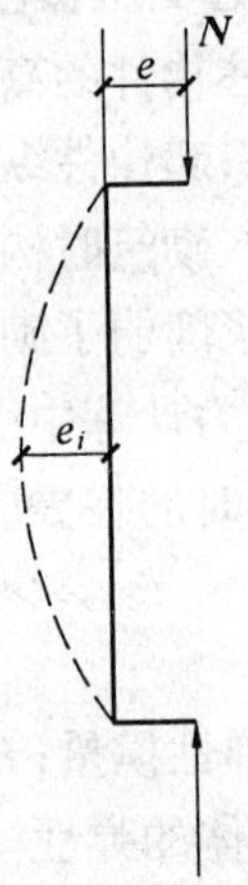

图3.4　附加偏心距

将上式代入式(3.21)，则得

$$\varphi = \frac{1}{1 + 12\left[\frac{e_0}{h} + \sqrt{\frac{1}{12}\left(\frac{1}{\varphi_0} - 1\right)}\right]^2} \tag{3.23}$$

当截面为"T"形或其他形状时，可用折算厚度 h_T 代替 h 计算。

受压长柱承载力应按下式计算

$$N \leqslant \varphi A f \tag{3.24}$$

式中，N 为轴向力设计值；φ 为高厚比 β 和轴向力的偏心距 e 对受压构件承载力的影响系数；可按式(3.23)计算也可按表3.5至表3.7采用；f 为砌体的抗压强度设计值；A 为构件截面面积。

注：对矩形截面构件，当轴向力偏心方向的截面边长大于另一方向的边长时，除按偏心受压计算外，还应对较小边长方向，按轴心受压进行验算。

偏心受压构件的偏心矩过大，使构件的承载力显著降低，还可能使截面受拉边出现过大的

水平裂缝，因而为保证计算可靠，《规范》要求控制偏心距，规定 $e \leqslant 0.6y$，其中 y 为截面重心到轴向力所在偏心方向截面边缘的距离，并按内力设计值计算。

计算影响系数或查表时，构件高厚比应按下列公式确定

$$\beta = \gamma_{\beta} H_0 / h \tag{3.25}$$

式中，γ_{β} 为不同砌体材料构件的高厚比修正系数，按表3.8采用；H_0 为受压构件的计算高度，按表5.2确定；h 为矩形截面轴向力偏心方向的边长，当轴心受压时为截面较小边长，T型截面时取折算厚度 h_T，可近似按 $h_T = \sqrt{2}i \approx 3.5i$ 计算。

表3.5　影响系数 φ(砂浆强度等级 $\geqslant$ M5)

β	e/h 或 e/h_T						
	0	0.025	0.05	0.075	0.1	0.125	0.15
$\leqslant 3$	1	0.99	0.97	0.94	0.89	0.84	0.79
4	0.98	0.95	0.90	0.85	0.80	0.74	0.69
6	0.95	0.91	0.86	0.81	0.75	0.69	0.64
8	0.91	0.86	0.81	0.76	0.70	0.64	0.59
10	0.87	0.82	0.76	0.71	0.65	0.60	0.55
12	0.82	0.77	0.71	0.66	0.60	0.55	0.51
14	0.77	0.72	0.66	0.61	0.56	0.51	0.47
16	0.72	0.67	0.61	0.56	0.52	0.47	0.44
18	0.67	0.62	0.57	0.52	0.48	0.44	0.40
20	0.62	0.57	0.53	0.48	0.44	0.40	0.37
22	0.58	0.53	0.49	0.45	0.41	0.38	0.35
24	0.54	0.49	0.45	0.41	0.38	0.35	0.32
26	0.50	0.46	0.42	0.38	0.35	0.33	0.30
28	0.46	0.42	0.39	0.36	0.33	0.30	0.28
30	0.42	0.39	0.36	0.33	0.31	0.28	0.26

β	e/h 或 e/h_T					
	0.175	0.2	0.225	0.25	0.275	0.3
$\leqslant 3$	0.73	0.68	0.62	0.57	0.52	0.48
4	0.64	0.58	0.53	0.49	0.45	0.41
6	0.59	0.54	0.49	0.45	0.42	0.38
8	0.54	0.50	0.46	0.42	0.39	0.36
10	0.50	0.46	0.42	0.39	0.36	0.33
12	0.47	0.43	0.39	0.36	0.33	0.31
14	0.43	0.40	0.36	0.34	0.31	0.29
16	0.40	0.37	0.34	0.31	0.29	0.27
18	0.37	0.34	0.31	0.29	0.27	0.25
20	0.34	0.32	0.29	0.27	0.25	0.23
22	0.32	0.30	0.27	0.25	0.24	0.22
24	0.30	0.28	0.26	0.24	0.22	0.21
26	0.28	0.26	0.24	0.22	0.21	0.19
28	0.26	0.24	0.22	0.21	0.19	0.18
30	0.24	0.22	0.21	0.20	0.18	0.17

表 3.6 影响系数 φ(砂浆强度等级 M2.5)

β	e/h 或 e/h_T						
	0	0.025	0.05	0.075	0.1	0.125	0.15
≤3	1	0.99	0.97	0.94	0.89	0.84	0.79
4	0.97	0.94	0.89	0.84	0.78	0.73	0.67
6	0.93	0.89	0.84	0.78	0.73	0.67	0.62
8	0.89	0.84	0.78	0.72	0.67	0.62	0.57
10	0.83	0.78	0.72	0.67	0.61	0.56	0.52
12	0.78	0.72	0.67	0.61	0.56	0.52	0.47
14	0.72	0.66	0.61	0.56	0.51	0.47	0.43
16	0.66	0.61	0.56	0.51	0.47	0.43	0.40
18	0.61	0.56	0.51	0.47	0.43	0.40	0.36
20	0.56	0.51	0.47	0.43	0.39	0.36	0.33
22	0.51	0.47	0.43	0.39	0.36	0.33	0.31
24	0.46	0.43	0.39	0.36	0.33	0.31	0.28
26	0.42	0.39	0.36	0.33	0.31	0.28	0.26
28	0.39	0.36	0.33	0.30	0.28	0.26	0.24
30	0.36	0.33	0.30	0.28	0.26	0.24	0.22

β	e/h 或 e/h_T					
	0.175	0.2	0.225	0.25	0.275	0.3
≤3	0.73	0.68	0.62	0.57	0.52	0.48
4	0.62	0.57	0.52	0.48	0.44	0.40
6	0.57	0.52	0.48	0.44	0.40	0.37
8	0.52	0.48	0.44	0.40	0.37	0.34
10	0.47	0.43	0.40	0.37	0.34	0.31
12	0.43	0.40	0.37	0.34	0.31	0.29
14	0.40	0.36	0.34	0.31	0.29	0.27
16	0.36	0.34	0.31	0.29	0.26	0.25
18	0.33	0.31	0.29	0.26	0.24	0.23
20	0.31	0.28	0.26	0.24	0.23	0.21
22	0.28	0.26	0.24	0.23	0.21	0.20
24	0.26	0.24	0.23	0.21	0.20	0.18
26	0.24	0.22	0.21	0.20	0.18	0.17
28	0.22	0.21	0.20	0.18	0.17	0.16
30	0.21	0.20	0.18	0.17	0.16	0.15

表 3.7 影响系数 φ(砂浆强度 0)

β	e/h 或 e/h_T						
	0	0.025	0.05	0.075	0.1	0.125	0.15
≤3	1	0.99	0.97	0.94	0.89	0.84	0.79
4	0.87	0.82	0.77	0.71	0.66	0.60	0.55
6	0.76	0.70	0.65	0.59	0.54	0.50	0.46
8	0.63	0.58	0.54	0.49	0.45	0.41	0.38
10	0.53	0.48	0.44	0.41	0.37	0.34	0.32

续表 3.7

β	e/h 或 e/h_T						
	0	0.025	0.05	0.075	0.1	0.125	0.15
12	0.44	0.40	0.37	0.34	0.31	0.29	0.27
14	0.36	0.33	0.31	0.28	0.26	0.24	0.23
16	0.30	0.28	0.26	0.24	0.22	0.21	0.19
18	0.26	0.24	0.22	0.21	0.19	0.18	0.17
20	0.22	0.20	0.19	0.18	0.17	0.16	0.15
22	0.19	0.18	0.16	0.15	0.14	0.14	0.13
24	0.16	0.15	0.14	0.13	0.13	0.12	0.11
26	0.14	0.13	0.13	0.12	0.11	0.11	0.10
28	0.12	0.12	0.11	0.11	0.10	0.10	0.09
30	0.11	0.10	0.10	0.09	0.09	0.09	0.08

β	e/h 或 e/h_T					
	0.175	0.2	0.225	0.25	0.275	0.3
≤3	0.73	0.68	0.62	0.57	0.52	0.48
4	0.51	0.46	0.43	0.39	0.36	0.33
6	0.42	0.39	0.36	0.33	0.30	0.28
8	0.35	0.32	0.30	0.28	0.25	0.24
10	0.29	0.27	0.25	0.23	0.22	0.20
12	0.25	0.23	0.21	0.20	0.19	0.17
14	0.21	0.20	0.18	0.17	0.16	0.15
16	0.18	0.17	0.16	0.15	0.14	0.13
18	0.16	0.15	0.14	0.13	0.12	0.12
20	0.14	0.13	0.12	0.12	0.11	0.10
22	0.12	0.12	0.11	0.10	0.10	0.09
24	0.11	0.10	0.10	0.09	0.09	0.08
26	0.10	0.09	0.09	0.08	0.08	0.07
28	0.09	0.08	0.08	0.08	0.07	0.07
30	0.08	0.07	0.07	0.07	0.07	0.06

表 3.8　高厚比修正系数

砌体材料类别	γ_β
烧结普通砖、烧结多孔砖	1.0
混凝土及轻骨料混凝土砌块	1.1
蒸压灰砂砖、蒸压粉煤灰砖、细料石、半细料石	1.2
粗料石、毛石	1.5

注：对灌孔混凝土砌块砌体，γ_β 取 1.0。

3.2.2　双向偏心受压构件

砌体双向偏心受压是工程上可能遇到的受力形式，根据湖南大学的试验研究表明，偏心距 e_h、e_b(图 3.5) 的大小对砌体竖向、水平向裂缝的出现、发展及破坏形态有着不同的影响。

当两个方向的偏心距均很小时(偏心率 e_h/h、e_b/b 小于 0.2)，砌体从受力、开裂以至破坏均类似于轴心受压构件的3个受力阶段。

当偏心距 $e_b > 0.2b$ 和 $e_h > 0.2h$ 时，随着荷载的增加，砌体内水平裂缝和竖向裂缝几乎同时发生，甚至水平裂缝早于竖向裂缝出现。

砌体接近破坏时，截面4个边缘的实测应变值接近线性分布。

规范建议仍采用附加偏心距法计算双向偏心受压构件承载力

$$N \leqslant \varphi A f \tag{3.26}$$

式中，N 为由荷载设计值产生的双向轴向力设计值；φ 为双向偏心受压时的承载力的影响系数，可按式(3.27)计算；f 为砌体的抗压强度设计值；A 为构件截面面积。

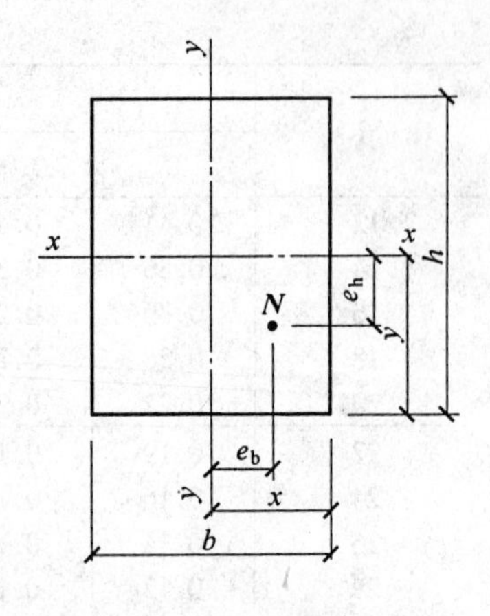

图3.5　双向偏心受压构件

对于矩形截面双向偏心影响系数 φ 按下式计算

$$\varphi = \frac{1}{1 + 12\left[\left(\frac{e_b + e_{ib}}{b}\right)^2 + \left(\frac{e_h + e_{ih}}{h}\right)^2\right]} \tag{3.27}$$

式中，e_b、e_h 为轴向力在截面重心 x 轴、y 轴方向的偏心距；x、y 为自截面重心沿 x 轴、y 轴至轴向力所在偏心方向截面边缘的距离；e_{ib}、e_{ih} 为轴向力在截面重心 x 轴、y 轴方向的附加偏心距，可按式(3.28)、(3.29)计算

$$e_{ib} = \frac{h}{\sqrt{12}}\sqrt{\frac{1}{\varphi_0} - 1}\left(\frac{\frac{e_b}{b}}{\frac{e_b}{b} + \frac{e_h}{h}}\right) \tag{3.28}$$

$$e_{ih} = \frac{h}{\sqrt{12}}\sqrt{\frac{1}{\varphi_0} - 1}\left(\frac{\frac{e_h}{b}}{\frac{e_b}{b} + \frac{e_h}{h}}\right) \tag{3.29}$$

分析表明，当无筋砌体两个方向的偏心率很大时，砌体内水平裂缝早于竖向裂缝出现，使得受拉截面退出工作，构件刚度降低，纵向弯曲的不利影响随之增大。因而设计双向偏心受压构件时，对偏心距有所限制，规定偏心距限值为 $e_b \leqslant 0.25b$ 和 $e_h \leqslant 0.25h$；当一个方向的偏心率不大于另一方向的偏心率5%时，可简化按另一方向的单向偏心受压计算，其误差不大于5%。

另外，当偏心距较大时，可采取设置缺口垫块等方法以减少压力偏心距。

【例3.1】　一承受轴心压力砖柱的截面尺寸为370 mm×490 mm，采用MU10烧结普通砖、M2.5混合砂浆砌筑，荷载设计值(其中仅有一个活荷载)在柱顶产生的轴向力为150 kN，柱的计算高度取其实际高度3.5 m。试验算该柱承载力。

【解】

砖柱自重为

$$1.2 \times 18\ \text{kN/m}^3 \times 0.37\ \text{m} \times 0.49\ \text{m} \times 3.5\ \text{m} = 13.7\ \text{kN}$$

柱底截面的轴心压力

$$N = 13.7\ \text{kN} + 150\ \text{kN} = 163.7\ \text{kN}$$

高厚比 $\beta = H_0/h = 3\,500\ \text{mm}/(370\ \text{mm}) = 9.46$，查得 $f = 1.29\ \text{N/mm}^2$，查表 3.6，$\varphi = 0.846$

因柱截面面积 $A = 0.37\ \text{m} \times 0.49\ \text{m}^2 = 0.181\ \text{m}^2 < 0.3\ \text{m}^2$，应考虑强度调整系数

$$\gamma_a = 0.7 + A = 0.7 + 0.181 = 0.881$$

$$N_u = \varphi\gamma_a fA = 0.846 \times 0.881 \times 1.29\ \text{N/mm}^2 \times 0.181\ \text{m}^2 \times 10^6 \times 10^{-3} = 174\ \text{kN} > 163.7\ \text{kN}$$

满足要求。

【例 3.2】　一矩形截面单向偏心受压柱的截面尺寸 $b \times h = 490\ \text{mm} \times 620\ \text{mm}$，计算高度 5 m，承受轴力和弯矩设计值 $N = 170\ \text{kN}$，$M = 20\ \text{kN·m}$，弯矩沿截面长边方向。用 MU10 烧结多孔砖及 M2.5 混合砂浆砌筑（$f = 1.29\ \text{N/mm}^2$）。试验算柱的承载力。

【解】

1. 验算柱长边方向承载力

$$e = \frac{M}{N} = \frac{20\ \text{kN·m}}{170\ \text{kN}} \times 10^3 = 117.6\ \text{mm} < 0.6y = 0.6 \times \frac{620\ \text{mm}}{2} = 186\ \text{mm}$$

查表 5.1，$[\beta] = 15$

$$\beta = H_0/h = 5\,000\ \text{mm}/(620\ \text{mm}) = 8.06 < [\beta]$$

查表 3.6，$\varphi = 0.51$

$$A = 490\ \text{mm} \times 620\ \text{mm} \times 10^{-6} = 0.304\ \text{m}^2 > 0.3\ \text{m}^2$$

$$\gamma_a = 1.0$$

$$N_u = \varphi fA = 0.51 \times 1.29\ \text{N/mm}^2 \times 0.304\ \text{m}^2 \times 10^6 = 200\ \text{kN} > 170\ \text{kN}$$

满足要求。

2. 验算柱短边方向承载力

由于轴向力偏心方向的截面边长为长边，故应对短边方向按轴心受压进行承载力验算。

$$\beta = H_0/b = 5\,000\ \text{mm}/(490\ \text{mm}) = 10.2 < [\beta] = 15$$

查表 3.6，$\varphi = 0.825$，$e = 0$

$$N_u = \varphi fA = 0.825 \times 1.29\ \text{N/mm}^2 \times 0.304\ \text{m}^2 \times 10^6 = 323.5\ \text{kN} > 170\ \text{kN}$$

满足要求。

【例 3.3】　截面尺寸为 1 200 mm × 190 mm 的窗间墙用 MU10 单排孔混凝土砌块与Mb7.5 砂浆砌筑（$f = 2.50\ \text{N/mm}^2$），灌孔混凝土强度等级 Cb20（$f_c = 9.6\ \text{N/mm}^2$），混凝土砌块孔隙率 $\delta = 37\%$，砌体灌孔率 $\rho = 35\%$。墙的计算高度为 4.2 m，承受轴向力设计值 143 kN，在截面厚度方向的偏心距 $e = 40\ \text{mm}$。试验算该窗间墙的承载力。

【解】

$$\beta = \gamma_\beta \frac{H_0}{h} = 1.1 \times \frac{4\,200\ \text{mm}}{190\ \text{mm}} = 24.3 < [\beta] = 26$$

$$e = 40\ \text{mm} < 0.6y = 0.6 \times 190\ \text{mm}/2 = 57\ \text{mm},\ \frac{e}{h} = \frac{40\ \text{mm}}{190\ \text{mm}} = 0.211$$

查表 3.5，$\varphi = 0.263$

灌孔混凝土面积和砌体毛面积的比值

$$\alpha = \delta\rho = 0.37 \times 0.35 = 0.130$$

灌孔砌体的抗压强度设计值

$$f_g = f + 0.6\alpha f_c = 2.50\ \text{N/mm}^2 + 0.6 \times 0.130 \times 9.6\ \text{N/mm}^2 = 3.25\ \text{N/mm}^2 < 2f = 5.0\ \text{N/mm}^2$$

截面面积 $A = 1.2\ \text{m} \times 0.19\ \text{m} = 0.228\ \text{m}^2 < 0.3\ \text{m}^2$,应考虑强度调整系数

$$\gamma_a = 0.7 + A = 0.7 + 0.228 = 0.928$$

$$N_u = \varphi\gamma_a f_g A = 0.263 \times 0.928 \times 3.25\ \text{N/mm}^2 \times 0.228 \times 10^6 \times 10^{-3} = 180.85\ \text{kN} > 143\ \text{kN}$$

满足要求。

3.3 无筋砌体局部受压

3.3.1 砌体局部受压的特点

当砌体截面上作用有局部均匀压力时(如承受上部柱或墙传来轴心压力的基础顶面),称为局部均匀受压。局部受压是一种常见的受力状态,其特点在于轴向力仅作用于砌体的局部截面上。砌体局部受压面积 A_1 处的抗压强度因周围非受荷部分砌体对其约束而提高。

试验结果表明,砌体局部受压大致有3种破坏形态:

(1) 因纵向裂缝发展而引起的破坏

这种破坏的特点是,当面积比 A_0/A_1 不太大时,在局部压力的作用下,第一批裂缝大多发生在距加载垫板1~2皮砖以下的砌体内,随着局部压力的增加,裂缝数量增多,裂缝呈纵向或斜向分布,其中部分裂缝逐渐向上、向下延伸连成一条主要裂缝而引起破坏,如图3.6(a)所示,简称为“先裂后坏”。在砌体的局部受压中,这是一种较常见也较为基本的破坏形态。

(2) 劈裂破坏

当面积比 A_0/A_1 较大时,局部受压构件受荷后未发生较大变形,在局部压应力的作用下产生的裂缝少而集中,但一旦构件外侧出现与竖向受力方向一致的竖向裂缝后,构件立即开裂而导致破坏,如图3.6(b)所示,简称为劈裂破坏。此时的开裂荷载与破坏荷载很接近。

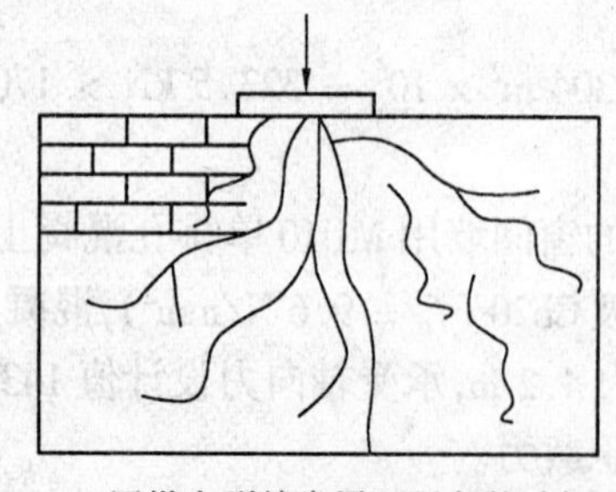

(a)因纵向裂缝发展而引起的破坏

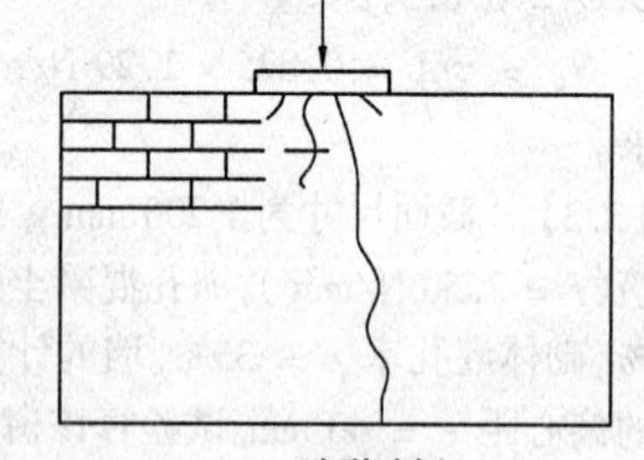

(b)劈裂破坏

图3.6 砌体局部均匀受压破坏形态

(3) 与垫板直接接触的砌体局部破坏

当局部受压构件的材料强度很低时,在局部荷载作用下,因局部受压面积 A_1 内砌体材料被压碎而使整个构件丧失承载能力,这时构件外侧并未发生竖向裂缝,这种现象称为未裂先坏(局部压碎)。这种破坏在实验室很少出现,但在工程中墙梁的梁高与跨度之比较大时,同时砌

体的强度又较低,有可能产生梁支承附近砌体被压碎的现象。

上述 3 种破坏现象可概述为"先裂后坏""一裂就坏""未裂先坏"。工程实际中一般应按"先裂后坏"考虑,避免出现危险的"一裂就坏""未裂先坏"现象。

局部受压时,直接受压的局部范围内的砌体抗压强度有较大程度的提高,一般认为这是由于存在"套箍强化"和"应力扩散"作用。在局部压应力作用下,局部受压的砌体在产生纵向变形的同时还产生横向变形,当局部受压部分的砌体周围或对边有砌体包围时,直接承受压力的部分像被套箍约束一样限制其横向变形,使砌体处于三向受压或双向受压的应力状态,抗压能力大大提高。但"套箍"作用并不是在所有的局部受压情况都有,当局部受压面积位于构件边缘或端部时,"套箍强化"作用则不明显甚至没有,但按"应力扩散"的概念加以分析,只要在砌体内存在未直接承受压力的面积,就有应力扩散的现象,就可以在一定程度上提高砌体的抗压强度。

砌体的局部受压破坏比较突然,工程中曾经出现过砌体局部抗压强度不足而发生房屋倒塌的事故,故设计时应予注意。

3.3.2　砌体截面中局部均匀受压时的承载力计算

影响砌体局部受压承载力的因素主要有砖和砂浆的强度等级、局部受压面积 A_1、构件截面面积 A、局部受压荷载作用位置、荷载作用方式等。

砌体局部受压时的抗压强度可取为 γf,f 为砌体抗压强度设计值,γ 为砌体局部抗压强度提高系数。试验研究结果表明,砌体局部抗压强度提高系数是一个比 1 大得多的值,该系数的大小与周边约束局部受压面积的砌体截面面积的大小有关,可按下式确定

$$\gamma = 1 + \xi\sqrt{\frac{A_0}{A_1} - 1} \tag{3.30}$$

式中,γ 为砌体局部抗压强度提高系数;A_0 为影响砌体局部抗压强度的计算面积;A_1 为局部受压面积。

式(3.30)右边第一项可视为局部受压面积本身的砌体强度,第二项可视为非均匀受压面积($A_0 - A_1$)所提供侧向压力的"套箍强化"作用和"应力扩散"作用的综合影响。根据中心局部受压的试验结果,ξ 值可达 0.7 ~ 0.75,对于一般墙段中部、端部和角部的局部受压,γ 值将降低较多。为此针对工程中常遇到的墙段中部、端部或角部局部受压情况所做的系统试验的结果,规范规定砌体的局部抗压强度提高系数 γ 统一按下式计算,即

$$\gamma = 1 + 0.35\sqrt{\frac{A_0}{A_1} - 1} \tag{3.31}$$

式中,影响局部抗压强度的计算面积 A_0 可按图 3.7 确定。在图中,a、b 为矩形局部受压面积 A_1 的边长;h、h_1 为墙厚或柱的较小边长;c 为矩形局部受压面积的外边缘至构件边缘的较小距离,当大于 h 时应取 h。

(1) 在图 3.7(a) 的情况下,$A_0 = (a + c + h)h$

(2) 在图 3.7(b) 的情况下,$A_0 = (b + 2h)h$

(3) 在图 3.7(c) 的情况下,$A_0 = (a + h)h + (b + h_1 - h)h_1$

(4) 在图 3.7(d) 的情况下,$A_0 = (a + h)h$

为避免 A_0/A_1 大于某一限值时会出现危险的劈裂破坏,规定对按式(3.31) 计算所得的 γ

值,尚应符合下列规定:

(1) 在图 3.7(a) 的情况下,$\gamma \leqslant 2.5$;

(2) 在图 3.7(b) 的情况下,$\gamma \leqslant 2.0$;

(3) 在图 3.7(c) 的情况下,$\gamma \leqslant 1.5$;

(4) 在图 3.7(d) 的情况下,$\gamma \leqslant 1.25$;

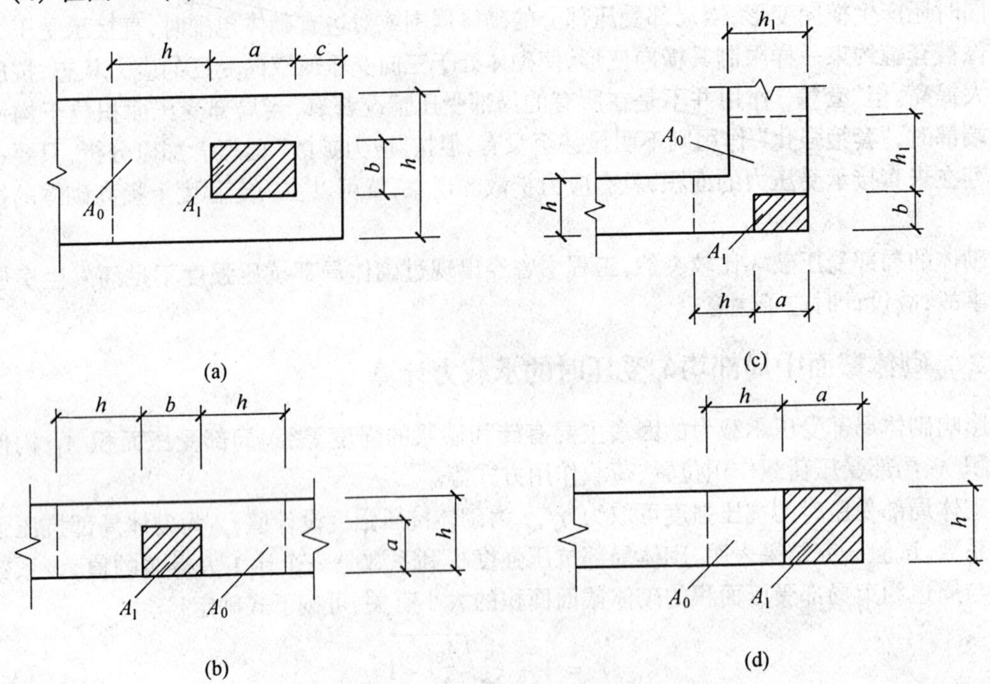

图 3.7 影响局部抗压强度的面积 A_0

(5) 对多孔砖砌体和混凝土砌块灌孔砌体,除应满足(4) 的情况外,尚应符合 $\gamma \leqslant 1.5$,当未灌孔时 $\gamma = 1.0$。

当砌体截面的局部受压面积 A_1 上受到均匀分布的轴向压力设计值 N_1 时,其承载力计算公式为

$$N_1 = \gamma_f A_1 \tag{3.32}$$

3.3.3 梁端支承处砌体的局部受压

(1) 梁端有效支承长度

梁端支承在砌体上时,由于梁的挠曲变形和支承处砌体的压缩变形的影响,两端的支承长度将由实际支承长度 a 变为有效支承长度 a_0,因而砌体局部受压面积应为 $A_1 = a_0 b$(b 为梁的宽度),而且梁下的砌体局部压应力也非均匀分布,如图 3.8 所示。

假定砌体的梁端变形和压应力按线性分布,对砌体边缘的位移为 $y_{\max} = a_0 \tan\theta$($\theta$ 为梁端转角),其压应力为 $\sigma_{\max} = k y_{\max}$,$k$ 为梁端支承处砌体的压缩刚度系数。由于梁端砌体内实际的压应力为曲线分布,设压应力图形的完整系数为 η,取平均压应力为 $\sigma = \eta k y_{\max}$,按照竖向力的平衡条件可得

$$N_1 = \eta k y_{\max} a_0 b = \eta k a_0^2 b \tan\theta \tag{3.33}$$

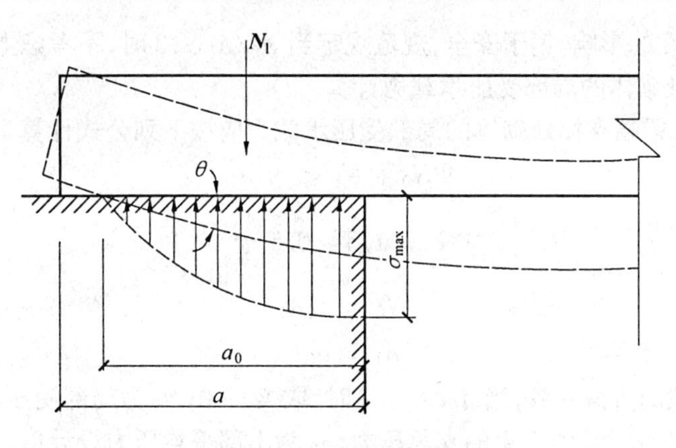

图 3.8　梁端局部受压

$$a_0 = \sqrt{\frac{N_l}{\eta k b \tan\theta}} \tag{3.34}$$

根据试验结果,可取$\frac{\eta k}{f_m} = 0.33\ \text{mm}^{-1}$,$\frac{f_m}{f} = 2.082$,则 $\eta k = 0.687\ \text{mm}^{-1}$,代入式(3.33)。当 N_l 的单位取 kN,f 的单位取 N/mm²,可以得到

$$a_0 = 38\sqrt{\frac{N_l}{bf\tan\theta}} \tag{3.35}$$

在大多数情况下,对于承受均布荷载的钢筋混凝土简支梁,可取 $N_l = \frac{ql}{2}$,$\tan\theta \approx \theta = \frac{ql^3}{24B_c}$($B_c$ 为梁的刚度),$\frac{h_c}{l} = \frac{1}{11}$($h_c$ 为梁的截面高度)。考虑到钢筋混凝土可能产生裂缝以及长期荷载效应的影响,取 $B_c = 0.33E_cI_c$。I_c 为梁的惯性矩,E_c 为混凝土弹性模量,当采用强度等级为 C20 的混凝土时,$E_c = 25.5\ \text{kN/mm}^2$,将上述各值代入式(3.35),可得

$$a_0 = 10\sqrt{\frac{h_c}{f}} \tag{3.36}$$

式中,h_c 为梁的截面高度,mm;f 为砌体的抗压强度设计值,N/mm²。

当按上述方法得到的计算值 $a_0 > a$ 时,取 $a_0 = a$。考虑到式(3.35)与式(3.36)计算结果不一样,容易在工程应用上引起争议,为此《砌体结构设计规范》(GB 50003—2001)明确采用式(3.36)。该式简便易用,且在常用跨度梁情况下其误差不致影响局部受压安全度。

(2) 上部荷载对局部受压的影响

作用在梁端砌体上的轴向压力除了有梁端支承力外,还有由上部荷载产生的轴向力 N_0。对在梁上砌体作用有均匀压应力 σ_0 的试验结果表明,如果 σ_0/f_m 不大,当梁上的荷载增加时,由于梁底部砌体局部变形较大,原压在梁端顶部的砌体与梁顶面逐渐脱开,原作用于这部砌体的上部荷载逐渐通过砌体内形成的卸载内拱卸至两边砌体,砌体内压应力产生重分布;当砌体临近破坏时可将原压在梁端上的上部荷载压力全部卸去,这时梁顶面与砌体完全脱开,实验室可以观察到有水平裂缝出现。σ_0 的存在和扩散作用对梁下部砌体有横向约束作用,对砌体局部受压是有利的。但如果 σ_0/f_m 较大,上部砌体向下变形则较大,梁端顶面与砌体的接触面也增大,这时梁顶面即不再与砌体脱开,内拱作用逐渐减小。

内拱卸载作用还与 A_0/A_l 的大小有关,根据试验结果,当 $A_0/A_l > 2$ 时,可不考虑上部荷载

对砌体局部抗压强度的影响。偏于安全,规范规定当 $A_0/A_l > 3$ 时,不考虑上部荷载的影响。

(3) 梁端支承处砌体的局部受压承载力计算

根据试验结果,梁端支撑处砌体的局部受压承载力应按下列公式计算

$$\Psi N_0 + N_l \leqslant \eta\gamma f A_l \tag{3.37}$$

$$\Psi = 1.5 - 0.5\frac{A_0}{A_l} \tag{3.38}$$

$$N_0 = \sigma_0 A_l \tag{3.39}$$

$$A_l = a_0 b \tag{3.40}$$

式中,Ψ 为上部荷载的折减系数,当 $A_0/A_l > 3$ 时,取 $\Psi = 0$;N_0 为局部受压面积内上部轴向力设计值;N_l 为梁端荷载设计值产生的支承压力;σ_0 为上部平均压力设计值;η 为梁端底部压应力图形的完整系数,一般可取 0.7,对于过梁和墙梁可取 1.0; a_0 为梁端有效支承长度,按式(3.36)计算,当 $a_0 > a$ 时,取 $a_0 = a$;b 为梁的截面宽度,mm;f 为砌体抗压强度设计值,N/mm^2。

3.3.4 梁下设有刚性垫块

当梁端局部受压承载力不足时,在梁端下设置预制或现浇混凝土垫块扩大局部受压面积,是较有效的方法之一。当垫块的高度 $t_b \geqslant 180$ mm,且垫块自梁边缘起挑出的长度不大于垫块的高度时,称为刚性垫块。刚性垫块不但可以增大局部受压面积,还可以使梁端压力较好地传至砌体表面。试验表明,垫块底面积以外的砌体对局部抗压强度仍能提供有利的影响,但考虑到垫块底面压应力分布不均匀,偏于安全取垫块外砌体面积的有利影响系数 $\gamma_1 = 0.8\gamma$(γ 为砌体的局部抗压强度提高系数)。试验还表明,刚性垫块下砌体的局部受压可采用砌体偏心受压的公式计算。

在梁下设有预制或现浇刚性垫块的砌体局部受压承载力按下列公式计算

$$N_0 + N_l \leqslant \varphi\gamma_1 f A_b \tag{3.41}$$

$$N_0 = \sigma_0 A_b \tag{3.42}$$

$$A_b = a_b b_b \tag{3.43}$$

式中,N_0 为垫块面积 A_b 内上部轴向力设计值;φ 为垫块上 N_0 及 N_l 合力的影响系数,应采用表 3.5 ~ 3.7 中当 $\beta \leqslant 3$ 时的 φ 值;γ_1 为垫块外砌体面积的有利影响系数,$\gamma_1 = 0.8\gamma$,但不小于 1,γ 为砌体局部抗压强度提高系数,按式(3.31) 以 A_b 代替 A_l 计算得出;A_b 为垫块面积;a_b 为垫块伸入墙内长度;b_b 垫块的长度。

刚性垫块的高度不宜小于 180 mm,自梁边算起的垫块挑出长度不宜大于垫块高度 t_b;在带壁柱墙的壁柱内设刚性垫块时(图 3.9),其计算面积应取壁柱范围内的面积,而不应计算翼缘部分,同时壁柱上垫块伸入墙内的长度不应小于 120 mm;当现浇垫块与梁端整体浇筑时,垫块可在梁高范围内设置。

刚性垫块上表面梁端有效支承长度 a_0 按下式确定

$$a_0 = \delta_1\sqrt{\frac{h}{f}} \tag{3.44}$$

式中,δ_1 为刚性垫块 a_0 计算公式的系数,按表 3.9 采用。垫块上合力点位置可取 $0.4a_0$ 处。

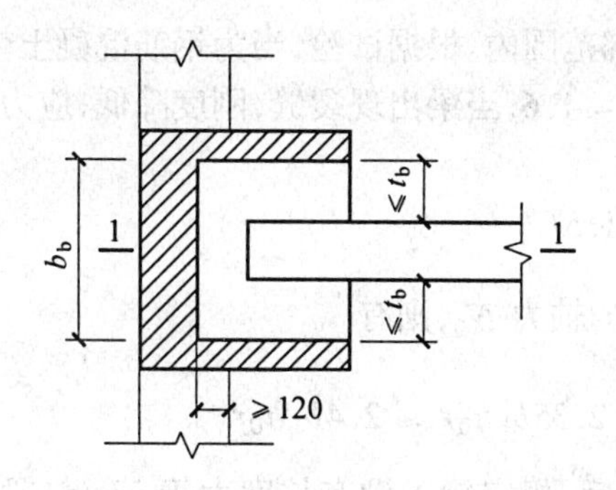

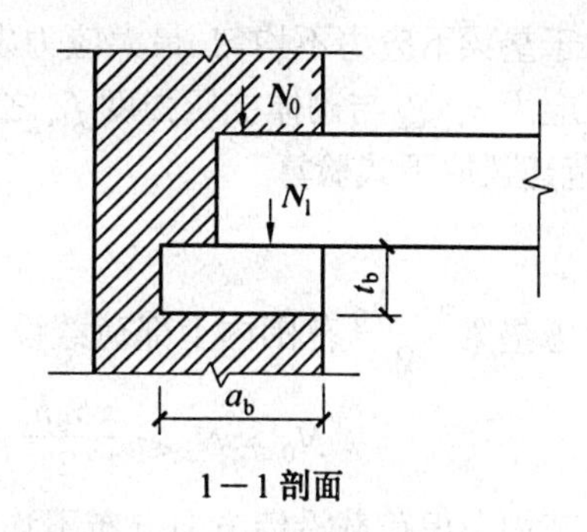

图 3.9　壁柱上设有垫块时梁端局部受压

表 3.9　系数 δ_1 值表

σ_0/f	0	0.2	0.4	0.6	0.8
δ_1	5.4	5.7	6.0	6.9	7.8

注:表中其间的数值可采用线性插入法求得。

3.3.5　梁下设有垫梁时砌体局部受压承载力计算

梁端下设有垫梁,指大梁或屋架端部支承在钢筋混凝土圈梁上的情况,该圈梁即为垫梁。垫梁上设有集中均布荷载 N_l 和上部墙体传来的均布荷载,垫梁相当于承受集中荷载的"弹性地基上的"无限长梁,如图 3.10 所示。此时,"弹性地基的宽度"即为墙厚 h,按照弹性力学的平面问题求解,可得到梁下最大压应力为

$$\sigma_{y,\max} = 0.306\sqrt[3]{\frac{Eh}{E_b I_b}}\frac{N_l}{b_b} \tag{3.45}$$

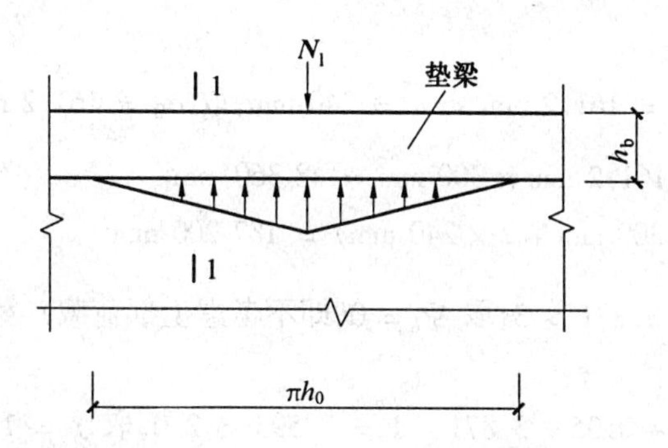

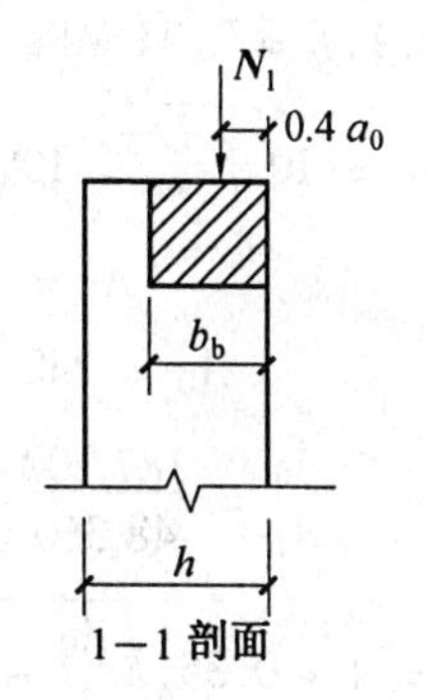

图 3.10　垫梁局部受压

用三角形压应力图形代替曲线的压应力图形,如图 3.10 所示,则有

$$N_l = \frac{1}{2}\pi h_0 b_b \sigma_{y,\max} \tag{3.46}$$

将式(3.46)代入式(3.45),则得到垫梁的折算高度 h_0 为

$$h_0 = 2.08\sqrt[3]{\frac{E_b I_b}{Eh}} \approx 2\sqrt[3]{\frac{E_b I_b}{Eh}} \tag{3.47}$$

式中,E_b、I_b 分别为垫梁的弹性模量和截面惯性矩;b_b、h_b 分别为垫梁的宽度和高度;E 为砌体的弹性模量。

由于垫梁下应力不均匀,最大应力发生在局部范围内。根据试验,当为钢筋混凝土垫梁时,最大压应力 $\sigma_{y,\max}$ 与砌体抗压强度 f_m 之比为 1.5 ~ 1.6,当梁出现裂缝,刚度降低,应力更加集中。规范建议取下式验算

$$\sigma_{y,\max} \leqslant 1.5f \tag{3.48}$$

考虑垫梁$\frac{\pi b_b h_0}{2}$范围内上部荷载设计值产生的轴力 N_0,则有

$$N_0 + N_1 \leqslant \frac{\pi b_b h_0}{2} \times 1.5f = 2.35 b_b h_0 f \approx 2.4 b_b h_0 f \tag{3.49}$$

规范中考虑荷载沿墙方向分布不均匀的影响后,规定梁下设有长度大于 πh_0 垫梁下的砌体局部受压承载力应按下式计算

$$N_0 + N_1 \leqslant 2.4\delta_2 f b_b h_0 \tag{3.50}$$

$$N_0 = \frac{\pi b_b h_0 \sigma_0}{2} \tag{3.51}$$

$$h_0 = 2\sqrt[3]{\frac{E_b I_b}{Eh}} \tag{3.52}$$

式中,N_0 为垫梁上部轴向力设计值;δ_2 当荷载沿墙厚方向均匀分布时 δ_2 取 1.0,不均匀时取 0.5;h 为墙厚,mm。

【例 3.4】 如图 3.11 所示的钢筋混凝土梁,截面尺寸 $b \times h$ = 300 mm × 600 mm,支承长度 a = 240 mm,支座反力设计值 N_1 = 70 kN,窗间墙截面尺寸为 1 500 mm × 240 mm,采用 MU15 砖 M10 混合砂浆砌筑,梁底截面处的上部荷载设计值为 200 kN,试验算梁底部砌体的局部受压承载力。

【解】

查表 2.1,f = 2.31 MPa

$$a_0 = 10\sqrt{\frac{h}{f}} = 10\sqrt{\frac{600}{2.31}} = 161.2\ \text{mm} < a = 240\ \text{mm},\text{取}\ a_0 = 161.2\ \text{mm}$$

$$A_1 = a_0 b = 161.2\ \text{mm} \times 300\ \text{mm} = 48\ 360\ \text{mm}^2$$

$$A_0 = 240\ \text{mm} \times (300\ \text{mm} + 2 \times 240\ \text{mm}) = 187\ 200\ \text{mm}^2$$

$$\frac{A_0}{A_1} = \frac{187\ 200\ \text{mm}^2}{48\ 360\ \text{mm}^2} = 3.871 > 3,\text{取}\ \Psi = 0(\text{即不考虑上部荷载})$$

$$\gamma = 1 + 0.35\sqrt{\frac{A_0}{A_1} - 1} = 1 + 0.35\sqrt{3.871 - 1} = 1.593 < 2.0,\text{取}\ \gamma = 1.593$$

$$\eta\gamma f A_1 = 0.7 \times 1.593 \times 2.31\text{N/mm}^2 \times 48\ 360\ \text{mm}^2 \times 10^6 \times 10^{-3} = 124.6\ \text{kN} > N_1 = 70\ \text{kN}$$

满足要求。

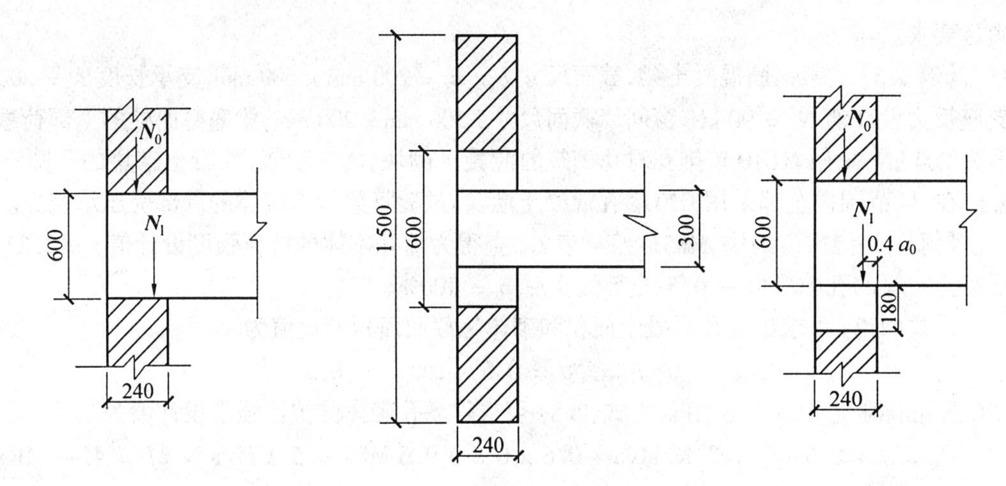

图3.11　梁底砌体局压示意图　　　　图3.12　设置刚性垫块简图(单位:mm)

【例3.5】　如图3.12所示,在上题中若 N_l = 140 kN,其他条件不变,设置刚性垫块,试验算局部受压承载力。

【解】　由上例计算结果可知,当 N_l = 140 kN时,梁下局部受压承载力不满足要求。设预制刚性垫块尺寸为 $a_b \times b_b$ = 240 mm × 600 mm,垫块高度为180 mm,满足构造要求。则

$$A_l = A_b = 240\ \text{mm} \times 600\ \text{mm} = 144\ 000\ \text{mm}^2;$$

因为600 mm + 240 mm × 2 = 1 080 mm < 1 500 mm(窗间墙宽度)

所以 $$A_0 = 240\ \text{mm} \times (600\ \text{mm} + 2 \times 240\ \text{mm}) = 259\ 200\ \text{mm}^2$$

$$\frac{A_0}{A_l} = \frac{259\ 200\ \text{mm}^2}{144\ 000\ \text{mm}^2} = 1.8,\gamma = 1 + 0.35\sqrt{\frac{A_0}{A_l} - 1} = 1 + 0.35\sqrt{1.8 - 1} = 1.313$$

$$\gamma_1 = 0.8\gamma = 0.8 \times 1.313 = 1.05 > 1$$

上部荷载产生的均布压应力

$$\sigma_0 = \frac{140\ \text{kN} \times 10^3}{1\ 500\ \text{mm} \times 240\ \text{mm}} = 0.39\ \text{N/mm}^2,\frac{\sigma_0}{f} = \frac{0.39\ \text{N/mm}^2}{2.31\ \text{N/mm}^2} = 0.17,\text{查表3.9得}\ \delta_1 = 5.66$$

刚性垫块上表面梁端有效支承长度

$$a_0 = \delta_1\sqrt{\frac{h}{f}} = 5.66 \times \sqrt{\frac{600}{2.31}} = 91.1\ \text{mm}$$

N_l 合力点至墙边的位置为　$0.4a_0 = 0.4 \times 91.1\ \text{mm} = 36.5\ \text{mm}$

N_l 对垫块重心的偏心距为　$e_l = 120\ \text{mm} - 36.5\ \text{mm} = 83.5\ \text{mm}$

垫块承受的上部荷载为　$N_0 = \sigma_0 A_b = 0.39\ \text{N/mm}^2 \times 144\ 000\ \text{mm}^2 \times 10^{-3} = 56.2\ \text{kN}$

作用在垫块上的轴向力　$N = N_0 + N_l = 56.2\ \text{kN} + 140\ \text{kN} = 196.2\ \text{kN}$

轴向力对垫块重心的偏心距

$$e = \frac{N_l e_l}{N_0 + N_l} = \frac{140\ \text{kN} \times 83.5\ \text{mm}}{196.2\ \text{kN}} = 59.6\ \text{mm},\frac{e}{a_b} = \frac{59.6\ \text{mm}}{240\ \text{mm}} = 0.248$$

查表3.5($\beta \leqslant 3$),$\varphi = 0.574$

$$\varphi\gamma_1 f A_b = 0.574 \times 1.05 \times 2.31\ \text{N/mm}^2 \times 144\ 000\ \text{mm}^2 \times 10^{-3} =$$

$$200.5\ \text{kN} > N = N_0 + N_l = 196.2\ \text{kN}$$

满足要求。

【例 3.6】 某钢筋混凝土梁，截面尺寸 $b \times h = 200\ mm \times 600\ mm$，支承长度 $a = 200\ mm$，支座反力设计值 $N_l = 90\ kN$，窗间墙截面尺寸 1 500 mm × 200 mm，梁底截面处的上部荷载设计值为 200 kN，采用 MU10 单排孔对孔砌筑的混凝土砌块，Mb5 砂浆，混凝土砌块的孔隙率 $\delta = 0.5$，在 A_0 范围内全部采用 C20 灌孔混凝土灌实。试验算梁端部砌体的局部受压承载力。

【解】 由 MU10 砌块、Mb5 砂浆从表 2.3 查得为灌孔砌体的抗压强度设计值 $f = 2.22\ MPa$，混凝土砌块的孔隙率 $\delta = 0.5$，全部灌实后 $\rho = 100\%$。

由式(2.7) 可求出灌孔混凝土面积和砌体毛截面面积的比值为

$$\alpha = \delta\rho = 0.5 \times 100\% = 0.5$$

C20 灌孔混凝土 $f_c = 9.6\ MPa$，由式(2.8) 可求得灌孔砌体的抗压强度设计值为

$$f_g = f + 0.6\alpha\delta f_c = 2.22\ MPa + 0.6 \times 0.5 \times 9.6\ MPa = 5.1\ MPa > 2f = 4.44\ MPa$$

取 $f_g = 4.44\ MPa$

$$a_0 = 10\sqrt{\frac{h}{f_g}} = 10 \times \sqrt{\frac{600}{4.44}} = 116.2\ mm < a = 200\ mm$$

$$A_l = a_0 b = 116.2\ mm \times 200\ mm = 23\ 240\ mm^2$$

$$A_0 = 200\ mm \times (200\ mm + 2 \times 200\ mm) = 120\ 000\ mm^2$$

$$\frac{A_0}{A_l} = \frac{120\ 000\ mm^2}{23\ 240\ mm^2} = 5.16 > 3,取\ \Psi = 0(即不考虑上部荷载)$$

$$\gamma = 1 + 0.35\sqrt{\frac{A_0}{A_l} - 1} = 1 + 0.35 \times \sqrt{5.16 - 1} = 1.714 > 1.5$$

取 $\gamma = 1.5$(混凝土砌块灌孔砌体)

$$\eta\gamma f_g A_l = 0.7 \times 1.5 \times 4.44\ N/mm^2 \times 23\ 240\ mm^2 \times 10^{-3} = 108.3\ kN > N_l = 90\ kN$$

满足要求。

3.4 轴心受拉、受弯与受剪构件承载力计算

1. 轴心受拉构件

轴心受拉承载力应按下式计算

$$N_t \leqslant f_t A \tag{3.53}$$

式中，N_t 为轴心拉力设计值；f_t 为砌体的轴心抗拉强度设计值。

2. 受弯构件

砌体房屋中的砖过梁、挡土墙等是受弯构件。砌体在弯矩作用下可能沿齿缝和竖向灰缝截面、沿通缝截面因弯曲受拉破坏。此外，支座处的剪力较大时，可能发生受剪破坏。所以对受弯构件应进行受弯承载力和受剪承载力计算。

(1) 受弯承载力

按下式计算为

$$M \leqslant f_{tm} W \tag{3.54}$$

式中，M 为设计弯矩值；f_{tm} 为砌体弯曲受拉强度设计值；W 为截面抵抗矩。

(2) 受剪承载力

按下式计算

$$V \leqslant f_V bz \tag{3.55}$$

式中，V 为设计剪力值；f_V 为砌体抗剪强度设计值；b 为截面宽度；z 为内力臂长度，$z = I/S$，当截面为矩形时取 $z = 2h/3$，I 为截面惯性矩，S 为截面面积矩，h 为矩形截面高度。

3. 受剪构件

在无拉杆拱的支座截面处，由于拱的水平推力，将使支座沿水平灰缝受剪，如图 3.13 所示。在受剪构件中，除水平剪力外，往往还作用有垂直压力。沿通缝或阶梯截面破坏时受剪构件的承载力应按下式计算为

$$V \leqslant (f_V + \alpha\mu\sigma_0)A \tag{3.56}$$

当永久荷载分项系数 $\gamma_G = 1.2$ 时

$$\mu = 0.26 - 0.082\frac{\sigma_0}{f}$$

当 $\gamma_G = 1.35$ 时

$$\mu = 0.23 - 0.065\frac{\sigma_0}{f}$$

式中，V 为截面剪力设计值；A 为构件水平截面面积。当有孔洞时，取砌体净截面面积；f_V 为砌体抗剪强度设计值，对灌孔的混凝土砌块砌体取 f_{Vg}；α 为修正系数，当 $\gamma_G = 1.2$ 时，砖砌体取 0.60，混凝土砌块砌体取0.64，当 $\gamma_G = 1.35$ 时，砖砌体取 0.64，混凝土砌块砌体取 0.66；σ_0 为永久荷载设计值产生的水平截面平均压应力；f 为砌体抗压强度设计值；$\frac{\sigma_0}{f}$ 为轴压比，且不大于 0.8。

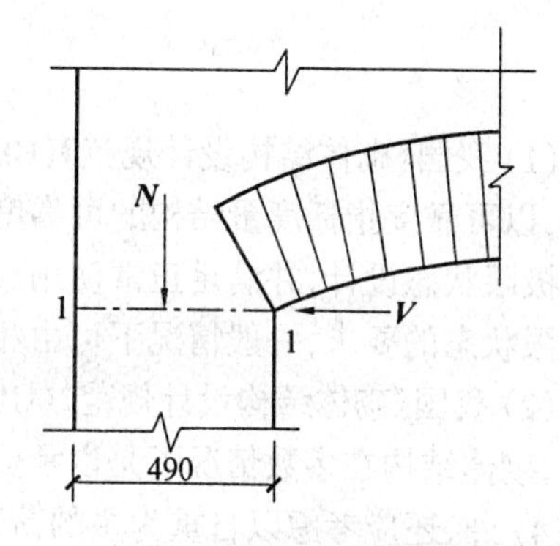

图 3.13　拱式砖过梁示意图

【例 3.7】　某拱式砖过梁，如图 3.13 所示，已知拱式过梁在拱座处的水平推力标准值 V = 15 kN(其中可变荷载产生的推力为 12 kN)，作用在 1—1 截面上由恒载标准值引起的纵向力 N_k = 20 kN；过梁宽度为 370 mm，窗间墙厚度为 490 mm，墙体用 MU10 烧结黏土砖、M5 混合砂浆砌筑。试验算拱座截面 1—1 的受剪承载力。

【解】　受剪截面面积 A 为

$$A = 370\ \text{mm} \times 490\ \text{mm} = 181\ 300\ \text{mm}^2 < 0.3\ \text{m}^2$$

1. 当由可变荷载起控制作用的情况下，即 $\gamma_G = 1.2$，$\gamma_Q = 1.4$ 取的荷载分项系数组合时，该墙段的正应力 σ_0 为

$$\sigma_0 = \frac{N}{A} = \frac{1.2 \times 20\ 000\ \text{N}}{370\ \text{mm} \times 490\ \text{mm}} = 0.132\ \text{N/mm}^2$$

截面 1—1 受剪承载力调整系数

$$\gamma_a = 0.7 + A = 0.7 + 0.181\ 3 = 0.881\ 3$$

MU10 砌体，M5 砂浆 $f = 1.5\ \text{N/mm}^2$，砌体抗剪设计值 $f_V = 0.11\ \text{N/mm}^2$

$$\alpha = 0.6, \mu = 0.26 - 0.082\sigma_0/f = 0.26 - \frac{0.082 \times 0.132\ \text{N/mm}^2}{1.5\ \text{N/mm}^2} = 0.253$$

则

$$(f_V + \alpha\mu\sigma_0)A = (0.11\ \text{N/mm}^2 \times 0.881\ 3 + 0.6 \times 0.253 \times 0.132\ \text{N/mm}^2) \times 181\ 300\ \text{mm}^2 \times 10^{-3} =$$
$$21.2\ \text{kN} > \boldsymbol{V} = 1.2 \times 3\ \text{kN} + 1.4 \times 12\ \text{kN} = 20.4\ \text{kN}$$

满足要求。

2.当由永久荷载起控制作用的情况下即 $\gamma_G = 1.35, \gamma_Q = 1.0$ 取的荷载分项系数组合时，该墙段的正应力 σ_0 为

$$\sigma_0 = \frac{N}{A} = \frac{1.35 \times 20\ 000\ \text{N}}{370\ \text{mm} \times 490\ \text{mm}} = 0.149\ \text{N/mm}^2$$

$$f_V = 0.11\ \text{N/mm}^2, \alpha = 0.64, \mu = 0.23 - 0.065\sigma_0/f = 0.23 - \frac{0.065 \times 0.149\ \text{N/mm}^2}{1.5\ \text{N/mm}^2} = 0.224$$

$$(f_V + \alpha\mu\sigma_0)A = (0.11\ \text{N/mm}^2 \times 0.881\ 3 + 0.64 \times 0.224 \times 0.149\ \text{N/mm}^2) \times$$
$$181\ 300\ \text{mm}^2 \times 10^{-3} = 21.45\ \text{kN}$$
$$> \boldsymbol{V} = 1.35 \times 3\ \text{kN} + 1.0 \times 12\ \text{kN} = 16.05\ \text{kN}$$

满足要求。

本章小结

(1) 我国《砌体结构设计规范》(GB 50003—2001) 采用以概率理论为基础的极限状态设计方法,以可靠度指标度量结构的可靠度,采用分项系数的设计表达式计算。砌体结构应按承载能力极限状态设计,并满足正常使用极限状态的要求。根据砌体结构的特点,砌体结构正常使用极限状态的要求,一般情况下可由相应的构造措施来保证。

(2) 我国《砌体结构设计规范》(GB 50003—2001) 采用了定值分项系数的极限状态设计表达式,砌体结构在多数情况下是以承受自重为主的结构,除考虑一般的荷载组合($\gamma_G = 1.2$、$\gamma_Q = 1.4$) 外,还应考虑以自重为主的荷载组合($\gamma_G = 1.35$、$\gamma_Q = 1.0$)。

(3) 砌体的抗压强度高是其最大的特点。因此在静力荷载作用下,无筋砌体墙、柱主要作为承受上部荷载的受压构件。无筋砌体的受压承载力不仅与截面尺寸、砌体强度有关,也与构件的高厚比有关;砌体构件受压承载力计算公式中的 φ 是考虑高厚比 β、偏心距 e 综合影响的系数,偏心距 $e = \boldsymbol{M}/\boldsymbol{N}$ 按内力的设计值计算(这一点与原规范不同),并注意使 $e/h \leqslant 0.6$,当不能满足时应采取相应措施;砌体双向偏心受压是工程上可能遇到的受力形式,湖南大学的试验研究表明,两个方向偏心距的大小对砌体竖向、水平向裂缝的出现、发展及破坏形态有着不同的影响。

(4) 砌体局部受压是砌体结构中常见的一种受力状态。局压破坏形态可概述为“先裂后坏”“一裂就坏”“未裂先坏”。工程实际中一般应按“先裂后坏” 考虑,避免出现危险的“一裂就坏”“未裂先坏” 现象。由于“套箍作用” 和“应力扩散” 作用,使局部受压范围内砌体的抗压强度有较大程度的提高,称为砌体局部受压强度提高系数。

(5) 梁端局部受压时,由于梁的挠曲变形和砌体压缩变形的影响,梁端的有效支承长度 a_0 和实际支承长度 a 不同,梁下砌体的局部压应力也非均匀分布。当梁端局部受压承载力不满足要求时,应设置刚性垫块或垫梁。

(6) 在无拉杆拱的支座截面处，由于拱的水平推力，将使支座沿水平灰缝受剪。在受剪构件中，除水平剪力外，往往还作用有垂直压力。砌体沿水平通缝截面或沿阶梯形截面破坏时的受剪承载力，与砌体的抗剪强度 f_V 和作用在截面上的正压力 σ_0 的大小有关。

思考题

3.1 试述砌体结构采用以概率理论为基础的极限状态设计方法时，其承载力极限状态设计表达式的基本概念。

3.2 试述砌体施工质量控制等级对砌体强度设计值的影响，在砌体结构设计中对施工质量控制等级有何规定？

3.3 偏心距如何计算？受压构件偏心距的限值是多少？设计中当超过该规定限值时，应采取何种方法或措施？

3.4 何为受压构件的承载力影响系数？与哪些因素有关？

3.5 砌体局部受压有哪些特点？试述砌体局部抗压强度提高的原因？

3.6 在梁端支承处砌体局部受压计算中，为什么要对上部传来的荷载进行折减？折减值与什么因素有关？

习　题

3.1 某砖柱计算高度为 3.6 m，在柱顶面由荷载设计值产生的压力为 300 kN，并作用于截面重心，已知采用蒸压粉煤灰砖为 MU10，施工质量控制等级为 B 级。试设计该柱截面。

3.2 某柱，采用蒸压灰砂砖 MU10、混合砂浆 M5 砌筑，施工质量控制等级为 B 级。柱的截面尺寸为 490 mm × 620 mm，计算高度为 4.2 m。试核算在如图 3.14 所示的 3 种偏心距的轴向压力作用下该柱的承载力。

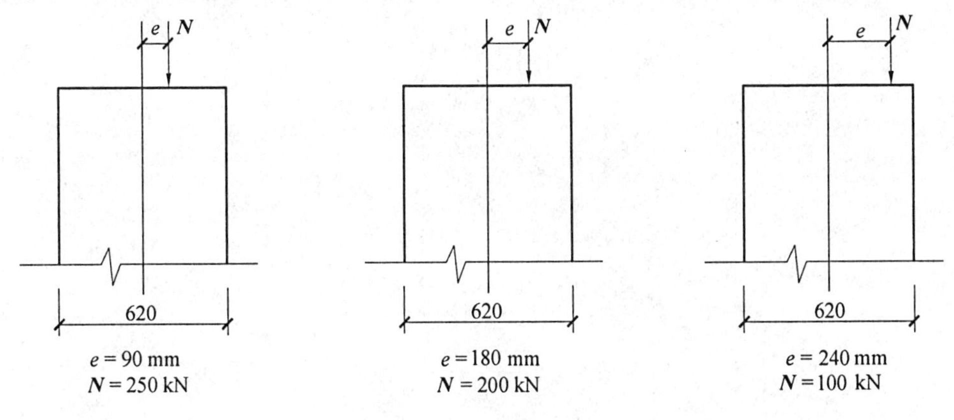

图 3.14　习题 3.2 附图

3.3 某带壁柱砖墙，采用烧结孔砖 MU10、水泥砂浆 M5 砌筑，施工质量控制等级为 B 级。柱的计算高度为 3.9 m。试计算当轴向压力作用于该墙截面重心（O 点）及 A 点时（如图 3.15 所示）的承载力。

3.4 某矩形截面砖柱，截面尺寸为 490 mm × 620 mm，用砖 MU15、水泥混合砂浆 MU10 砌筑，施工质量控制等级为 B 级。柱的计算高度为 4.2 m，作用于柱上的轴向力设计值为240 kN。按荷载设计值计算偏心距 $e_b = 110$ mm，$e_h = 140$ mm，如图 3.16 所示。试验算该柱的受压承载力。

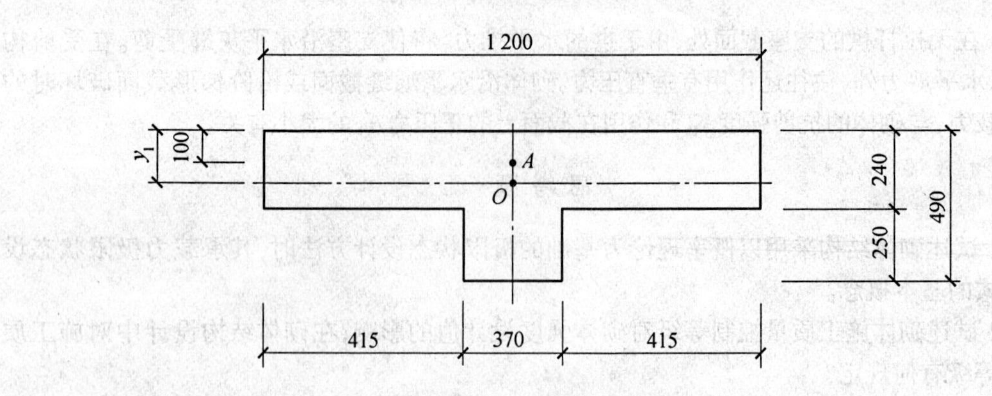

图 3.15　习题 3.3 附图

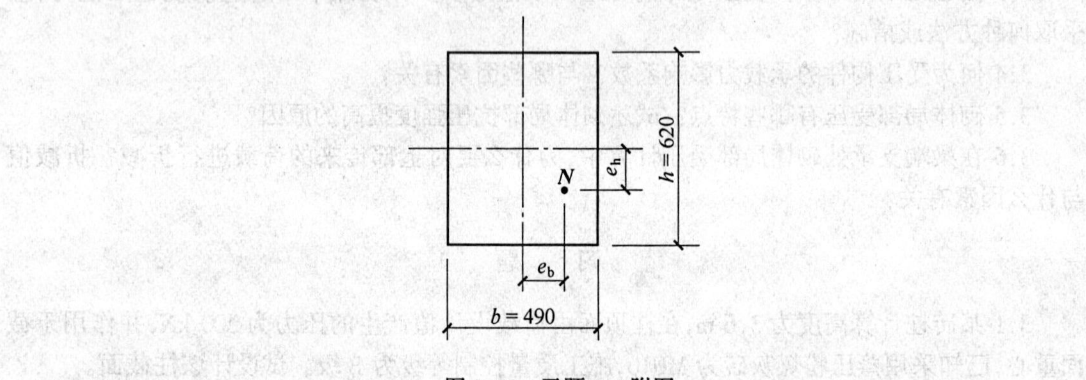

图 3.16　习题 3.4 附图

第 4 章　配筋砌体结构构件的承载力计算

4.1　网状配筋砖砌体受压构件

现代砌体结构采用钢筋来加强砌体，不但可以提高砌体的承载力，而且可以改善其脆性性能。

在砌体的水平灰缝中配置钢筋网，称为网状配筋砌体或横向配筋砌体。

当所用的钢筋直径较细（3 ~ 5 mm）时，可采用方格形钢筋网，如图 4.1(a)所示。而当直径大于 5 mm 时，应采用连弯钢筋网，两片连弯钢筋网交错置于两相邻灰缝内，其作用相当于一片方格钢筋网，如图 4.1(b)所示。

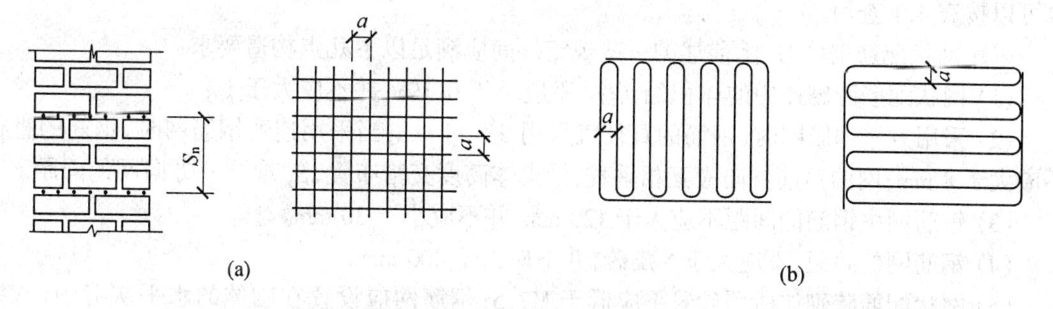

图 4.1　网状配筋砌体

网状配筋砌体受荷载作用后，由于存在摩擦力和砂浆的黏结力，钢筋被黏结在水平灰缝内，和砌体共同工作。钢筋能阻止砌体在纵向受压时横向变形的发展，但砌体出现竖向裂缝后，钢筋便起到横向拉结作用，使被纵向裂缝分割的砌体小柱不至于过早失稳破坏，因而大大提高了砌体的承载力。试验表明，偏心受压构件，随着荷载的偏心距增大，钢筋网的加强作用逐渐减弱，此外在过于细长的受压构件中也会由于纵向弯曲产生附加偏心，使构件截面处在较大偏心的受力状态。因此，水平网状配筋砖砌体受压构件使用范围应符合下列规定：

(1) 偏心距超过截面核心范围，不宜采用网状配筋砖砌体构件（矩形截面 $e/h > 0.17$，$e/h < 0.17$，但构件高厚比 $\beta > 16$）；

(2) 矩形截面轴向力偏心方向的截面边长大于另一方向的边长时，除按偏心受压计算外，还应对较小边长方向按轴心受压进行验算；

(3) 当网状配筋砖砌体下端与无筋砌体交接时，尚应验算无筋砌体的局部受压承载力。

试验还表明，如果钢筋网配置过少，就不能起到增强砌体的作用，但也不宜配置过多。

对于网状配筋砌体受压构件，《砌体结构设计规范》(GB 50003—2001) 采用类似于无筋砌体的计算公式。

1. 网状配筋砖砌体的抗压强度计算公式

$$f_n = f + 2\left(1 - \frac{2e}{y}\right)\frac{\rho}{100}f_y \tag{4.1}$$

式中，f_n 为网状配筋砖砌体的抗压强度设计值；f 为砖砌体的抗压强度设计值；e 为轴向力的偏心距；ρ 为体积配筋率，$\rho = \frac{V_s}{V} \times 100$ 或 $\rho = \frac{2A_s}{as_n} \times 100$，$V_s$、$V$ 分别为钢筋和砌体的体积；$(1 - 2e/y)$ 是考虑偏心影响而得出的强度降低系数；y 为截面重心到轴向力所在偏心方向截面边缘的距离；f_y 为钢筋的抗拉强度设计值，当 $f_y > 320\ \text{N/mm}^2$ 时，按 $f_y = 320\ \text{N/mm}^2$ 采用。

2. 网状配筋砖砌体构件的影响系数 φ_n

考虑高厚比 β 和初始偏心距 e 对承载力的影响，网状配筋砖砌体构件的影响系数：

$$\varphi_n = \frac{1}{1 + 12\left\{\frac{e}{h} + \sqrt{\frac{1}{12}\left(\frac{1}{\varphi_{on}} - 1\right)}\right\}^2} \tag{4.2}$$

式中，稳定系数

$$\varphi_{on} = \frac{1}{1 + \frac{1 + 3\rho}{667}\beta^2} \tag{4.3}$$

也可以按表 4.1 查用。

采用网状配筋砌体时，除前述的一些规定外尚应满足以下几点构造要求：

(1) 网状配筋砖砌体中的体积配筋率，不应小于 0.1%，并不应大于 1%。

(2) 采用方格钢筋网时，钢筋的直径宜采用 3 ~ 4 mm；当采用连弯钢筋网时，钢筋的直径不应大于 8 mm；网的钢筋方向应互相垂直，沿砌体高度交错布置，S_n 取同一方向网的间距。

(3) 钢筋网中钢筋的间距不应大于 120 mm，并不应小于 30 mm。

(4) 钢筋网的间距，不应大于 5 皮砖，并不应大于 400 mm。

(5) 网状配筋砖砌体所用砂浆不应低于 M7.5；钢筋网应设置在砌体的水平灰缝中，灰缝厚度应保证钢筋上、下至少各有 2 mm 厚的砂浆层。

表 4.1　影响系数

ρ	β \ e/h	0	0.05	0.10	0.15	0.17
0.1	4	0.97	0.89	0.78	0.67	0.63
	6	0.93	0.84	0.73	0.62	0.58
	8	0.89	0.78	0.67	0.57	0.53
	10	0.84	0.72	0.62	0.52	0.48
	12	0.78	0.67	0.56	0.48	0.44
	14	0.72	0.61	0.52	0.44	0.41
	16	0.67	0.56	0.47	0.40	0.37

续表 4.1

ρ	β \ e/h	0	0.05	0.10	0.15	0.17
0.3	4	0.96	0.87	0.76	0.65	0.61
	6	0.91	0.80	0.69	0.59	0.55
	8	0.84	0.74	0.62	0.53	0.49
	10	0.78	0.67	0.56	0.47	0.44
	12	0.71	0.60	0.51	0.43	0.40
	14	0.64	0.54	0.46	0.38	0.36
	16	0.58	0.49	0.41	0.35	0.32
0.5	4	0.94	0.85	0.74	0.63	0.59
	6	0.88	0.77	0.66	0.56	0.52
	8	0.81	0.69	0.59	0.50	0.46
	10	0.73	0.62	0.52	0.44	0.41
	12	0.65	0.55	0.46	0.39	0.36
	14	0.58	0.49	0.41	0.35	0.32
	16	0.51	0.43	0.36	0.31	0.29
0.7	4	0.93	0.83	0.72	0.61	0.57
	6	0.86	0.75	0.63	0.53	0.50
	8	0.77	0.66	0.56	0.47	0.43
	10	0.68	0.58	0.49	0.41	0.38
	12	0.60	0.50	0.42	0.36	0.33
	14	0.52	0.44	0.37	0.31	0.30
	16	0.46	0.38	0.33	0.28	0.26
0.9	4	0.92	0.82	0.71	0.60	0.56
	6	0.83	0.72	0.61	0.52	0.48
	8	0.73	0.63	0.53	0.45	0.42
	10	0.64	0.54	0.46	0.38	0.36
	12	0.55	0.47	0.39	0.33	0.31
	14	0.48	0.40	0.34	0.29	0.27
	16	0.41	0.35	0.30	0.25	0.24
1.0	4	0.91	0.81	0.70	0.59	0.55
	6	0.82	0.71	0.60	0.51	0.47
	8	0.72	0.61	0.52	0.43	0.41
	10	0.62	0.53	0.44	0.37	0.35
	12	0.54	0.45	0.38	0.32	0.30
	14	0.46	0.39	0.33	0.28	0.26
	16	0.39	0.34	0.28	0.24	0.23

【例 4.1】　已知一砖柱，采用 MU10 砖，M7.5 混合砂浆砌筑，砖柱截面尺寸 370 mm × 490 mm，计算高度 H_0 = 3.92 m，承受轴向力设计值 N = 223.2 kN，在柱长边方向作用弯矩设计值 $\boldsymbol{M}$ = 12.41 kN · m。试验算此砖柱的承载力；如承载力不够，按网状配筋砌体设计此柱。

【解】

1. 按无筋砌体偏压构件计算

查表可得 MU10 砖，M5 混合砂浆砌体的抗压设计强度 f = 1.69 MPa。算得

$$\beta = \frac{H_0}{h} = \frac{3\ 920\ \text{mm}}{490\ \text{mm}} = 8, e = \frac{M}{N} = \frac{12.41\ \text{kN}\cdot\text{m}}{223.2\ \text{kN}} \times 10^3 = 55.6\ \text{mm}, \frac{e}{h} = \frac{55.6\ \text{mm}}{490\ \text{mm}} = 0.113$$

查表2.5可得 $\varphi = 0.684$。

因为　$A = 370\ \text{mm} \times 490\ \text{mm} = 0.181\ 3\ \text{m}^2 < 0.3\ \text{m}^2$

所以砌体强度乘以调整系数 γ_a

$$\gamma_a = 0.7 + 0.181\ 3 = 0.881\ 3$$

无筋砌体的承压能力为

$$\varphi Af = 0.684 \times 0.181\ 3\ \text{m}^2 \times 10^6 \times 0.881\ 3 \times 1.69\ \text{N/mm}^2 = 184.7\ \text{kN} < N = 223.2\ \text{kN}$$

所以不符合要求。

2.按网状配筋砌体设计

由于 $e/h = 0.113 < 0.17, \beta = 8 < 17$ 材料为MU10砖，M7.5混合砂浆，其符合网状配筋砌体要求。用ϕ4冷拔低碳钢丝($f_y = 320$ MPa)，方格网间距 a 取50 mm，方格网采用焊接，$S_n =$ 26 cm，体积配筋率

$$\rho = \frac{2A_s}{aS_n} \times 100 = \frac{2 \times 0.126\ \text{cm}^2}{5\ \text{cm} \times 26\ \text{cm}} \times 100 = 0.19$$

网状配筋砖柱的抗压强度

$$f_n = f + 2(1 - \frac{2e}{y})\frac{\rho}{100}f_y = 1.69 + 2(1 - \frac{2 \times 55.6}{490/2}) \times \frac{0.19}{100} \times 320 = 2.35\ \text{MPa}$$

由于 $e/h = 0.113, \beta = 8, \rho = 0.19$，查表4.1可得 $\varphi_n = 0.623$。承载力为

$$\varphi_n Af_n = 0.623 \times 0.181\ 3\ \text{m}^2 \times 10^6 \times 2.35\ \text{N/mm}^2 \times 10^{-3} = 265.4\ \text{kN} > N = 223.2\ \text{kN}$$

满足要求。

再沿短边方向按轴心受压进行验算。此时 $\beta = \frac{H_0}{h} = \frac{3\ 920\ \text{mm}}{370\ \text{mm}} = 10.6, e/h = 0, \rho = 0.19$。查表可得 $\varphi_n = 0.867\ 5$。短边轴心承载力为

$$\varphi_n Af_n = 0.867\ 5 \times 0.181\ 3\ \text{m}^2 \times 10^6 \times 2.35\ \text{N/mm}^2 \times 10^{-3} = 369.6\ \text{kN} > N = 223.2\ \text{kN}$$

满足要求。

4.2　组合砖砌体受压构件

4.2.1　组合砖砌体构件构造要求

当荷载偏心距较大(超过核心范围)，无筋砖砌体承载力不足而截面尺寸又受到限制时，或当偏心距超过4.1节规定的限制时，宜采用砖砌体和钢筋混凝土面层或钢筋砂浆面层组成的组合砖砌体构件，如图4.2所示。

(1) 面层混凝土强度等级宜采用C20，面层水泥砂浆强度等级不宜低于M10，砌筑砂浆不宜低于M7.5。

(2) 竖向受力钢筋的混凝土保护层厚度，不应小于表4.2中的规定。竖向受力钢筋距砖砌体表面的距离不应小于5 mm。

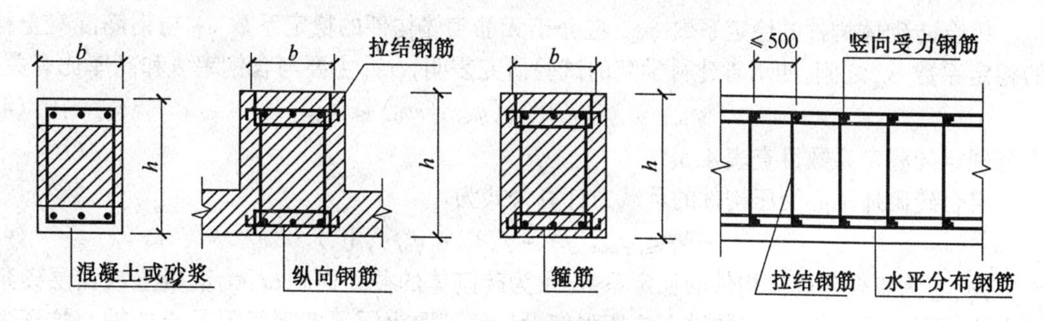

图4.2　组合砖砌体构件截面

表4.2　混凝土保护层最小厚度　　单位：mm

构件类别＼环境条件	室内正常环境	露天或室内潮湿环境
墙	15	25
柱	30	35

注：当面层为水泥砂浆时，对于柱保护层厚度可减小5 mm。

(3) 砂浆面层的厚度，可采用30 ~ 45 mm。当面层厚度大于45 mm时，其面层宜采用混凝土。

(4) 竖向受力钢筋宜采用HPB235级钢筋，对于混凝土面层，亦可采用HRB335级钢筋。受压钢筋一侧的配筋率，对砂浆面层，不宜小于0.1%，对混凝土面层，不宜小于0.2%。受拉钢筋的配筋率，不应小于0.1%。竖向受力钢筋的直径，不应小于8 mm，钢筋的净间距，不应小于30 mm。

(5) 箍筋的直径，不宜小于4 mm及0.2倍的受压钢筋直径，并不宜大于6 mm。箍筋的间距，不应大于20倍受压钢筋的直径及500 mm，并不应小于120 mm。

(6) 当组合砖砌体构件一侧的竖向受力钢筋多于4根时，应设置附加箍筋或拉结钢筋。

(7) 对于截面长短边相差较大的构件如墙体等，应采用穿通墙体的拉结钢筋作为箍筋，同时设置水平分布钢筋。水平分布钢筋的竖向间距及拉结钢筋的水平间距，均不应大于500 mm，如图4.3所示。

(8) 组合砖砌体构件的顶部及底部，以及牛腿部位，必须设置钢筋混凝土垫块。受力钢筋伸入垫块的长度，必须满足锚固要求。

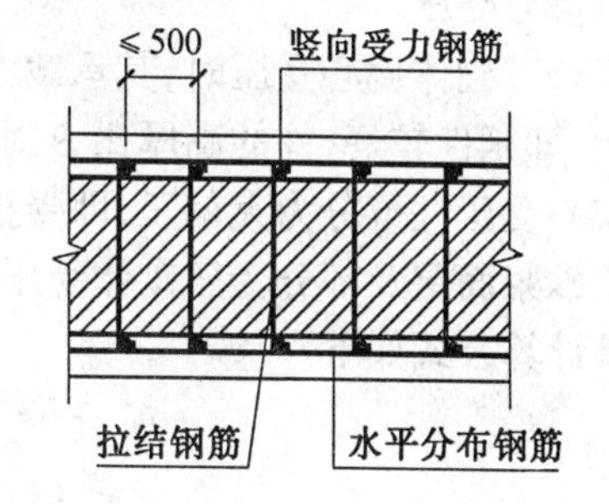

图4.3　混凝土或砂浆面层组合墙

4.2.2　基本计算公式

组合砖砌体计算公式分为轴心受压和偏心受压两种。

1.轴心受压

组合砖砌体在轴向压力作用下，首先钢筋屈服，然后面层混凝土达到抗压强度。此时砖砌体尚未达到抗压强度。可以将组合砖砌体破坏时截面中砖砌体的应力与砖砌体的极限强度之比定义为砖砌体的强度系数。四川省建科学院的试验研究表明，该系数平均值为0.945。

组合砖砌体构件的稳定系数 φ_{com} 应介于无筋砌体构件的稳定系数 φ_0 与钢筋混凝土构件的稳定系数 φ_{cr} 之间，四川省建科学院的试验研究表明，φ_{com} 主要与含钢率 ρ 和高厚比有关，即

$$\varphi_{com} = \varphi_0 + 100\rho(\varphi_{cr} - \varphi_0) \leqslant \varphi_{cr} \tag{4.4}$$

规范规定的稳定系数可查表 4.3。

组合砖砌体轴心受压构件的承载力计算公式为

$$N \leqslant \varphi_{com}(fA + f_c A_c + \eta_s f'_y A'_s) \tag{4.5}$$

式中，φ_{com} 为组合砖砌体构件的稳定系数，A 为砖砌体的截面面积；f_c 为混凝土或面层砂浆的轴心抗压强度设计值，砂浆的轴心抗压强度设计值可取为同强度等级混凝土的轴心抗压强度设计值的 70%，当砂浆为 M15 时，取 5.2 MPa，当砂浆为 M10 时，取 3.5 MPa，当砂浆为 M7.5 时，取 2.6 MPa；A_c 为混凝土或砂浆面层的截面面积；η_s 为受压钢筋的强度系数，当为混凝土面层时，可取 1.0，当为砂浆面层时可取 0.9；f'_y 为钢筋的抗压强度设计值；A'_s 为受压钢筋的截面面积。

表 4.3　组合砖砌体构件的稳定系数

高厚比	配筋率 ρ/%					
β	0	0.2	0.4	0.6	0.8	≥1.0
8	0.91	0.93	0.95	0.97	0.99	1.00
10	0.87	0.90	0.92	0.94	0.96	0.98
12	0.82	0.85	0.88	0.91	0.93	0.95
14	0.77	0.80	0.83	0.86	0.89	0.92
16	0.72	0.75	0.78	0.81	0.84	0.87
18	0.67	0.70	0.73	0.76	0.79	0.81
20	0.62	0.65	0.68	0.71	0.73	0.75
22	0.58	0.61	0.64	0.66	0.68	0.70
24	0.54	0.57	0.59	0.61	0.63	0.65
26	0.50	0.52	0.54	0.56	0.58	0.60
28	0.46	0.48	0.50	0.52	0.54	0.56

2. 偏心受压

组合砖砌体偏心受压时，其承载力和变形性能与钢筋混凝土构件相近。偏心距较大的柱变形较大，即延性较好，柱的高厚比 β 对柱延性影响较大，β 大的柱延性也大。

偏心受压柱可分为大偏压，即受拉区钢筋首先屈服，然后受压区破坏；小偏压，即受压区混凝土或砂浆面层及部分受压砌体受压破坏。

其计算公式如下

$$N \leqslant fA' + f_c A'_c + \eta_s f'_y A'_s - \sigma_s A_s \tag{4.6}$$

或

$$Ne_N \leqslant fS_s + f_c S_{c,s} + \eta_s f'_y A'_s(h_0 - a'_s) \tag{4.7}$$

此时受压区高度 x 按式(4.8)确定

$$fS_N + f_c S_{c,N} + \eta_s f'_y A'_s e'_N - \sigma_s A_s e_N = 0 \tag{4.8}$$

其中偏心距表达式为

$$e_N = e + e_a + (h/2 - a_s) \tag{4.9}$$

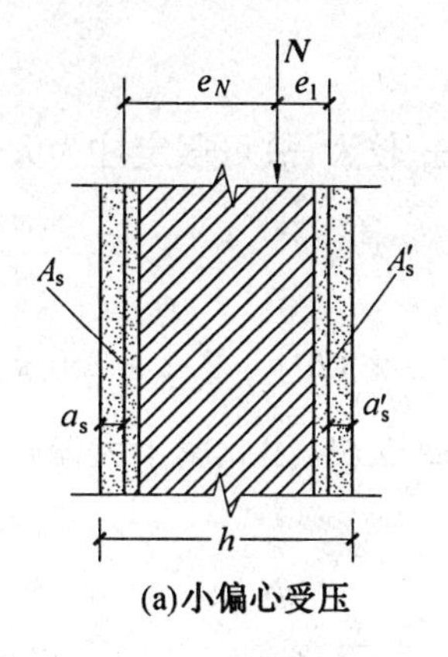

(a)小偏心受压

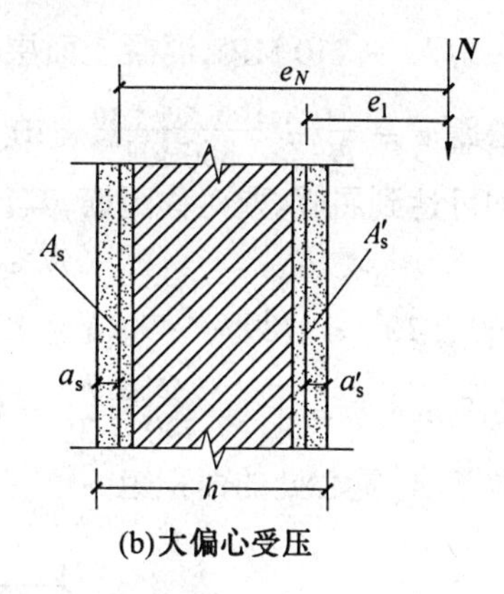

(b)大偏心受压

图4.4　组合砖砌体偏心受压构件

$$e'_N = e + e_a - (h/2 - a'_s) \tag{4.10}$$

$$e_a = \frac{\beta^2 h}{2\,200}(1 - 0.022\beta) \tag{4.11}$$

式中，σ_s 为钢筋 A_s 的应力；A_s 为距轴向力 N 较远侧钢筋的截面面积；A' 为砖砌体受压部分的面积；A'_c 为混凝土或砂浆面层受压部分的面积；S_s 为砖砌体受压部分的面积对钢筋 A_s 重心的面积矩；$S_{c,s}$ 为混凝土或砂浆面层受压部分的面积对钢筋 A_s 重心的面积矩；S_N 为砖砌体受压部分的面积对轴向力 N 作用点的面积矩；$S_{c,N}$ 为混凝土或砂浆面层受压部分的面积对轴向力 N 作用点的面积矩；e_N、e'_N 为钢筋 A_s 和 A'_s 重心至轴向力 N 作用点的距离；e 为轴向力的初始偏心距，按荷载设计值计算，当 e 小于0.05 h 时，应取 e 等于0.05 h；e_a 为组合砖砌体构件在轴向力作用下的附加偏心距；h_0 为组合砖砌体构件截面的有效高度，取 $h_0 = h - a_s$；a_s、a'_s 为钢筋 A_s 和 A'_s 重心至截面较近边的距离。

组合砖砌体钢筋 A_s 的应力可按下列规定计算

小偏心受压，即 $\xi > \xi_b$ 时

$$\sigma_s = 650 - 800\xi$$

$$-f'_y \leqslant \sigma_s \leqslant f_y$$

大偏心受压，即 $\xi < \xi_b$ 时

$$\sigma_s = f_y$$

$$\xi = x/h_0$$

式中，ξ 为组合砖砌体构件截面受压区的相对高度；f_y 为钢筋抗拉强度设计值。

组合砖砌体受压区相对高度的界限值：ξ_b(HPB235) = 0.55；ξ_b(HRB335) = 0.425。

【例4.2】　某混凝土面层组合砖柱，其截面尺寸如图4.5所示，柱的计算高度 $H_0 = 7.4$ m，采用MU10砖，M10混合砂浆砌筑，面层混凝土C15，采用HPB235钢筋，柱承受轴向压力 $\boldsymbol{N}$ = 360 kN，沿柱长边方向的弯矩 $\boldsymbol{M}$ = 168 kN·m，试按对称配筋形式设计配筋。

【解】　首先计算 A、A_c、f、f_c、f'_y、η_s。

砖砌体截面面积　$A = 49\text{ cm} \times 74\text{ cm} - 2 \times (25\text{ cm} \times 12\text{ cm}) = 3\,026\text{ cm}^2$

混凝土截面面积　$A_c = 2 \times (25\text{ cm} \times 12\text{ cm}) = 600\text{ cm}^2$

混凝土轴心抗压强度设计值　$f_c = 7.2$ MPa

砖砌体抗压强度设计值，查表2.1可得　$f = 1.89$ MPa

钢筋 $f_y = f'_y = 210$ MPa,混凝土面层 $\eta_s = 1.0$

由于偏心距 $e = \dfrac{M}{N} = \dfrac{168\ \text{kN}\cdot\text{m}}{360\ \text{kN}} \times 10^3 = 466.7$ mm较大,故可假定柱为大偏心受压,受压筋和受拉筋均可达到屈服。取对称配筋,其计算公式为

$$N = fA' + f_c A_c$$

$$360 \times 10^3 = 1.89 \times [490(x - 120) + 2 \times 120 \times 120] + 7.2 \times 250 \times 120$$

解得 $x = 216.7$ mm,$\xi = \dfrac{x}{h_0} = \dfrac{216.7}{740 - 35} = 0.31 < \xi_b = 0.55$,因此属于大偏心受压;砖砌体受压部分对受拉筋 A_s 重心处的面积矩

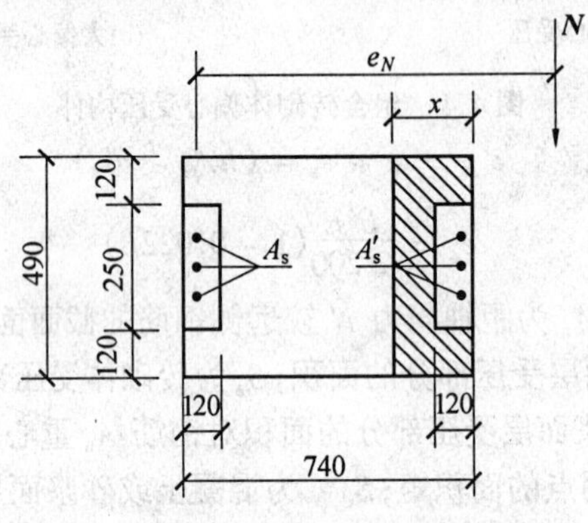

图4.5　例4.2题图

$$S_s = (490\ \text{mm} \times 216.7\ \text{mm} - 250\ \text{mm} \times 120\ \text{mm}) \times \left[740\ \text{mm} - 35\ \text{mm} - \frac{490\ \text{mm} \times 216.7^2\ \text{mm}^2 - 250\ \text{mm} \times 120^2\ \text{mm}^2}{2 \times (490\ \text{mm} \times 216.7\ \text{mm} - 250\ \text{mm} \times 120\ \text{mm})}\right] = 44.00 \times 10^6\ \text{mm}^3$$

混凝土受压部分对受拉筋 A_s 重心处的面积矩

$$S_{c,s} = 250\ \text{mm} \times 120\ \text{mm} \times \left(740\ \text{mm} - 35\ \text{mm} - \frac{120\ \text{mm}}{2}\right) = 19.35 \times 10^6\ \text{mm}^3$$

$$\beta = \frac{H_0}{h} = \frac{740\ \text{mm}}{74\ \text{mm}} = 10$$

附加偏心距 $$e_a = \frac{\beta^2 h}{2\,200}(1 - 0.022\beta) = 2.62\ \text{cm}$$

轴力 N 离钢筋 A_s 重心处的距离

$$e_N = e_0 + e_a + \left(\frac{h}{2} - a_s\right) = 466.7\ \text{mm} + 26.2\ \text{mm} + \left(\frac{740\ \text{mm}}{2} - 35\ \text{mm}\right) = 827.9\ \text{mm}$$

代入计算公式 $$Ne_N = fS_s + f_c S_{c,s} + \eta_s f'_y A'_s (h_0 - a'_s)$$

解得 $$A'_s = 537\ \text{mm}^2$$

取3φ18钢筋,实际配筋面积 $A_s = A'_s = 763\ \text{mm}^2$

$$\rho = \frac{763\ \text{mm}^2}{490\ \text{mm} \times 740\ \text{mm}} \times 100\% = 0.21\% > 0.2\%$$

符合构造要求,再按构造要求,选取箍筋φ6@240。

4.3　配筋砌块砌体受压构件

4.3.1　配筋砌块砌体的组成

配筋砌块砌体采用的是混凝土空心承重砌块作为墙体的承重材料,在带有凹槽的专用配筋砌块内布置水平钢筋,在砌块的孔洞内布置纵向钢筋,形成纵横向的现浇网格,如图4.6所示。施工类似于砌体结构,结构受力性能类似于混凝土剪力墙结构,是介于砌体结构与混凝土剪力墙结构之间的一种"预制装配整体式钢筋混凝土剪力墙"结构形式。这种体系具有很大的发展前景,是建设部住宅产业现代化推广应用的结构体系。抗压、抗拉和抗剪强度俱佳,抗震性能优良,具有节省钢材、施工速度快、施工周期短、工作效率高等优点,应用在中高层建筑中是非常合适的。

4.3.2　受压性能

试验研究表明,配筋砌块砌体剪力墙在轴心压力作用下,经历如下3个受力阶段:

(1) 初裂阶段。砌体和竖向钢筋的应变均很小,第一条(或第一批)竖向裂缝大多在有竖向钢筋的附近砌体内产生。墙体产生第一条裂缝时的压力为破坏压力的40% ~ 70%。随竖向钢筋配筋率的增加,该比值有所降低,但变化不大。

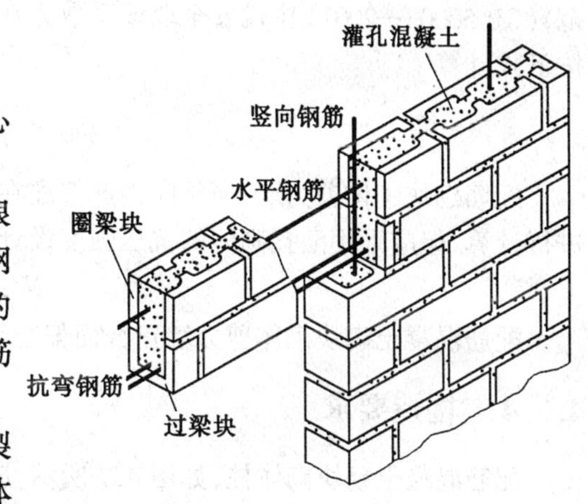

图4.6　配筋砌块砌体的组成

(2) 裂缝发展阶段。随着压力的增大,墙体裂缝增多、加长,且大多分布在竖向钢筋之间的砌体内,形成条带状。由于钢筋的约束作用,裂缝分布较均匀,裂缝密而细;在水平钢筋处,上、下竖向裂缝不贯通而有错位。

(3) 破坏阶段。破坏时竖向钢筋可达屈服强度。最终因墙体竖向裂缝较宽,甚至个别砌块被压碎而破坏,由于钢筋的约束,墙体破坏时仍保持良好的整体性。

配筋混凝土砌块砌体的抗压强度、弹性模量,较之用相应的砌块和砂浆的空心砌块砌体均有较大程度的提高。

4.3.3　承载力计算

与钢筋混凝土正截面承载力计算类似,采用相同的基本假定,即:

(1) 截面应变保持平面;

(2) 竖向钢筋与其毗邻的砌体、灌孔混凝土的应变相同;

(3) 不考虑砌体、灌孔混凝土的抗拉强度;

(4) 根据材料选择砌体、灌孔混凝土的极限压应变,且不应大于0.003;

(5) 根据材料选择钢筋的极限拉应变,且不应大于0.01。

轴心受压配筋砌块砌体剪力墙、柱,当配有箍筋或水平分布钢筋时,其正截面受压承载力应按下列公式计算

$$N \leqslant \varphi_{0g}(f_g A + 0.8 f'_y A'_s) \tag{4.12}$$

式中,N 为轴向压力设计值;φ_{0g} 为轴心受压构件的稳定系数,按式(4.13) 计算;f_g 为灌孔砌体的抗压强度设计值,按式(2.8) 计算;A 为构件的毛截面面积;f'_y 钢筋的抗压强度设计值;A'_s 为全部竖向钢筋的截面面积。

注:① 未配置箍筋或水平分布钢筋时,仍可按式(4.12) 计算,但应使 $f'_y A'_s = 0$;

② 配筋砌块砌体构件的计算高度 H_0 可取层高。

根据混凝土砌块灌孔砌体的应力 - 应变关系和式(4.13) 的方法,可得

$$\varphi_{0g} = \frac{1}{1 + \frac{1}{400\sqrt{f_{g,m}}}\beta^2} \tag{4.13}$$

式中,β 为构件的高厚比。

按一般情况下 $f_{g,m}$ 为 10 MPa 推算,上式中 β 项的系数约为 0.000 8,在《砌体结构设计规范》(GB 50003—2001) 中偏安全取该系数为 0.001。因而混凝土砌块轴心受压构件的稳定系数按下式计算

$$\varphi_{0g} = \frac{1}{1 + 0.001\beta^2} \tag{4.14}$$

配筋砌块砌体剪力墙,当竖向钢筋仅配在中间时,其平面外偏心受压承载力可按式(3.24) 进行计算,但应采用灌孔砌体的抗压强度设计值,即

$$N \leqslant \varphi f_g A \tag{4.15}$$

配筋混凝土砌块砌体剪力墙正截面偏心受压承载力详见第 6 章第 6.2 节的相关内容。

4.3.4 构造要求

配筋混凝土砌块砌体柱,如图 4.7 所示,应符合下列构造要求。

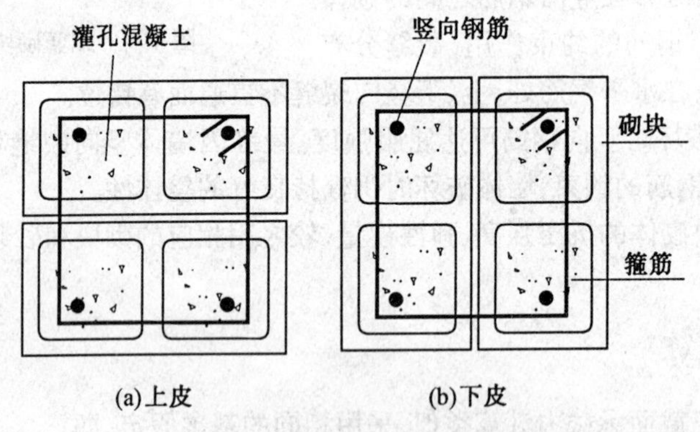

图 4.7 配筋混凝土砌块砌体柱

1. 材料强度等级

(1) 砌块不应低于 MU10;

(2) 柱砂浆不应低于 Mb7.5;

(3) 灌孔混凝土不应低于 Cb20。

对于安全等级为一级或设计使用年限大于 50 年的配筋砌块砌体房屋,其柱所用材料的最低强度等级应至少提高一级。

2. 柱截面

截面边长不宜小于 400 mm,柱高度与截面短边之比不宜大于 30。

3. 竖向钢筋

柱的竖向钢筋的直径不宜小于 12 mm,数量不应少于 4 根,全部竖向受力钢筋的配筋率不宜小于 0.2%。

4. 箍筋

柱中箍筋的设置应根据下列情况确定:

(1) 当竖向钢筋的配筋率大于 0.25%,且柱承受的轴向力大于受压承载力设计值的 25% 时,柱应设箍筋;当配筋率 0.25% 时,或柱承受的轴向力小于受压承载力设计值的 25% 时,柱中可不设置箍筋。

(2) 箍筋直径不宜小于 6 mm。

(3) 箍筋的间距不应大于 16 倍的竖向钢筋直径、48 倍的箍筋直径及柱截面短边尺寸中较小者。

(4) 箍筋应封闭,端部应设弯钩。

(5) 箍筋应设置在灰缝或灌孔混凝土中。

配筋混凝土砌块砌体剪力墙的构造要求,详见第 6 章 6.5 节相关内容。

【例 4.3】 某柱计算高度 4 m,截面尺寸为 400 mm × 600 mm,承受轴心压力 N = 1 280.0 kN;采用混凝土空心砌块(孔隙率 46%)MU15、水泥混合砂浆 Mb7.5 砌筑,施工质量控制等级为 B 级,如图 4.8 所示。试核算该柱在采用混凝土空心砌块砌体和灌孔混凝土砌块砌体(采用 Cb25 混凝土全灌孔)时的轴心受压承载力,以及计算在采用配筋混凝土砌块砌体柱时的钢筋。

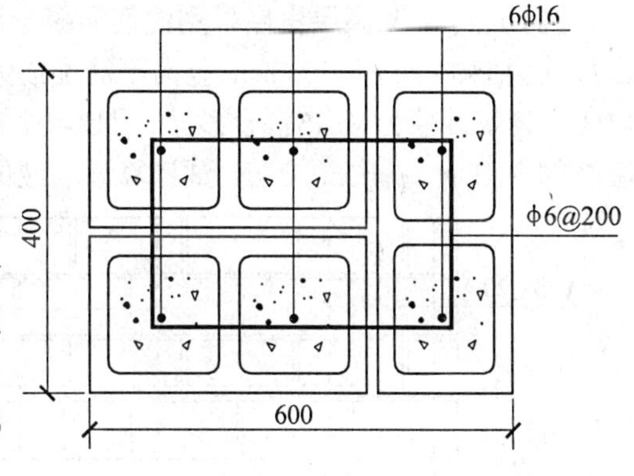

图 4.8　例 4.3 附图

【解】 本柱选材满足规定的要求,分下列 3 种情况进行计算:

1. 空心砌块砌体柱

因 A = 0.4 m × 0.6 m = 0.24 m² > 0.2 m²,此时 γ_a = 1.0。但本柱为独立柱,应取折减系数 0.7。从而由 MU15、Mb7.5 得 f = 0.7 × 3.61 MPa = 2.53 MPa。

$$\beta = \gamma_\beta \frac{H_0}{h} = 1.1 \times \frac{4.0}{0.4} = 11.0$$

$$\varphi = \frac{1}{1 + \eta\beta^2} = \frac{1}{1 + 0.001\,5 \times 11^2} = 0.85$$

混凝土空心砌块砌体柱的轴心受压承载力为

$\varphi f A$ = 0.85 × 2.53 N/mm² × 0.24 m² × 10³ = 516.1 kN < 1 280.0 kN,该柱不安全。

2. 灌孔混凝土砌块砌体柱

因全灌孔,$\alpha = \delta\rho$ = 0.46 × 100% = 0.46。

$$f_g = f + 0.6\alpha f_c = 2.53\text{ MPa} + 0.6 \times 0.46 \times 11.9\text{ MPa} = 5.81\text{ MPa} > 2f = 2 \times 2.53\text{ MPa} = 5.06\text{ MPa}$$

应取 $f_g = 5.06$ MPa。

对于灌孔混凝土砌块砌体，$\gamma_\beta = 1.0$，得

$$\beta = \frac{H_0}{h} = \frac{4.0 \text{ m}}{0.4 \text{ m}} = 10.0$$

$$\varphi_{0g} = \frac{1}{1 + 0.001\beta^2} = \frac{1}{1 + 0.001 \times 10^2} = 0.91$$

承载力为 $\varphi_{0g} f_g A = 0.91 \times 5.06 \text{ N/mm}^2 \times 0.24 \text{ m}^2 \times 10^3 = 1\,105.1 \text{ kN} < 1\,280.0 \text{ kN}$

故该柱也不安全。

3.配筋混凝土砌块砌体柱

选用 HPB235 级钢筋，$f'_y = 210$ MPa

$$A'_s = \frac{\dfrac{N}{\varphi_{0g}} - f_g A}{0.8 f'_y} = \frac{\dfrac{1\,280 \text{ kN} \times 10^3}{0.91} - 5.06 \text{ N/mm}^2 \times 400 \text{ mm} \times 600 \text{ mm}}{0.8 \times 210 \text{ N/mm}^2} = 1\,144.0 \text{ mm}^2$$

选用 6 ф 16(实配面积 $A'_s = 1\,206 \text{ mm}^2$)，故配筋率 ρ 为

$$\rho = \frac{1\,206 \text{ mm}^2}{400 \text{ mm} \times 600 \text{ mm}} = 0.50\% > 0.2\%$$

箍筋为ф 6@200，截面配筋如图 4.8 所示。

【例 4.4】 某高层房屋采用配筋混凝土砌块砌体剪力墙承重，其中一墙肢墙高 3.3 m，截面尺寸为 190 mm × 4 200 mm，竖向钢筋配筋如图 4.9 所示。混凝土砌块为 MU20(砌块孔隙率为 45%)，砌筑砂浆为 Mb15 混合砂浆，用 Cb40 混凝土全灌孔，施工质量控制等级为 B 级。作用于该墙肢的内力 $N = 4\,550.0$ kN，试计算该墙肢的轴心受压承载力。

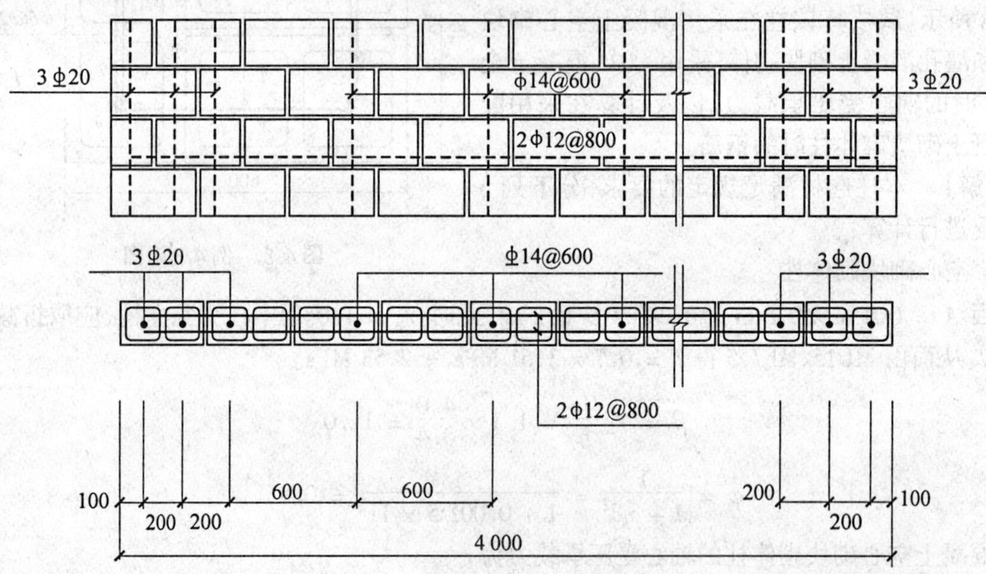

图 4.9 例 4.4 附图

【解】 由 MU20 砌块和 Mb15 的砂浆，按施工质量控制等级为 B 级，查表 2.3 得到 $f = 5.68$ MPa，又 $f_c = 19.1$ MPa

由式(2.7)得 $\alpha' = \delta\rho = 0.45 \times 100\% = 0.45$

由式(2.8)得

$$f_g = f + 0.6\alpha' f_c = 5.68\ \text{MPa} + 0.6 \times 0.45 \times 19.1\ \text{MPa} = 10.8\ \text{MPa} < 2f$$

$$\beta = \frac{H_0}{h} = \frac{3.3\ \text{m}}{0.19\ \text{m}} = 17.4$$

由式(4.14)得

$$\varphi_{0g} = \frac{1}{1 + 0.001\beta^2} = \frac{1}{1 + 0.001 \times 17.4^2} = 0.77$$

按式(4.12)得

$$\varphi_{0g}(f_g A + 0.8 f'_y A'_s) = 0.77 \times [10.8\ \text{N/mm}^2 \times 190\ \text{mm} \times 4\ 200\ \text{mm} + 0.8 \times 300\ \text{N/mm}^2 \times (615\ \text{mm}^2 + 1\ 884\ \text{mm}^2)] \times 10^{-3} = 7\ 098\ \text{kN} > 4\ 500.0\ \text{kN}$$

该墙肢轴心受压承载力符合要求。

本章小结

(1) 配筋砖砌体分为网状配筋砖砌体、组合砖砌体、砖砌体、钢筋混凝土构造柱以及近几十年逐步广泛应用的配筋砌块砌体。本章主要介绍了网状配筋砖砌体、组合砖砌体及配筋砌块砌体的计算。

(2) 网状配筋砖砌体结构事先将制作好的钢筋网片按照一定的间距设置在砖砌体的水平灰缝中。在竖向荷载作用下,由于摩擦力和砂浆的黏结作用,钢筋网片被完全嵌固在灰缝中与砌体共同工作。因网状砖砌体结构阻止砖砌体受压时的横向变形和裂缝的发展从而间接提高砌体的承载力,并改善其脆性性质。

(3) 当荷载偏心距较大(超过核心范围),无筋砖砌体承载力不足而截面尺寸又受到限制时,或当偏心距超过 4.1 节规定的限制时,宜采用砖砌体和钢筋混凝土面层或钢筋砂浆面层组成的组合砖砌体构件。

(4) 配筋砌块砌体采用的是混凝土空心承重砌块作为墙体的承重材料,在带有凹槽的专用配筋砌块内布置水平钢筋,在砌块的孔洞内布置纵向钢筋,形成纵横向的现浇网格,使钢筋和砌块砌体形成整体,共同工作。配筋砌块砌体的强度高、延性好,可用于大开间和高层建筑。配筋砌块砌体在受力模式上类同于钢筋混凝土剪力墙结构。

(5) 根据试验结果,配筋砌块砌体剪力墙在轴心压力作用下,经历了初裂阶段、裂缝发展阶段、破坏阶段。

(6) 配筋砌块砌体正截面承载力计算,采用如下的基本假定:

① 截面应变保持平面;

② 竖向钢筋与其毗邻的砌体、灌孔混凝土的应变相同;

③ 不考虑砌体、灌孔混凝土的抗拉强度;

④ 根据材料选择砌体、灌孔混凝土的极限压应变,且不应大于 0.003;

⑤ 根据材料选择钢筋的极限拉应变,且不应大于 0.01。

思 考 题

4.1 什么是配筋砌体？配筋砌体有哪几种主要形式？

4.2 网状配筋砖砌体的抗压强度较无筋砖砌体抗压强度高的原因何在？

4.3 钢筋混凝土构造柱组合砖墙有哪些构造措施?

4.4 在砖砌体和钢筋混凝土构造柱组合墙中构造柱的作用是什么?

4.5 配筋砌块砌体轴心受压时破坏形态有哪些?

习　题

4.1 某柱截面尺寸为 490 mm×620 mm,计算高度为 4.2 m,采用烧结普通砖 MU10 和水泥混合砂浆 M5,施工质量控制等级为 B 级,承受轴心压力 600 kN,试设计网状钢筋。

4.2 已知某房屋中一横墙厚为 240 mm,采用 MU10 砖和 M5 水泥砂浆砌筑,计算高度 H_0 = 3.6m,承受轴心压力标准值 N_k = 380 kN,按网状配筋砌体设计此墙体。

4.3 某房屋横墙,墙厚 240 mm,计算高度 4.2 m,采用烧结普通砖 MU10 和水泥混合砂浆 M5,墙内设置间距为 2.0 m 的钢筋混凝土构造柱,其截面为 240 mm×240 mm,C20 混凝土、配钢筋 4 ϕ 14;施工质量控制等级为 B 级。试计算该组合墙的轴心受压承载力。

4.4 某钢筋混凝土砌块砌体柱,柱的计算高度为 4.2 m,截面尺寸 400 mm×600 mm,采用混凝土空心砌块(孔隙率为 45%)MU15、全灌孔混凝土 Cb20、混合砂浆 Mb7.5,施工质量控制等级为 B 级。承受轴心压力 N = 1 150.0 kN,试选择柱截面钢筋。

4.5 某高层房屋采用配筋混凝土砌块砌体剪力墙承重,其中一墙肢高为 3.0 m,截面尺寸为 190 mm×3 800 mm,MU20 混凝土砌块(砌块孔隙率为 45%),Mb15 混合砂浆砌筑,Cb40 灌孔混凝土,施工质量控制等级为 B 级。作用于该墙肢的内力 N = 4 200 kN,试对该墙肢配筋。

第5章 混合结构房屋墙、柱设计

5.1 砌体结构的布置

在混合结构房屋设计中，承重墙、柱的布置既会影响到房屋的平面划分和房间的大小，又关系到荷载的传递以及房屋的空间刚度。故承重墙体的布置要综合考虑使用要求、自然条件、布置方案的特点等。

混合结构房屋的结构布置，根据荷载传递路线的不同，可分为横墙承重、纵墙承重、纵横墙承重、内框架承重4种布置方案。

5.1.1 横墙承重体系

将预制楼板（及屋面构件）沿房屋纵向搁置在横墙上，而外纵墙只起围护作用。楼面荷载经由横墙传到基础，这种承重体系称为横墙承重体系，如图5.1所示。

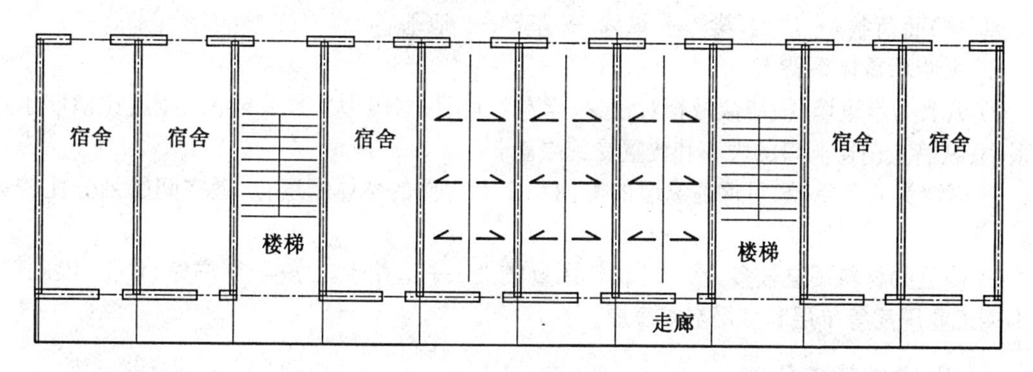

图5.1 横墙承重体系

(1)竖向荷载传力路线

屋(楼)面荷载 → 横墙 → 基础 → 地基

(2)横墙承重体系的优点

① 横墙为承重墙，间距较小(3～4.5 m)，结构整体性好，空间刚度大，有利于抵抗水平作用和调整地基的不均匀沉降。

② 纵墙作为围护、隔断墙，其设置门窗洞口的限制较少，纵墙立面处理比较灵活，可保证横墙的侧向稳定。

③ 楼盖的材料用量较少，但墙体的用料较多，施工方便——适用于宿舍、住宅、旅馆等居住建筑和由小房间组成的办公楼等。

(3)横墙承重体系的缺点

横墙太多房间布置受到限制，而且北方寒冷地区外纵墙由于保温要求不能太薄，只作为围护结构，其强度不能被充分利用；再就是砌体材料用量相对较多。

5.1.2 纵墙承重体系

采用纵墙承重时，预制楼板的布置有两种方式：一种是楼板沿纵向布置，直接搁置在纵向承重墙上；另一种是楼板沿横向布置铺设在大梁上，而大梁搁置在纵墙上。横墙、山墙虽然也是承重的，但它仅承受墙身两侧的一小部分荷载，荷载主要的传递途径是板、梁经由纵墙传至基础，因此称之为纵墙承重方案，如图 5.2 所示。

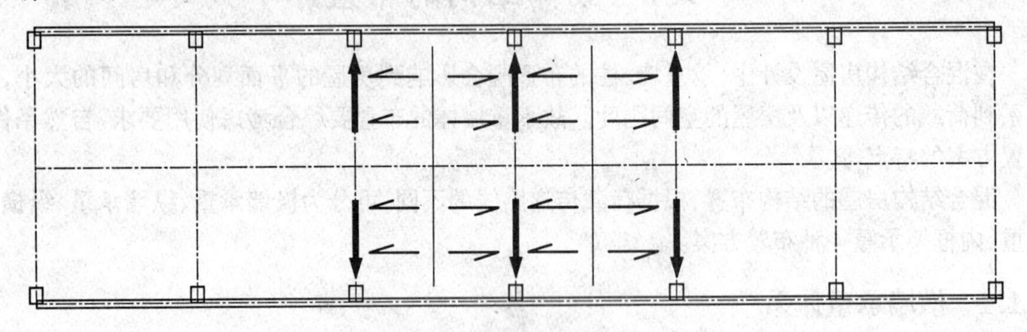

图 5.2 纵墙承重方案

(1)竖向荷载传力路线

屋(楼)面荷载 → 屋架(梁) → 纵墙 → 基础 → 地基

(2)纵墙承重体系特点

① 纵墙为承重墙，横墙数量相对较少，承重墙间距一般较大，房屋的空间刚度比横墙承重体系小；纵墙上门窗洞口的大小和位置受到限制。

② 横墙为自承重墙，可保证纵墙的侧向稳定和房屋的整体刚度，房屋空间的划分比较灵活。

③ 楼盖的材料用量较多，墙体的材料用量较少——适用于教学楼、图书馆、食堂、俱乐部、中小型工业厂房等单层和多层空旷房屋。

5.1.3 纵横墙承重体系

结构布置时，钢筋混凝土楼板(或屋面板)既可以支承在横墙上，又可以支承在纵墙上，依建筑使用功能的不同而灵活设置，其楼面荷载通过纵横墙传给基础，这种结构布置方式称为纵横墙混合承重方案，如图 5.3 所示。

(1)竖向荷载传力路线

屋（楼）面荷载 → 纵墙 / 横墙 → 基础 → 地基

(2)纵横墙承重体系特点

兼有横墙和纵横墙承重体系的特点，房屋平面布置比较灵活，空间刚度较好——适用于住宅、教学楼、办公楼及医院等建筑。

5.1.4　内框架承重体系

民用房屋有时由于使用上的要求，往往采用钢筋混凝土柱代替内承重墙，以取得较大的空间。这时，梁板的荷载一部分经由外纵墙传给墙基础，一部分经由柱子传给柱基础。这种结构既不是全框架承重(全由柱子承重)，也不是全由砖墙承重，称为内框承重方案，如图 5.3 所示。

(1)竖向荷载传力路线

屋（楼）面荷载 → (梁) → 外墙 → 基础 → 地基
屋（楼）面荷载 → 梁 → 框架柱 → 基础 → 地基

(2)内框架承重体系特点

① 室内空间较大，梁的跨度并不相应增大。

② 由于横墙少，房屋的空间刚度和整体性较差。

③ 由于钢筋混凝土柱和砖墙的压缩性能不同，结构易产生不均匀的竖向变形。

④ 框架和墙的变形性能相差较大，在地震时易由于变形不协调而破坏内框架承重体系，与其他承重体系相结合就成为混合承重体系。

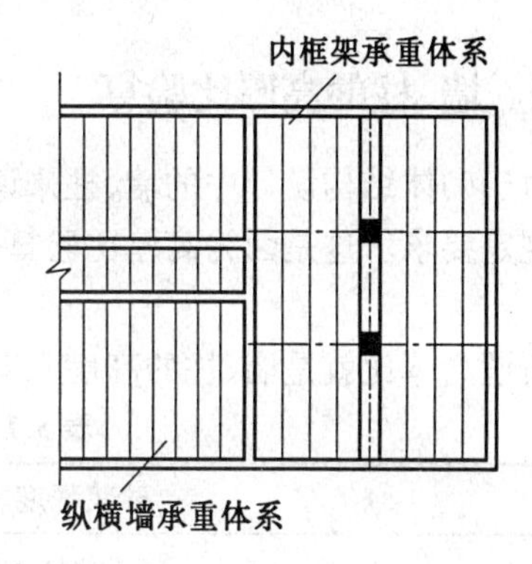

图 5.3　纵横墙混合承重及内框承重方案

5.1.5　底层框架承重体系

当沿街住宅底部为公共房屋时，在底部也可以用钢筋混凝土框架结构同时取代内外承重墙体，相关部位形成结构转换层，成为底部框架承重方案，如图 5.4 所示。

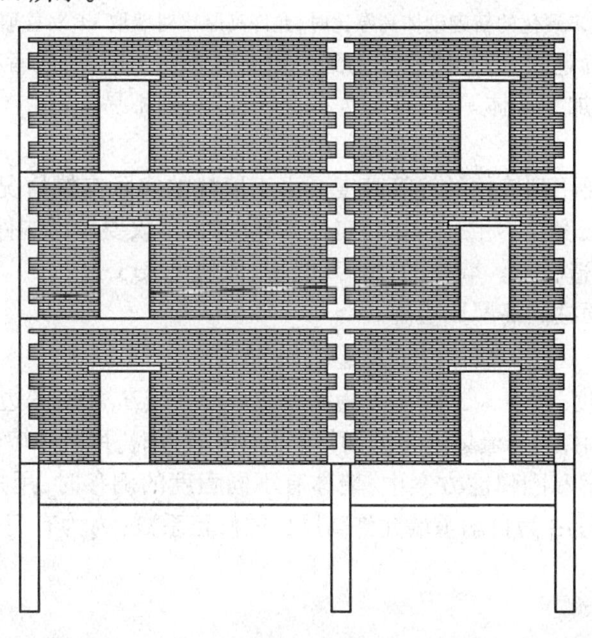
图 5.4　底部框架承重方案

(1)竖向荷载传力路线

屋(楼)面荷载 → 上层墙体 → 墙梁 → 框架柱 → 基础 → 地基

(2)底层框架承重体系特点

① 底层使用空间较大,梁的尺度并不相应增大。

② 由于底层墙体较少,沿房屋高度方向,结构空间刚度将发生变化——适用于上部住宅底层商店或车库类房屋。

5.2 墙、柱的允许高厚比与构造措施

5.2.1 墙、柱的高厚比验算

对于砌体结构设计中的墙、柱来说,不论其是承重构件还是非承重构件,都必须满足高厚比的规定要求。这是因为高厚比验算是保证墙柱在施工和使用期间稳定性的一项重要构造措施。

所谓高厚比就是墙、柱的高度和其厚度的比值。

表 5.1 墙、柱的允许高厚比[β]值

砂浆强度等级	墙	柱
M2.5	22	15
M5	24	16
≥M7.5	26	17

注:①毛石墙、柱允许高厚比应按表中数值降低 20%;

②组合砖砌体构件的允许高厚比,可按表中数值提高 20%,但不得大于 28;

③验算施工阶段砂浆尚未硬化的新砌砌体高厚比时,允许高厚比对墙取 14,对柱取 11。

在施工过程中由于不确定因素,会使墙在砌到一定高度时发生倾倒,或者在其自重作用下发生墙面外失稳倒塌;而当加大墙体厚度,即增大截面惯性矩,则不易失稳。

1.墙柱的计算高度

在计算墙柱高厚比时要用到墙柱的计算高度。由于墙柱的实际支撑情况较为复杂,其计算高度一般与构件的实际长度并不相等。在确定计算高度时,不仅要考虑构件上、下端支撑条件,还要考虑砌体结构的构造特点。墙柱的计算高度 H_0 取值见表 5.2。

2.无壁柱墙或矩形截面柱的高厚比验算

$$\beta = H_0/h \leqslant \mu_1\mu_2[\beta] \tag{5.1}$$

式中,H_0 为墙、柱的计算高度,按表 5.2 取用;h 为墙厚或矩形柱与 H_0 相应的边长;[β] 为墙、柱的允许高厚比,按表 5.1 采用,当与墙体连接的两横墙间距 s 较近时,用减小墙体计算高度的办法间接提高[β]。在弹性方案和刚弹性方案中,墙体有不同程度的侧移时,用加大墙体的计算高度的办法来间接降低[β];μ_1 为自承重墙允许高厚比的修正系数;μ_2 为有门窗洞口墙允许高厚比的修正系数。

表 5.2　受压构件的计算高度 H_0

<table>
<tr><th colspan="3" rowspan="2">房屋类别</th><th colspan="2">柱</th><th colspan="3">带壁柱墙或周边拉结的墙</th></tr>
<tr><th>排架方向</th><th>垂直排架方向</th><th>$s > 2H$</th><th>$2H \geqslant s > H$</th><th>$s \leqslant H$</th></tr>
<tr><td rowspan="3">有吊车的单层房屋</td><td rowspan="2">变截面柱上段</td><td>弹性方案</td><td>$2.5H_u$</td><td>$1.25H_u$</td><td colspan="3">$2.5H_u$</td></tr>
<tr><td>刚性、刚弹性方案</td><td>$2.0H_u$</td><td>$1.25H_u$</td><td colspan="3">$2.0H_u$</td></tr>
<tr><td colspan="2">变截面柱下段</td><td>$1.0H_l$</td><td>$0.8H_l$</td><td colspan="3">$1.0H_l$</td></tr>
<tr><td rowspan="5">无吊车的单层和多层房屋</td><td rowspan="2">单跨</td><td>弹性方案</td><td>$1.5H$</td><td>$1.0H$</td><td colspan="3">$1.5H$</td></tr>
<tr><td>刚弹性方案</td><td>$1.2H$</td><td>$1.0H$</td><td colspan="3">$1.2H$</td></tr>
<tr><td rowspan="2">多跨</td><td>弹性方案</td><td>$1.25H$</td><td>$1.0H$</td><td colspan="3">$1.25H$</td></tr>
<tr><td>刚弹性方案</td><td>$1.10H$</td><td>$1.0H$</td><td colspan="3">$1.1H$</td></tr>
<tr><td colspan="2">刚性方案</td><td>$1.0H$</td><td>$1.0H$</td><td>$1.0H$</td><td>$0.4s + 0.2H$</td><td>$0.6s$</td></tr>
</table>

注:① 表中 H_u 为变截面柱的上段高度,H_l 为变截面柱的下段高度;

② 对于上端为自由端的构件,$H_0 = 2H$;

③ 独立砖柱,当无柱间支撑时,柱在垂直排架方向的 H_0 应按表中数值乘以 1.25 后采用;

④s 为房屋横墙间距;

⑤ 自承重墙的计算高度应根据周边支承或拉接条件确定。

3. 带壁柱墙和带构造柱墙的高厚比验算

(1) 验算整体高厚比

仍按公式 $\beta = H_0/h \leqslant \mu_1\mu_2[\beta]$ 验算,但这时公式中的 h 应该改用带壁柱墙截面的折算厚度 h_T,取 $h_T = 3.5i$。i 为截面的回转半径,$i = \sqrt{I/A}$,I、A 分别是截面的惯性矩和面积。

对于 T 形截面的计算翼缘宽度 b_f 可按下列规定确定:多层房屋中,当有门窗洞口时,可取窗间墙宽度,当无门窗洞口时,每侧翼墙宽度可取壁柱高度的 1/3;单层房屋中,可取壁柱宽加 2/3 墙高,但不大于窗间墙宽度和相邻壁柱间距离;按表 5.2 确定带壁柱墙的计算高度 H_0 时,s 应取为相邻横墙间的距离。

(2) 验算局部高厚比

采用式(5.1) 验算壁柱之间墙(厚为 h) 的高厚比,壁柱为墙的侧向支点,确定 H_0 时,取壁柱间的距离。设有钢筋混凝土圈梁的带壁柱墙的 $b/s \geqslant 1/30$ 时(b 为圈梁宽度),可把圈梁看做是壁柱间墙的不动铰支点(图 5.5),这是因为圈梁水平方向刚度较大,能够限制壁柱间墙体的侧向变形。另外,当壁柱间或相邻两横墙间的墙的长度 $s \leqslant H$(H 为墙的高度) 时,应按计算高度 $H_0 = 0.6\,s$ 来计算墙面的高厚比。

当与墙连接的相邻,两横墙间的距离 $s \leqslant \mu_1\mu_2[\beta]h$ 时,墙的高度可不受本条限制。

4. 对修正系数 μ_1、μ_2 的规定

当墙厚 $h = 240$ mm 时,$\mu_1 = 1.2$;$h = 90$ mm 时,$\mu_1 = 1.5$;90 mm $< h <$ 240 mm 时,$\mu_1 = 1.2 \sim 1.5$ 的插值。上端为自由端的墙的$[\beta]$ 值,除上述规定提高外,尚可提高 30%。

对有门窗洞口的墙,允许高厚比修正系数 μ_2 应按下式计算

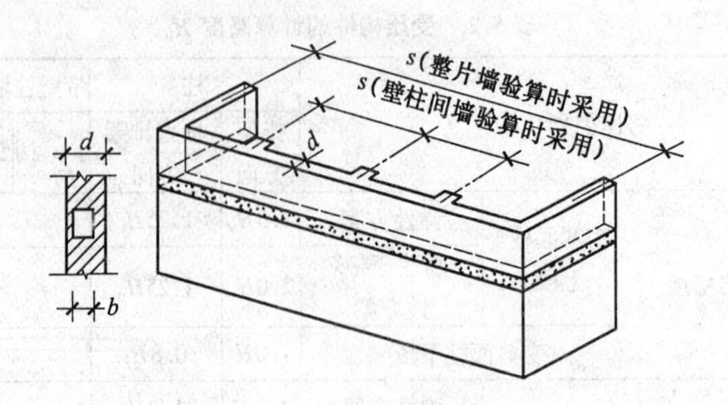

图 5.5 带壁柱墙的高厚比验算

$$\mu_2 = 1 - 0.4\frac{b_s}{s} \tag{5.2}$$

式中，b_s 为在宽度 s 范围内的门窗洞口总宽度；s 为相邻窗间墙或壁柱之间的距离。

当按式(5.2)计算得 μ_2 的值小于 0.7 时，应采用 0.7。当洞口高度等于或小于墙高的 1/5 时，可取 μ_2 等于 1.0。

5. 设置构造柱的墙柱高厚比验算

按公式 $\beta = H_0/h \leqslant \mu_1\mu_2[\beta]$ 计算带构造柱墙的高厚比时，公式中 h 取墙厚，当确定计算高度时，s 应取相邻横墙间的距离；设置构造柱后会对墙的抗倾覆能力产生有利作用，考虑这种有利作用后，可将墙的允许高厚比$[\beta]$乘以提高系数 μ_c，即

$$\mu_c = 1 + \gamma\frac{b_c}{l} \tag{5.3}$$

式中，γ 为系数。对细料石、半细料石砌体，$\gamma = 0$，对混凝土砌块、粗料石、毛料石及毛石砌体，$\gamma = 1.0$，对其他砌体，$\gamma = 1.5$；b_c 为构造柱沿墙长方向的宽度；l 为构造柱的间距，当 $b_c/l > 0.25$ 时取 $b_c/l = 0.25$，当 $b_c/l < 0.05$ 时取 $b_c/l = 0$。

注：考虑构造柱有利作用的高厚比验算不适用于施工阶段。

5.2.2 构造措施

1. 一般构造措施

除了应考虑墙、柱满足高厚比要求和设置圈梁来保证房屋的空间刚度和整体性以及结构可靠性外，砌体房屋还要满足下列一般构造要求。

(1)5 层及 5 层以上房屋的墙，以及受振动或层高大于 6 m 的墙、柱所用材料的最低强度等级要求为：砖 MU10、砌块 MU7.5、石材 MU30、砂浆 M5(注：对安全等级为一级或设计使用年限大于 50 年的房屋，墙、柱所用材料的最低强度等级应至少提高一级)。

地面以下或防潮层以下的砌体，潮湿房间的墙，所用材料的最低强度等级应符合表 5.3 的要求。

表5.3　地面以下或防潮层以下的砌体、潮湿房间墙所用材料的最低强度等级

基土的潮湿程度	烧结普通砖、蒸压灰砂砖		混凝土砌块	石材	水泥砂浆
	严寒地区	一般地区			
稍潮湿的	MU10	MU10	MU7.5	MU30	M5
很潮湿的	MU15	MU10	MU7.5	MU30	M7.5
含水饱和的	MU20	MU15	MU10	MU40	M10

注:①在冻胀地区,地面以下或防潮层以下的砌体,不宜采用多孔砖,如采用时,其孔洞应用水泥砂浆灌实。当采用混凝土砌块砌体时,其孔洞应采用强度等级不低于Cb20的混凝土灌实;

②对安全等级为一级或设计使用年限大于50年的房屋,表中材料强度等级应至少提高一级。

(2)承重的独立砖柱截面尺寸不应小于240 mm×370 mm。毛石墙的厚度不宜小于350 mm,毛料石柱较小边长不宜小于400 mm。当有振动荷载时,墙、柱不宜采用毛石砌体。

(3)对于跨度大于6 m的屋架和跨度分别大于4.8 m(砖砌体)、4.2 m(砌块和料石砌体)、3.9 m(毛石砌体)的砌体,应在支承处砌体上设置混凝土或钢筋混凝土垫块;当墙中设有圈梁时,垫块与圈梁宜浇成整体。

(4)对240 mm厚的砖墙,若其上梁的跨度≥6 m;对180 mm厚的砖墙,若其上梁的跨度≥4.8 m;对砌块、料石墙,若其上梁的跨度≥4.8 m时,其支承处宜加设壁柱,或采取其他加强措施。

(5)预制钢筋混凝土板的支承长度,在墙上不宜小于100 mm,在钢筋混凝土圈梁上不宜小于80 mm;当利用板端伸出钢筋拉结和混凝土灌缝时,其支承长度可为40 mm,但板端缝宽不小于80 mm,灌缝混凝土不宜低于C20。

(6)支承在墙、柱上的吊车梁、屋架及跨度大于或等于9 m(支承于砖砌体)、7.2 m(支承于砌块和料石砌体)的预制梁的端部,应采用锚固件与墙、柱上的垫块锚固。

(7)填充墙、隔墙应分别采取措施与周边构件可靠连接。

(8)山墙处的壁柱宜砌至山墙顶部,屋面构件应与山墙可靠拉结。

砌块砌体应分皮错缝搭砌,上下皮搭砌长度不得小于90 mm。当搭砌长度不满足上述要求时,应在水平灰缝内设置不少于2ϕ4的焊接钢筋网片(横向钢筋的间距不宜大于200 mm),网片每端均应超过该垂直缝,其长度不得小于300 mm。

(9)砌块墙与后砌隔墙交接处,应沿墙高每400 mm在水平灰缝内设置不少于2ϕ4、横筋间距不大于200 mm的焊接钢筋网片,如图5.6所示。

(10)混凝土砌块房屋,宜将纵横墙交接处、距墙中心线每边不小于300 mm范围内的孔洞,采用不低于Cb20灌孔混凝土灌实,灌实高度应为墙身全高。

混凝土砌块墙体的下列部位,如未设圈梁或混凝土垫块,应采用不低于Cb20灌孔混凝土将孔洞灌实:①格栅、檩条和钢筋混凝土楼板的支承面下,高度不应小于200 mm的砌体;②屋架、梁等构件的支承面下,高度不应小于600 mm,长度不应小于600 mm的砌体;③挑梁支承面下,距墙中心线每边不应小于300 mm,高度不应小于600 mm的砌体。

(11)在砌体中留槽洞及埋设管道时,应遵守下列规定:①不应在截面长边小于500 mm的承重墙体、独立柱内埋设管线;②不宜在墙体中穿行暗线或预留、开凿沟槽,无法避免时应采取必要的措施或按削弱后的截面验算墙体的承载力。

对受力较小或未灌孔的砌块砌体,允许在墙体的竖向孔洞中设置管线。夹心墙应符合下列规定:

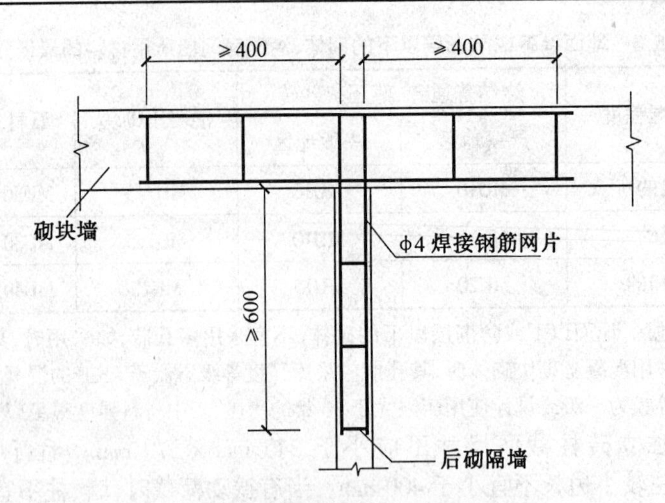

图 5.6　砌块墙与后砌隔墙交接处钢筋网片(单位:mm)

① 混凝土砌块的强度等级不应低于 MU10。

② 夹心墙的夹层厚度不宜大于 100 mm。

③ 夹心墙外叶墙的最大横向支承间距不宜大于 9 m。

(12)夹心墙叶墙间的连接应符合下列规定:

① 叶墙应用经防腐处理的拉结件或钢筋网片连接。

② 当采用环形拉结件时,钢筋直径不应小于 4 mm,当为 Z 形拉结件时,钢筋直径不应小于 6 mm。拉结件应沿竖向梅花形布置,拉结件的水平和竖向最大间距分别不宜大于 800 mm 和 600 mm;在有振动或抗震设防要求时,其水平和竖向最大间距分别不宜大于 800 mm 和 400 mm。

③ 当采用钢筋网片作拉结件时,网片横向钢筋的直径不应小于 4 mm,其间距不应大于 400 mm;网片的竖向间距不宜大于 600 mm,在有振动或抗震设防要求时,其间距不宜大于 400 mm。

④ 拉结件在叶墙上的搁置长度,不应小于叶墙厚度的 2/3,并不应小于 60 mm。

⑤ 门窗洞口周边 300 mm 范围内应附加间距不大于 600 mm 的拉结件。

注:对安全等级为一级或设计使用年限大于 50 年的房屋,夹心墙叶墙间宜采用不锈钢拉结件。

2.墙体裂缝种类及其成因

在实际施工中由于各种原因,墙体往往会出现一些裂缝,一般来说这些裂缝可分为受力裂缝和非受力裂缝两大类。在荷载作用下产生的裂缝称为受力裂缝;砌体因收缩、温度变化、地基不均匀沉降等原因产生的裂缝称为非受力裂缝,又称变形裂缝。

根据工程实践调查,砌体房屋的裂缝中变形裂缝占 80% 以上,而在这些裂缝中又以温度裂缝和材料干缩裂缝最为普遍,下面就这两种裂缝进行讨论。

(1) 温度裂缝

温度的升高或降低会引起材料的膨胀或收缩,随即导致材料的变形。在砌体受到约束的情况下,当变形引起的温度应力足够大时,就会在墙体中引起温度裂缝。最常见的裂缝是在混凝土平屋盖房屋顶层两端的墙体上,比如在门窗洞边的正八字斜裂缝、平屋顶下或屋顶圈梁下沿灰缝的水平裂缝以及水平包角裂缝等。产生平屋顶温度裂缝的原因:顶板的温度比下方墙体高,而顶板混凝土的线膨胀系数又比砖砌体大很多,顶板和墙体间的变形差使墙体产生较大的拉应力和剪应力,最终导致裂缝。

(2) 材料干缩裂缝

砌筑以后的砌块也会发生干缩现象,这种干缩变形在砌体内部产生一定的收缩应力,当砌体的抗拉、抗剪不足以抵抗收缩应力时,就会产生裂缝。烧结黏土砖的干缩变形很小,而且变形比较快。对于砌块、灰砂砖、粉煤灰砖等材料,随着含水量的降低,会产生很大的干缩变形,例如混凝土砌块的干缩率为0.3~0.45 mm/m,相当于25~40 ℃的温差变形,可见干缩变形的影响很大。轻骨料混凝土砌块砌体的干缩变形更大。干缩裂缝分布广,数量多,开裂的程度也比较严重,例如房屋内、外纵横墙两端对称分布的倒八字裂缝、建筑物底部一层至二层窗台边出现的斜裂缝或竖向裂缝,屋顶圈梁下出现的水平裂缝和水平包角裂缝,大片墙面上出现的底部较严重、上部较轻微的竖向裂缝等。

墙体中出现的裂缝往往是不确定的,随着外部条件的不同,裂缝的种类也不定。烧结类块材砌体中最常见的是温度裂缝,非烧结类块材砌体中,同时存在温度裂缝和干缩裂缝。

设计不合理、无针对性预防措施、材料质量不合格、施工质量差、砌体强度达不到设计要求以及地基不均匀沉降等也是墙体开裂的重要原因。

3.防止或减轻墙体开裂的主要措施

(1) 设置伸缩缝

为了防止或减轻房屋在正常使用条件下,由温差和砌体干缩引起的墙体竖向裂缝,应在墙体中设置伸缩缝。伸缩缝应设在因温度和收缩变形可能引起应力集中、砌体产生裂缝可能性最大的地方。伸缩缝的间距可按表5.4采用。

表5.4　砌体房屋伸缩缝的最大间距　　m

屋盖或楼盖类别		间距
整体式或装配整体式钢筋混凝土结构	有保温层或隔热层的屋盖、楼盖	50
	无保温层或隔热层的屋盖	40
装配式无檩体系钢筋混凝土结构	有保温层或隔热层的屋盖、楼盖	60
	无保温层或隔热层的屋盖	50
装配式有檩体系钢筋混凝土结构	有保温层或隔热层的屋盖	75
	无保温层或隔热层的屋盖	60
瓦材屋盖、木屋盖或楼盖、轻钢屋盖		100

注:①对烧结普通砖、多孔砖、配筋砌块砌体房屋取表中数值,对石砌体、蒸压灰砂砖、蒸压粉煤灰砖和混凝土砌块房屋取表数值乘以0.8的系数。当有实践经验并采取有效措施时,可不遵守本表规定;

②在钢筋混凝土屋面上挂瓦的屋盖应按钢筋混凝土屋盖采用;

③按本表设置的墙体伸缩缝,一般不能同时防止由于钢筋混凝土屋盖的温度变形和砌体干缩变形引起的墙体局部裂缝;

④层高大于5 m的烧结普通砖、多孔砖、配筋砌块砌体结构单层房屋,其伸缩缝间距可按表中数值乘以1.3;

⑤温差较大且变化频繁地区和严寒地区不采暖的房屋及构筑物墙体的伸缩缝的最大间距,应按表中数值予以适当减小;

⑥墙体的伸缩缝应与结构的其他变形缝相重合,在进行立面处理时,必须保证缝隙的伸缩作用。

(2) 防止或减轻房屋顶层墙体开裂的措施

①屋面应设置保温、隔热层；

②屋面保温(隔热)层或屋面刚性面层及砂浆找平层应设置分隔缝，分隔缝间距不宜大于 6 m，并与女儿墙隔开，其缝宽不小于 30 mm；

③采用装配式有檩体系钢筋混凝土屋盖和瓦材屋盖；

④在钢筋混凝土屋面板与墙体圈梁的接触面处设置水平滑动层，滑动层可采用两层油毡夹滑石粉或橡胶片等。对于长纵墙，可只在其两端的 2 ~ 3 个开间内设置，对于横墙可只在其两端各 $l/4$ 范围内设置(l 为横墙长度)；

⑤顶层屋面板下设置现浇钢筋混凝土圈梁，并沿内外墙拉通，房屋两端圈梁下的墙体内宜适当设置水平钢筋；

⑥顶层挑梁末端下墙体灰缝内设置 3 道焊接钢筋网片(纵向钢筋不宜少于 2 ϕ 4，横筋间距不宜大于 200 mm)或 2 ϕ 6 钢筋，钢筋网片或钢筋应自挑梁末端伸入两边墙体不小于 1 m，如图 5.7 所示；

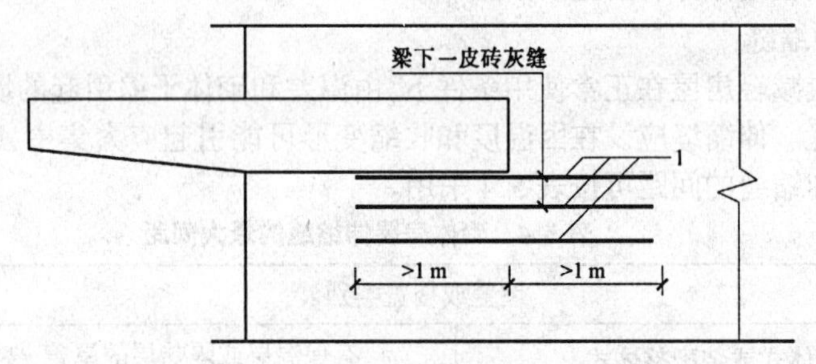

图 5.7　顶层挑梁末端钢筋网片或钢筋

1—2ϕ4 钢筋网片或 2ϕ6 钢筋

⑦顶层墙体有门窗等洞口时，在过梁上的水平灰缝内设置 2 ~ 3 道焊接钢筋网片或 2 ϕ 6 钢筋，并应伸入过梁两端墙内不小于 600 mm；

⑧顶层及女儿墙砂浆强度等级不低于 M5；

⑨女儿墙应设置构造柱，构造柱间距不宜大于 4 m，构造柱应伸至女儿墙顶并与现浇钢筋混凝土压顶整浇在一起；

⑩房屋顶层端部墙体内适当增设构造柱。

(3) 防止或减轻房屋底层墙体裂缝措施

①增大基础圈梁的刚度；

②在底层的窗台下墙体灰缝内设置 3 道焊接钢筋网片或 2 ϕ 6 钢筋，并伸入两边窗间墙内不小于 600 mm；

③采用钢筋混凝土窗台板，窗台板嵌入窗间墙内不小于 600 mm。

(4) 墙体转角处和纵、横墙交接处的构造措施

宜沿竖向每隔 400 ~ 500 mm 设拉结钢筋，其数量为每 120 mm 墙厚不少于 1 ϕ 6 或设焊接钢筋网片，埋入长度从墙的转角或交接处算起，每边不小于 600 mm。

(5) 灰砂砖、粉煤灰砖、混凝土砌块或其他非烧结砖砌体的构造措施

宜在各层门、窗过梁上方的水平灰缝内及窗台下第一和第二道水平灰缝内设置焊接钢筋

网片或2 ф 6钢筋，焊接钢筋网片或钢筋应伸入两边窗间墙内不小于600 mm。当灰砂砖、粉煤灰砖、混凝土砌块或其他非烧结砖实体墙长大于5 m时，宜在每层墙高度中部设置2~3道焊接钢筋网片或3 ф 6的通长水平钢筋，竖向间距宜为500 mm。

(6) 防止或减轻混凝土砌块房屋顶层两端和底层第一、第二开间门窗洞处开裂的构造措施

①在门窗洞口两侧不少于一个孔洞中设置不小于1 ф 12钢筋，钢筋应在楼层圈梁或基础锚固，并用不低于Cb20灌孔混凝土灌实；

②在门窗洞口两边的墙体的水平灰缝中，设置长度不小于900 mm、竖向间距为400 mm的2 ф 4焊接钢筋网片；

③在顶层和底层设置通长钢筋混凝土窗台梁，窗台梁的高度宜为块高的模数，纵筋不少于4 ф 10、箍筋ф 6@200，Cb20混凝土。

(7) 设置控制缝

当房屋刚度较大时，可在窗台下或窗台角处墙体内设置竖向控制缝。在墙体高度或厚度突然变化处也宜设置竖向控制缝，或采取其他可靠的防裂措施。竖向控制缝的构造和嵌缝材料应能满足墙体平面外传力和防护的要求。

(8) 灰砂砖、粉煤灰砖砌体宜采用黏结性好的砂浆砌筑，混凝土砌块砌体应采用砌块专用砂浆砌筑。

(9) 对防裂要求较高的墙体，可根据情况采取专门措施。

【例5.1】 某混合结构房屋的顶层山墙高度为3.8 m(取山墙顶和檐口的平均高度)，山墙为用Mb5.0砂浆砌筑的单排孔混凝土小型空心砌块墙，厚190 mm，长7.8 m。试验算其高厚比：(1)不开门窗洞口时；(2)开有3个0.9 m宽的窗洞口时。

【解】

$$s = 7\ 800\ \text{mm} > 2H = 2 \times 3\ 800\ \text{mm} = 7\ 600\ \text{mm}$$

查表5.2得

$$H_0 = 1.0H = 3\ 800\ \text{mm}$$

查表5.1得

$$[\beta] = 24$$

1.不开门窗洞口时

$$\mu_1 = \mu_2 = 1.0$$

$$\beta = \frac{H_0}{h} = \frac{3\ 800\ \text{mm}}{190\ \text{mm}} = 20 < [\beta]$$

满足要求。

2.开有门窗洞口时

$$\mu_1 = 1.0$$

$$\mu_2 = 1 - 0.4\frac{b_s}{s} = 1 - 0.4 \times \frac{900\ \text{mm} \times 3}{7\ 800\ \text{mm}} = 0.86$$

$$\mu_2[\beta] = 0.86 \times 24 = 21$$

$$\beta = \frac{H_0}{h} = \frac{3\ 800\ \text{mm}}{190\ \text{mm}} = 20 < \mu_2[\beta]$$

满足要求。

【例5.2】 某单跨房屋墙的壁柱间距为4 m，中间开有宽为1.8 m的窗，壁柱高度为(从基

础顶面开始计算)4.8 m,房屋属刚弹性方案,砌筑用砂浆强度等级为 M5。试验算带壁柱墙的高厚比。

【解】 带壁柱墙的截面用窗间墙截面验算,如图 5.8 所示。

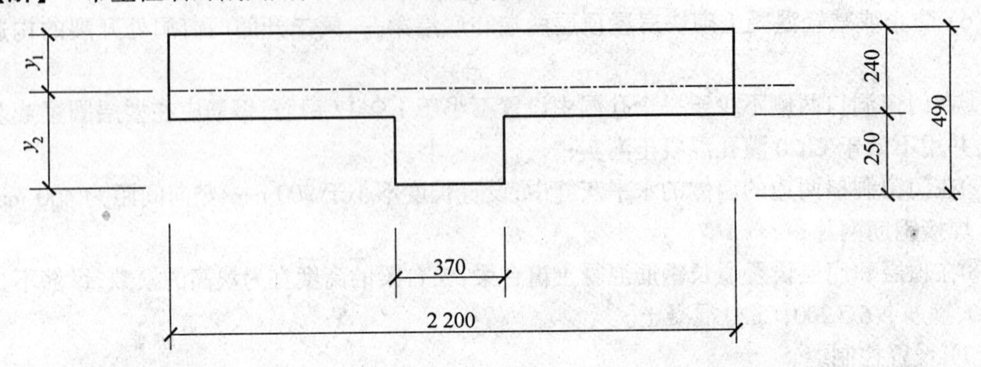

图 5.8 例 5.2 题图

1. 求壁柱截面的折算厚度

$$A = 240\ \text{mm} \times 2\ 200\ \text{mm} + 370\ \text{mm} \times 250\ \text{mm} = 620\ 500\ \text{mm}^2$$

$$y_1 = \frac{240\ \text{mm} \times 2\ 200\ \text{mm} \times 120\ \text{mm} + 250\ \text{mm} \times 370\ \text{mm} \times \left(240\ \text{mm} + \frac{250\ \text{mm}}{2}\right)}{620\ 500\ \text{mm}^2} = 156.5\ \text{mm}$$

$$y_2 = (240\ \text{mm} + 250\ \text{mm}) - 156.5\ \text{mm} = 333.5\ \text{mm}$$

$$I = \frac{1}{12} \times 2\ 200\ \text{mm} \times (240\ \text{mm})^3 + 2\ 200\ \text{mm} \times 240\ \text{mm} \times (156.5\ \text{mm} - 120\ \text{mm})^2 + \frac{1}{12} \times 370\ \text{mm} \times (250\ \text{mm})^3 + 370\ \text{mm} \times 250\ \text{mm} \times (333.5\ \text{mm} - 125\ \text{mm})^2 = 7.74 \times 10^9\ \text{mm}^4$$

$$i = \sqrt{\frac{I}{A}} = \sqrt{\frac{7.74 \times 10^9\ \text{mm}^4}{620\ 500\ \text{mm}^2}} = 111.7\ \text{mm}$$

$$h_T = 3.5i = 3.5 \times 111.7\ \text{mm} = 391\ \text{mm}$$

2. 确定计算高度

查表 5.2 得 $H_0 = 1.2H = 1.2 \times 4\ 800\ \text{mm} = 5\ 760\ \text{mm}$

3. 整片墙高厚比验算

查表 5.1 得 $[\beta] = 24$

墙上开有门窗

$$\mu_1 = 1.0$$

$$\mu_2 = 1 - 0.4\frac{b_s}{s} = 1 - 0.4 \times \frac{1\ 800\ \text{mm}}{4\ 000\ \text{mm}} = 0.82$$

$$\mu_2[\beta] = 0.82 \times 24 = 19.7$$

$$\beta = \frac{H_0}{h} = \frac{5\ 760\ \text{mm}}{391\ \text{mm}} = 14.7 < \mu_2[\beta]$$

满足要求。

4. 壁柱间墙高厚比验算

$$s = 4\ 000\ \text{mm} < H = 4\ 800\ \text{mm}$$

查表 5.2 得 $H_0 = 0.6s = 0.6 \times 4\ 000\ \text{mm} = 2\ 400\ \text{mm}$

$$\beta = \frac{H_0}{h} = \frac{2\ 400\ \text{mm}}{240\ \text{mm}} = 10 < \mu_2[\beta]$$

满足要求。

【例 5.3】　某建筑平面布置如图 5.9 所示，采用钢筋混凝土楼盖，为刚性方案房屋。纵向墙均为 240 mm 厚，砂浆强度等级为 M5，底层墙高 4.2 m（算至基础顶面）。隔墙厚 120 mm，砂浆强度等级 M5，高3.3 m。试验算各种墙的高厚比。

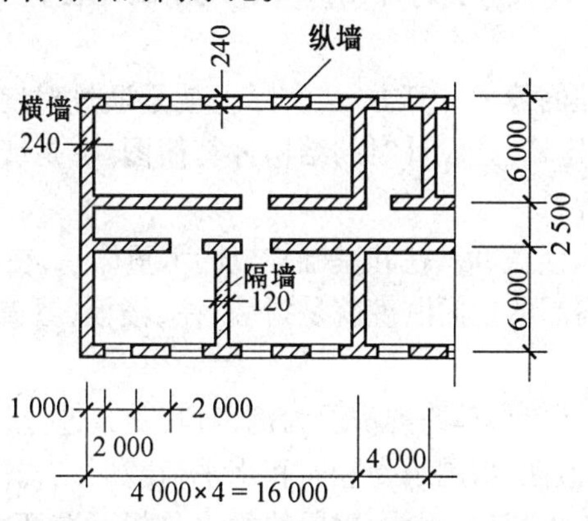

图 5.9　例 5.3 附图（单位：mm）

【解】　横墙间距 $s = 16$ m，承重墙 $h = 240$ mm，$[\beta] = 24$；非承重墙 $h = 120$ mm。

1. 纵墙高厚比验算

横墙间距 $s > 2H = 2 \times 4.2\ \text{m} = 8.4$ m，查表 5.4 得 $H_0 = 1.0H = 4.2$ m

窗间墙间距 $s = 4$ m，且 $b_s = 2$ m

$$\mu_1 = 1.0$$

$$\mu_2 = 1 - 0.4\frac{b_s}{s} = 0.8$$

$$\beta = \frac{H_0}{h} = \frac{4\ 200\ \text{mm}}{240\ \text{mm}} = 17.5 < \mu_2[\beta] = 0.8 \times 24 = 19.2$$

满足要求。

2. 横墙高厚比验算

与横墙拉结的纵墙间距 $s = 6$ m，$2H > s > H$

$$H_0 = 0.4s + 0.2H = 0.4 \times 6\ 000\ \text{mm} + 0.2 \times 4\ 200\ \text{mm} = 3\ 240\ \text{mm}$$

$$\beta = \frac{H_0}{h} = \frac{3\ 240\ \text{mm}}{240\ \text{mm}} = 13.5 < [\beta] = 24$$

满足要求。

3. 隔墙高厚比验算

因隔墙上端砌筑时一般只能用斜放立砖顶住楼板，应按顶端为不动铰支座考虑，两侧与纵墙拉结不好，按两侧无拉结考虑。则取其计算高度为 $H_0 = 1.0H = 3.3$ m。

隔墙是非承重墙，则

$$\mu_1 = 1.2 + \frac{1.5 - 1.2}{240\ \text{mm} - 90\ \text{mm}} \times (240\ \text{mm} - 120\ \text{mm}) = 1.44\ \text{(插值法)}$$

$$\mu_1[\beta] = 1.44 \times 24 = 34.56$$

$$\mu_2 = 1.0$$

$$\beta = \frac{H_0}{h} = \frac{3\ 300\ \text{mm}}{120\ \text{mm}} = 27.5 < \mu_1[\beta] = 34.56$$

满足要求。

5.3　砌体房屋的静力计算方案

确定混合结构房屋墙、柱的静力计算方案,实际上就是通过对房屋空间受力性能的分析,根据房屋空间刚度的大小确定墙、柱设计时的结构计算简图。它是墙、柱内力分析以及承载力计算和构造措施的主要依据。

混合结构房屋是由屋盖、楼盖、墙、柱和基础构成的承重体系,在竖向荷载和水平荷载作用下它是一个空间受力体系。房屋的空间刚度就是指墙、柱、楼板、屋盖、基础等构件共同工作的程度。

下面就一座风荷载作用下单层单跨的房屋为例,对其受力进行分析。

由于结构在各开间的相似性,房屋承受竖向和水平荷载时结构的受力和变形在各开间也是相似的,其柱顶的水平位移也相似。因此,房屋的静力分析可取两窗间中线之间部分作为一个计算单元,如图 5.10 所示。

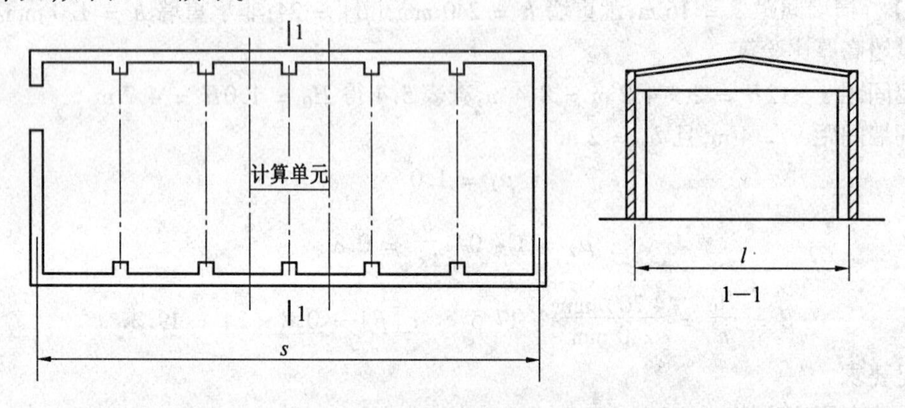

图 5.10　砌体房屋的计算单元

当无山墙时,房屋在水平风荷载作用下的静力分析可按平面受力体系计算。结构受力分析时,认为单元上的荷载通过单元本身将力传到基础上去。

当有山墙时,在风荷载的作用下屋面的水平位移受到山墙的约束,风载的传力途径发生了变化。纵墙墙体计算单元可以看成立着的柱子,一端支于基础,一端支于屋面;屋面机构可以看成是水平方向的梁(跨度为房屋长度 s,如图 5.10 所示),两端支承于山墙,山墙可看作竖立悬臂梁支承于基础。此时,风荷载一部分作用于外纵墙,间接传给基础,一部分传给屋面水平梁,屋面水平梁受力后在水平方向发生弯曲,又把荷载传给山墙,最后传给山墙基础。显然,这种传力方式是空间传力方式。从变形角度来看,传给屋面的风荷载引起屋面水平梁在跨中产生的水平位移 v,引起山墙顶端的水平位移 Δ,可知房屋中间部位屋面处的总水平位移为 $\Delta + v$,如图 5.11 所示。

由风荷载引起屋面水平位移的大小,取决于房屋的空间刚度,而房屋的刚度则和房屋的构造方案有关。

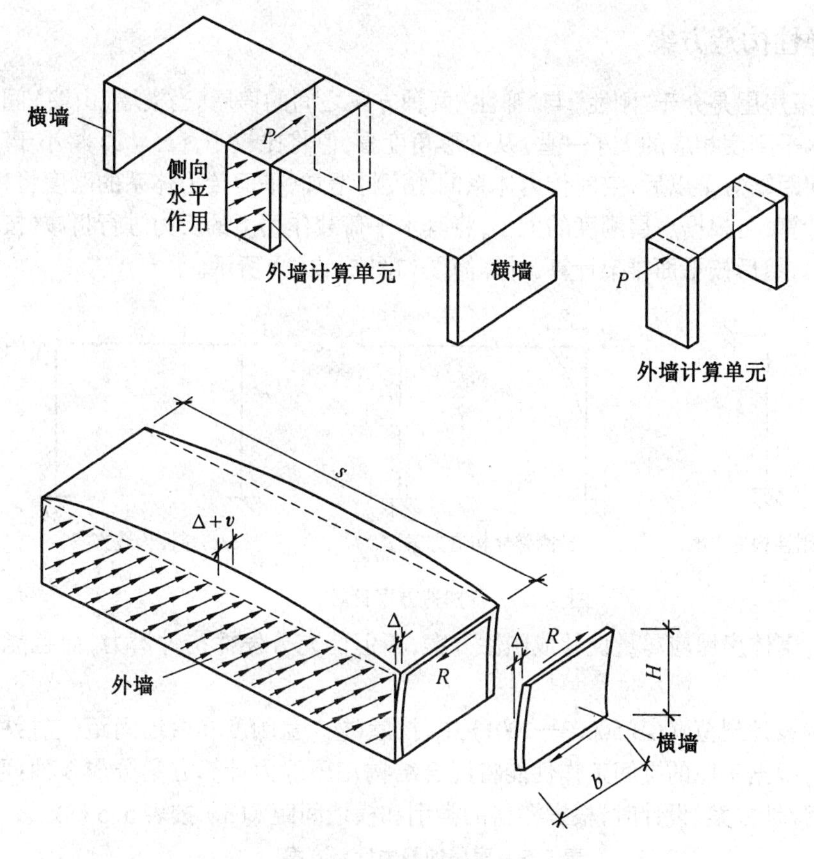

图 5.11　有山墙单跨房屋在水平力作用下的变形情况

5.3.1　刚性构造方案

刚性方案房屋是指在荷载作用下，房屋的水平位移很小，可以忽略不计，墙、柱的内力按屋架、大梁与墙、柱为不动铰支承的竖向构件计算的房屋，计算单元的计算简图如图 5.12(a) 所示。这种房屋的横墙间距较小、楼盖和屋盖的水平刚度较大，房屋的空间刚度也较大。因而在荷载作用下，房屋的墙柱顶端的相对位移 u_s/H（H 为墙、柱高度）很小。一般混合结构的多层住宅、办公楼、教学楼、宿舍、医院等均属于刚性方案房屋。

5.3.2　弹性构造方案

弹性方案房屋是指在荷载作用下，房屋整体的水平刚度较小、水平位移较大的房屋。墙、柱的内力按屋架、大梁与墙、柱为铰接的，可按平面单跨排架进行计算，计算单元的计算简图如图 5.12(b) 所示。这种房屋的横墙间距较大、楼盖和屋盖的水平刚度较小，房屋的空间刚度也较小。一般单层厂房、仓库、礼堂、食堂等多属于弹性方案房屋。

对于多层砌体结构房屋，一般不宜采用弹性方案。因为，此类房屋在水平荷载作用下，墙内产生较大弯矩，纵墙截面面积增加，材料的用量增多，反而不经济。此外，随着房屋高度的增加，顶层水平位移也随之加大，房屋的刚度往往难以保证。

5.3.3　刚弹性构造方案

刚弹性方案房屋是介于“刚性”与“弹性”两种方案之间的房屋。当横墙(山墙)间距比较小时,则屋面的水平刚度相应的大了一些。从变形角度看,值将比较小,$(\Delta+v)$将小于$\bar{y}$。从受力分析看,山墙间距缩短了以后,空间传力体系的刚度将增加,平面传力体系的刚度将相对减小。墙、柱的内力计算,可根据房屋刚度的大小,将其水平荷载作用下的反力进行折减(按空间性能影响系数折减),然后按平面排架计算,计算简图如图 5.12(c) 所示。

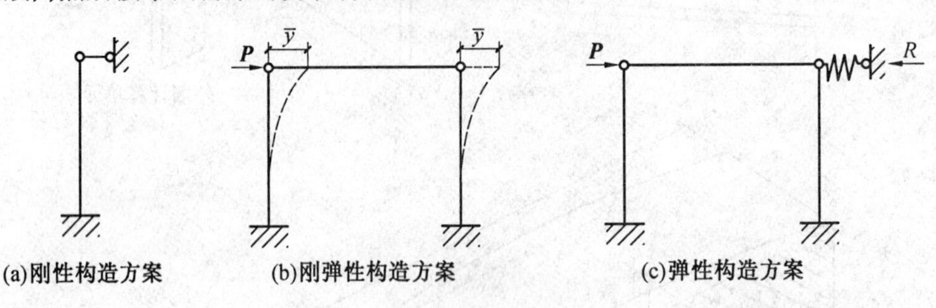

图 5.12　各构造方案计算简图

综上所述,砌体房屋应尽量设计成刚性方案,不但能充分发挥构件潜力,而且能获得较大的房屋刚度。

《砌体结构设计规范》(GB 50003—2001) 中,按屋(楼) 盖刚度和横墙间距(包括横墙刚度) 两个重要因素,根据房屋的空间工作性能将混合结构房屋静力计算方案分成 3 种:刚性方案、刚弹性方案和弹性方案。设计时,根据楼盖的类别和横墙间距 s(m) 按表 5.5 确定。

表 5.5　房屋的静力计算方案

屋盖或楼盖类别		刚性方案	刚弹性方案	弹性方案
1	整体式、装配整体式和装配式无檩体系钢筋混凝土屋盖或钢筋混凝土楼盖	$s<32$	$32\leqslant s\leqslant 72$	$s>72$
2	装配式有檩体系钢筋混凝土屋盖、轻钢屋盖和有密铺望板的木屋盖或木楼盖	$s<20$	$20\leqslant s\leqslant 48$	$s>48$
3	瓦材屋面的木屋盖和轻钢屋盖	$s<16$	$16\leqslant s\leqslant 36$	$s>36$

注:① 表中 s 为房屋横墙间距,其长度单位为 m;

② 对无山墙或伸缩缝处无横墙的房屋,应按弹性方案考虑。

另外,规范还对刚性和刚弹性方案房屋的横墙有如下的要求:

(1) 横墙中开有洞口时,洞口的水平截面面积不应超过横墙截面面积的 50%;

(2) 横墙的厚度不宜小于 180 mm;

(3) 单层房屋的横墙长度不宜小于其高度,多层房屋的横墙长度不宜小于 $H/2$(H 为横墙总高度)。

注:① 当横墙不能同时符合上述要求时,应对横墙的刚度进行验算。如其最大水平位移值 $u_{\max}\leqslant H/4\,000$ 时,仍可视作刚性或刚弹性方案房屋的横墙;

② 凡符合注 1 刚度要求的一段横墙或其他结构构件(如框架等),也可视作刚性或刚弹性方案房屋的横墙。

5.4　房屋墙、柱内力分析及计算

5.4.1　刚性方案砌体结构

1. 单层房屋承重墙的计算

图 5.13 为某单层刚性方案房屋计算单元(常取一个开间为计算单元) 内墙、柱的计算简图,墙、柱为上端不动铰支承于屋(楼) 盖,下端嵌固于基础的竖向构件。

(1) 内力分析

刚性方案房屋墙,柱在竖向荷载和风荷载作用下的内力按下述方法计算。

① 竖向荷载作用

竖向荷载包括屋盖自重,屋面活荷载或雪荷载以及墙、柱自重。屋面荷载通过屋架或大梁作用于墙体顶部,屋架或屋面大梁的支承反力 N_1 作用位置如图 5.13(b) 所示,即 N_1 存在偏心距。墙、柱自重则作用于墙、柱的截面重心。

屋面荷载作用下墙、柱内力如图 5.13(c) 所示,分别为

$$\left.\begin{aligned} R_A &= -R_B = -3M_1/2H \\ M_B &= M_1 \\ M_A &= -M_1/2 \end{aligned}\right\} \tag{5.4}$$

② 风荷载作用

包括屋面风荷载和墙面风荷载两部分。由于屋面风荷载最后以集中力通过屋架而传递,在刚性方案中通过不动铰支点由屋盖复合梁传给横墙,因此不会对墙、柱的内力造成影响。墙面风荷载作用下墙、柱内力如图 5.13(d) 所示,分别为

$$\left.\begin{aligned} R_A &= 5wH/8 \\ R_B &= 3wH/8 \\ M_A &= wH^2/8 \\ M_y &= -wH_y(3-4y/H)/8 \\ M_{\max} &= -9wH^2/128(y=3H/8\text{时}) \end{aligned}\right\} \tag{5.5}$$

计算时,迎风面 $w = w_1$,背风面 $w = -w_2$。

(2) 内力组合

根据上述各种荷载单独作用下的内力,按照可能而又最不利的原则进行控制截面的内力组合,确定其最不利内力。通常控制截面有 3 个,即墙、柱的上端截面 1—1、下端截面 3—3 和均布风荷载作用下的最大弯矩截面 2—2,如图 5.13(a) 所示。

(3) 截面承载力验算

对截面 1—1 ~ 3—3,按偏心受压进行承载力验算。对截面 1—1 即屋架或大梁支承处的砌体还应进行局部受压承载力验算。

2. 多层房屋承重纵墙的计算

(1) 计算简图

图 5.14(a)、(b) 为某多层刚性方案房屋计算单元内的承重纵墙。计算时常选取一个有代

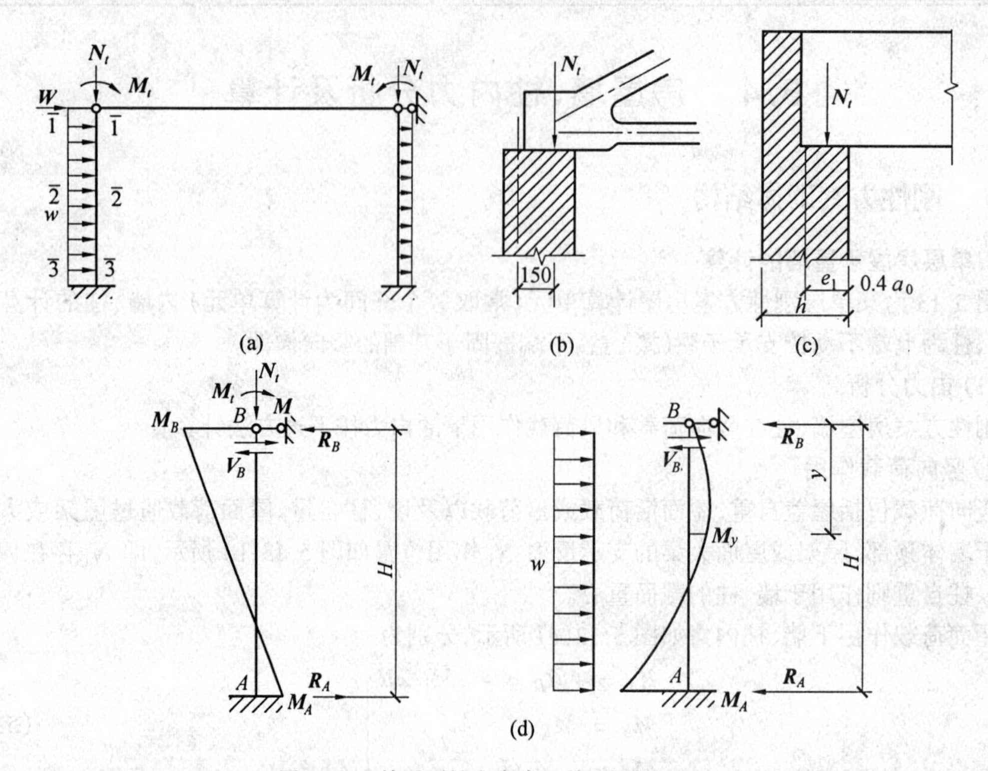

图 5.13　单层刚性方案房屋墙、柱内力分析

表性或较不利的开间墙作为计算单元，其承受荷载范围的宽度，取相邻两开间的平均值。在竖向荷载作于下，墙在每层高度范围内可近似地视作两端铰支的竖向构件，其计算简图如图 5.14(c) 所示。在水平荷载作用下，则视作竖向连续梁，其计算简图如图 5.14(e) 所示。

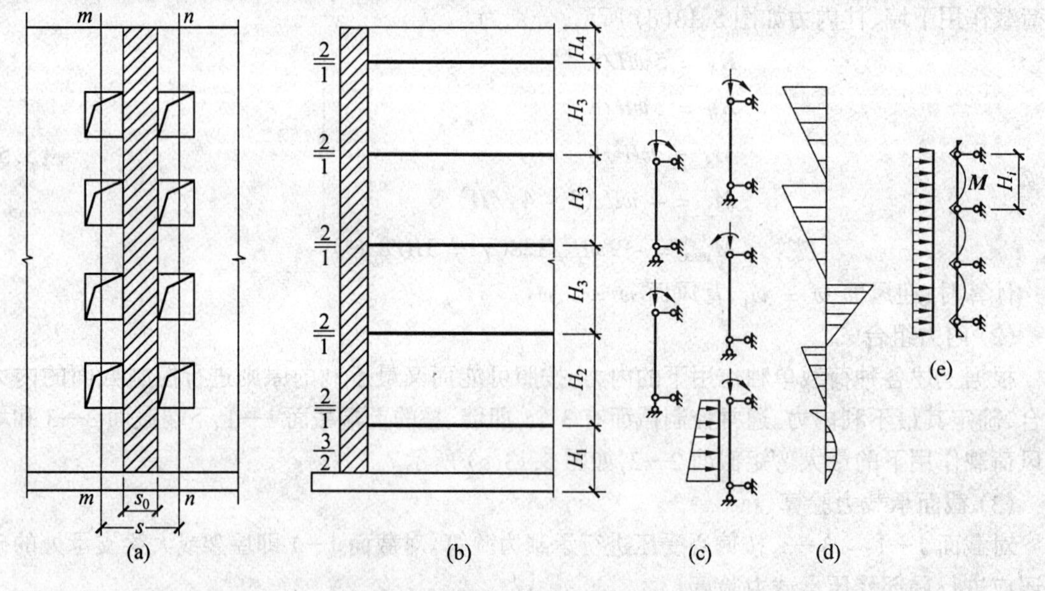

图 5.14　多层刚性方案房屋计算简图

(2) 内力分析

墙的控制截面取墙的上下端 1—1 和 2—2 截面，如图 5.14(b) 所示。每层墙承受的竖向荷

载包括上面楼层传来的竖向荷载 N_u、本层传来的竖向荷载合 N_l 本层墙体自重 N_G。N_u 和 N_l 作用点位置如图 5.15 所示，其中 N_u 作用于上一楼层墙截面的中心处；根据理论研究和试验的实际情况并考虑上部荷载和内力重分布的塑性影响，N_l 距离墙内边缘的距离取 $0.4a_0$（a_0 为有效支承长度）。N_G 则作用于本层墙体截面重心处。

作用于每层墙上端的轴向压力 N 和偏心距分别为 $N = N_u + N_l, e = (N_l e_1 - N_u e_0)/(N_u + N_l)$，其中 e_1 为 N_l 对本层墙体重心轴的偏心距，e_0 为上、下层墙体重心轴线之间的距离。

每层墙、柱的弯矩图为三角形，上端 $M = Ne$，下端 $M = 0$，如图 5.14(d) 所示，轴向力上端为 $N = N_u + N_l$，下端则为 $N = N_u + N_l + N_G$。

1—1 截面的弯矩最大，轴向力压力最小；2—2 截面的弯矩最小，而轴向压力最大。

均布风荷载 w 引起的弯矩可近似计算为

$$M = wH_i^2/12 \tag{5.6}$$

式中，w 为计算单元每层高墙体上作用的风荷载；H_i 为第 i 层层高。

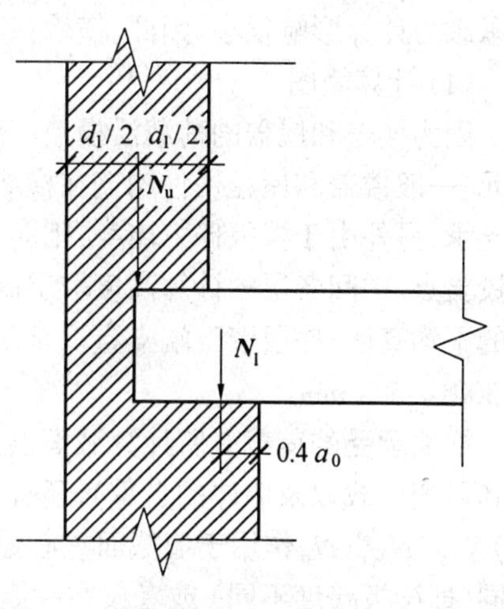

图 5.15 N_u、N_l 作用点

(3) 截面承载力验算

对截面 1—1 按偏心受压和局部受压验算承载力；对截面 2—2 按轴心受压验算承载力。

对于刚性方案房屋，一般情况下风荷载引起的内力往往不足全部内力的 5%，因此墙体的承载力主要由竖向荷载所控制。基于大量计算和调查结果，当多层刚性方案房屋的外墙符合下列要求时，可不考虑风荷载的影响：

① 洞口水平荷载面积不超过全截面面积的 2/3；

② 层高和总高不超过表 5.6 的规定；

③ 屋面自重不小于 $0.8\ \mathrm{kN/m^2}$。

表 5.6 外墙不考虑风荷载影响时的最大高度

基本风压值 /(kN · m^{-2})	层高 /m	总高 /m
0.4	4.0	28
0.5	4.0	24
0.6	4.0	18
0.7	3.5	18

注：对于多层砌块房屋 190 mm 厚的外墙，当层高不大于 2.8 m，总高度不大于 19.6 m，基本风压不大于 $0.7\ \mathrm{kN/m^2}$ 时可不考虑风荷载的影响。

试验研究表明，墙与梁（板）连接处的约束程度与上部荷载，梁端局部压应力等因素有关。对于梁跨度大于 9 m 的墙承重的多层房屋，除按上述方法计算墙体承载力外，尚需考虑梁端约束弯矩对墙体产生的不利影响。此时可按梁两端固结计算梁端弯矩，将其乘以修正系数 γ 后，按墙体线刚度分到上层墙底部和下层墙顶部。其修正系数 γ 可按式(5.7) 确定为

$$\gamma = 0.2\sqrt{a/h} \tag{5.7}$$

式中，a 为梁端实际支承长度；h 为支承墙体的墙厚，当上、下墙厚不同时取下部墙厚，当有壁柱时取 h_T。

3. 多层房屋承重横墙的计算

刚性构造方案房屋由于横墙间距不大，在水平风荷载作用下，纵墙给横墙的水平力对横墙的承载力计算影响很小，因此，横墙只需计算竖向荷载作用的承载力。

(1) 计算简图

因为楼盖和屋盖的荷载沿横墙一般都是均匀分布的，因此可以取 1 m 宽的墙体作为计算单元。一般楼盖和屋盖构件均搁在横墙上，和横墙直接连系，因而楼板和屋盖可视为横墙的侧向支承，另外由于楼板伸入墙身，削弱了墙体在该处的整体性，为了简化计算可把该处视为不动铰支点。中间各层的计算高度取层高（楼板底至上层楼板底）；顶层如为坡屋顶则取层高加山尖的平均高度；底层墙下端支点取至条形基础顶面，如基础埋深较大时，一般可取地坪标高以下 300 ~ 500 mm。

横墙承受的荷载有所计算截面以上各层传来的荷载 N_u（包括上部各楼层和屋盖的永久荷载和可变荷载以及墙体的自重），还有本层两边楼盖传来的竖向荷载（包括永久荷载和可变荷载）$N_{l左}$、$N_{l右}$；N_u 作用于墙截面重心处；$N_{l左}$ 及 $N_{l右}$ 均作用于距墙边 $0.4a_0$ 处。当横墙两侧开间不同（即梁板跨度不同）或者仅在一侧的楼面上有活荷载时，$N_{l左}$ 与 $N_{l右}$ 的数值并不等同，墙体处于偏心受压状态。但由于偏心荷载产生的弯矩通常都较小，轴向压力较大，故实际计算中，各层均可按轴心受压构件计算。

(2) 内力分析

对于承重横墙，因按轴心受压构件计算，则应取其纵向力最大的截面进行计算。又因规范规定沿层高各截面取用相等的纵向力影响系数，所以可认为每层根部截面处为最不利截面，也可以习惯地采用楼层中部截面进行计算。

(3) 截面承载力计算

在求得每层最不利截面处的轴向力后，即可按受压构件承载力计算公式确定各层的块体和砂浆强度等级。

当横墙上设有门窗洞口时，应取大梁间距作为计算单元，此外，尚应进行梁端砌体局部受压验算。对于支承楼板的墙体，则不需进行局部受压验算。

5.4.2 弹性、刚弹性方案砌体结构

1. 单层弹性构造方案房屋内力分析

单层弹性方案混合结构房屋可按铰接排架进行内力分析，此时，砌体墙柱即为排架柱，如果中柱为钢筋混凝土柱则应将砌体边柱按弹性模量比值折算成混凝土柱，然后进行排架内力分析。其分析方法和钢筋混凝土单层厂房相同。

2. 单层刚弹性构造方案房屋内力分析

当房屋的横墙间距小于弹性方案而大于刚性方案所规定的间距时，在水平荷载作用下，两横墙之间中部水平位移较弹性方案房屋为小，但又不能忽略，这就是刚弹性构造方案房屋。随着两横墙间距的减小，横墙间中部在水平荷载作用下的水平位移也在减小，这是房屋空间刚度增大的缘故。

刚弹性方案的计算简图和弹性方案一样，为了考虑排架的空间工作，计算时引入一个小于

1 的空间性能影响系数 η，它是通过对建筑物实测及理论分析而确定的。η 的大小和横墙间距及屋面结构的水平刚度有关，见表 5.7。

表 5.7　房屋各层的空间性能影响系数 η_i

屋盖或楼盖类别	横墙间距 s/m														
	16	20	24	28	32	36	40	44	48	52	56	60	64	68	72
1	—	—	—	—	0.33	0.39	0.45	0.50	0.55	0.60	0.64	0.68	0.71	0.74	0.77
2	—	0.35	0.45	0.54	0.61	0.68	0.73	0.78	0.82	—	—	—	—	—	—
3	0.37	0.49	0.60	0.68	0.75	0.81	—	—	—	—	—	—	—	—	—

注：i 取 1 ~ n，n 为房屋的层数。

刚弹性方案房屋墙柱内力分析可按下列两个步骤进行，然后将两步所算内力相叠加，即得最后内力。

(1) 在排架横梁与柱节点处加水平铰支杆，计算其在水平荷载(风载)作用下无侧移时的内力与支杆反力。

(2) 考虑房屋的空间作用，将支杆反力 R 乘以由表 5.7 查得的相应空间性能影响系数 η，并反向施加于该结点上，再计算排架内力，如图 5.16 所示。

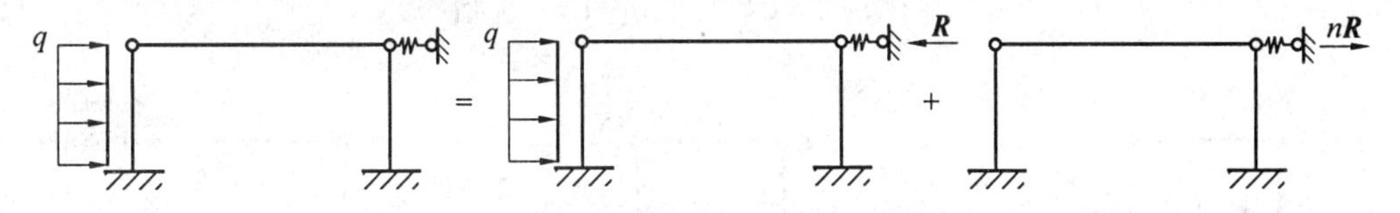

图 5.16　刚弹性方案房屋墙柱内力分析

3. 多层刚弹性方案房屋内力分析

对多层砖房进行了大量的实测和分析表明，多层砖房不仅存在沿房屋纵向各开间之间的相互作用，而且还存在较强的各层之间的相互作用。经过理论研究提出了多层砖房刚弹性方案考虑空间作用的计算方法。

当多层砖房某一开间受水平荷载作用时，如图 5.17(a) 所示的两层房屋，考虑其空间工作进行内力分析可分解为两步，然后进行叠加。第一步为取多层房屋受水平荷载开间的平面单元(平面排架或框架)，在平面单元各层横梁与柱接点处加水平支杆，在水平荷载作用下，支杆内产生反力 $\boldsymbol{R}_1$ 与 $\boldsymbol{R}_2$，如图 5.17(b) 所示。第二步将支杆反力 $\boldsymbol{R}_1$ 与 $\boldsymbol{R}_2$ 反向加在房屋空间体系上，如图 5.17(c) 所示，由于屋盖、楼盖、纵墙与横墙的作用，$\boldsymbol{R}_1$ 与 $\boldsymbol{R}_2$ 分别沿纵向传递至各平面单元及山墙，并分别沿高度向其他层传递，因此计算平面单元只承受 $\boldsymbol{R}_1$ 与 $\boldsymbol{R}_2$ 的一部分作用。计算时可将图 5.17 中的 $\boldsymbol{R}_1$ 与 $\boldsymbol{R}_2$ 分配给计算平面单元的荷载分成两组，如图 5.18 所示，一组为当房屋空间体系只受 $\boldsymbol{R}_1$ 作用，计算平面单元受力情况如图 5.18(a) 所示，其中 $\boldsymbol{V}_{11}$ 为计算平面单元左侧与右侧开间一层楼盖纵向体系的总剪力，$\boldsymbol{V}_{21}$ 为计算平面单元左侧与右侧开间二层屋盖纵向体系的总剪力。其中

$$\eta_{11} = 1 - \frac{\boldsymbol{V}_{11}}{\boldsymbol{R}_1} \tag{5.8}$$

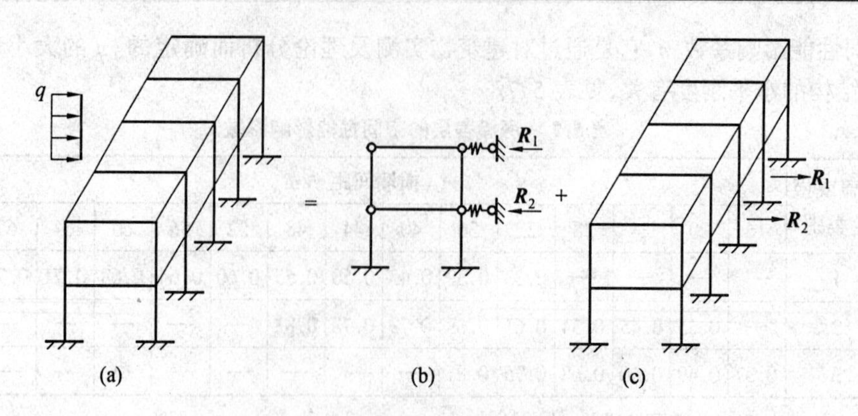

图 5.17　多层刚弹性方案房屋内力分析(一)

$$|\eta_{21}| = \frac{V_{21}}{R_1};\ \eta_{21} = -|\eta_{21}| \tag{5.9}$$

另一组为当房屋只受 R_2 作用,则计算平面单元受力情况如图 5.18(b) 所示,其中

$$\eta_2 = 1 - \frac{V_{22}}{R_2} \tag{5.10}$$

$$|\eta_{12}| = \frac{V_{12}}{R_2};\ |\eta_{12}| = -|\eta_{12}| \tag{5.11}$$

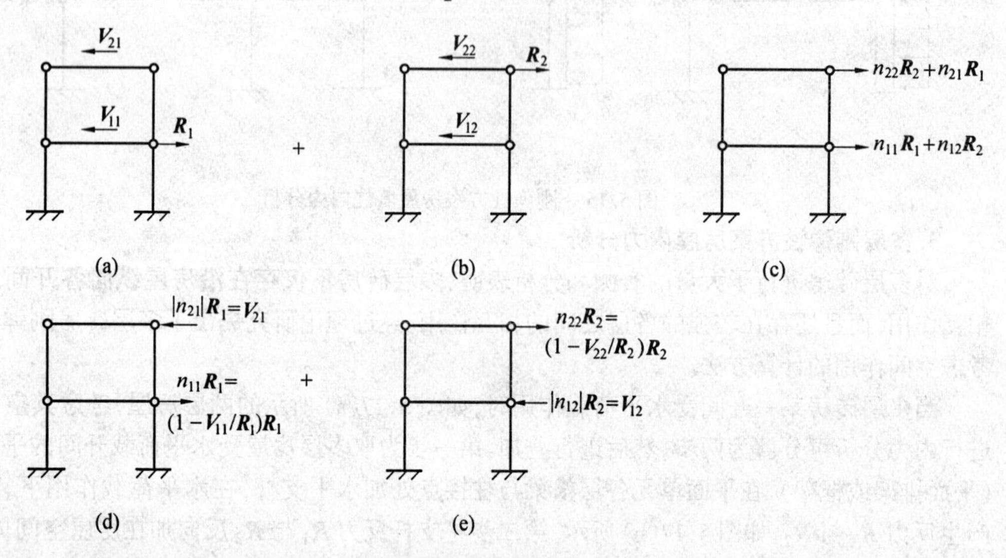

图 5.18　多层刚弹性方案房屋内力分析(二)

在 R_1 与 R_2 同时作用下,计算平面单元受力情况如图 5.18(c) 所示,将图 5.18(a) 与图 5.18(b) 两步分别求得的内力进行叠加,即为考虑空间作用计算平面单元的内力,其中 η_{11}、η_{22}、η_{21} 与 η_{12} 是小于 1 的系数,称为空间作用系数,η_{11}、η_{22} 又称为主空间作用系数,η_{21} 与 η_{12} 称为副空间作用系数,副空间作用系数是由于各层之间的相互作用而产生的。

按照上述方法进行多层刚弹性方案混合结构房屋的计算是十分复杂的,为此,在房屋实测和理论分析的基础上,对得出的空间作用系数方程进行分析、综合和简化,得出偏于安全的系数值。即表 5.7 所列的空间性能影响系数。

这样，多层刚弹性方案房屋墙柱的内力分析步骤就与单层一样，分两步进行，然后将两步计算结果叠加，即得最后内力，如图 5.19 所示。

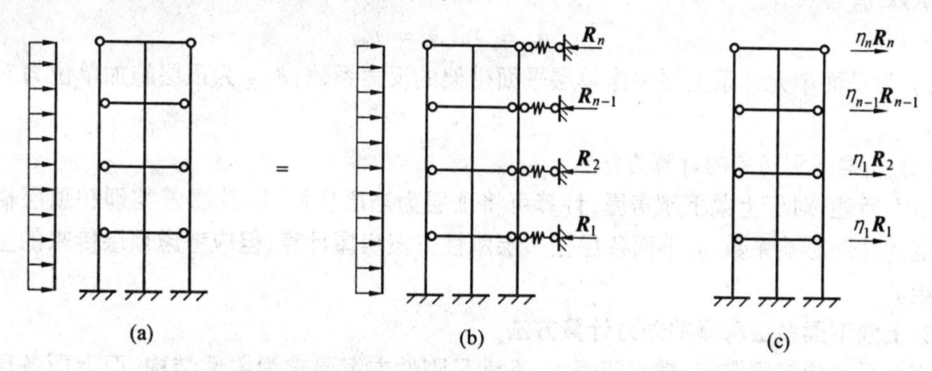

图 5.19　多层刚弹性方案房屋内力计算步骤

4. 上柔下刚多层房屋的计算方法

顶层空旷，横墙间距较大或中间无横墙的为柔性结构，而以下各层横墙间距较小的为刚性结构时，这类房屋称为上柔下刚多层房屋。这类房屋在工程中常常遇到，例如顶层为礼堂以下各层为办公室的多层房屋；顶层为木屋盖，以下各层为钢筋混凝土楼盖，而顶层不满足刚性方案要求的房屋。

(1) 上柔下刚房屋空间工作特性与空间作用系数分析

对于上柔下刚房屋，由于下面各层的刚度大，而分别在各层加力时在下面各层产生的位移很小，在房屋实测中测不出这些位移或测得的数值很小，因此可以假定空间位移 $\delta_{isK}(i = 1,2,3,\cdots,n; s = 1,2,3,\cdots,n-1)$ 和 $\delta_{in\mathrm{K}}(i = 1,2,3,\cdots,n-1)$ 均等于零，只有顶层屋盖处加力在顶层引起的空间位移 $\delta_{nn\mathrm{K}}$ 不为零。于是

$$\eta_{ij} = \sum_P \overline{\gamma}_{i\mathrm{P}} \delta_{\mathrm{P}j\mathrm{K}} = 0 \tag{5.12}$$

$$\begin{pmatrix} j = 1,2,3,\cdots,n-1 \\ i = 1,2,3,\cdots,n \end{pmatrix}$$

只有

$$\eta_{in} = \sum_P \overline{\gamma}_{i\mathrm{P}} \delta_{nj\mathrm{K}} = \overline{\gamma}_{in} \delta_{nn\mathrm{K}} \neq 0 \quad (i = 1,2,3,\cdots,n) \tag{5.13}$$

由式(5.13) 可得

$$\eta_{in} = \frac{\overline{\gamma}_{in}}{\gamma_{nn}} \eta_{nn} \tag{5.14}$$

可以证明式(5.14) 所示 η_{in} 就是当平面单元体系顶层作用力 η_{nn} 时，第 i 层支杆的反力。

如上述可知，对于上柔下刚房屋的空间作用系数可只取 $\eta_{in}(i = 1,2,3,\cdots,n)$ 个系数，其中只要已知 η_{nn}，其余系数即为已知，即

$$\eta_{nn} = \overline{\gamma}_{nn} \delta_{nn\mathrm{K}} \tag{5.15}$$

式中，$\delta_{nn\mathrm{K}}$ 为顶层施加单位力时引起顶层的空间位移，它比与顶层结构相同的单层房屋的空间位移稍大些，而 $\overline{\gamma}_{nn}$ 比与顶层结构相同的单层平面单元体系的刚度系数 γ 小一些。因此，可近似取

$$\eta_{nn} = \eta_{(单)} \tag{5.16}$$

若房屋中央开间下层有横隔墙，当不考虑对下层横墙进行强度计算时，只需求得顶层空间作用系数 η_n 即可

$$\eta_n = \gamma\delta_{nn\mathrm{K}} = \eta_{nn} \tag{5.17}$$

式中，γ 为平面单元体系上层视作单层平面排架的反力系数；$\delta_{nn\mathrm{K}}$ 为顶层施加单位力时的空间位移。

(2) 上柔下刚房屋的计算方法

由上所述，对于上柔下刚房屋，计算可将顶层为当层房屋，以其屋盖类别和顶层横墙间距确定空间性能影响系数 η。下面各层按多层刚性方案房屋计算，但应考虑顶层传来的竖向荷载和弯矩。

5. 上刚下柔多层房屋的静力计算方法

当多层房屋底层空旷，横墙间距大，不满足刚性方案要求为柔性结构，而上面各层横墙间距小为刚性结构时，这类房屋称为上刚下柔多层房屋。这类房屋的底部抗侧刚度偏小，所以新规范不再推荐采用。

5.5 设计实例

【例 5.4】 某四层教学楼的平面、剖面图如图 5.20 所示，屋盖、楼盖采用预制现浇钢筋混凝土空心板，墙体采用烧结粉煤灰砖和混合砂浆砌筑，砖的强度等级为 MU10，三、四层砂浆的强度等级为 M2.5，一、二层砂浆的强度等级为 M5，施工质量控制等级为 B 级。各层墙厚如图 5.20 所示。

(一) 确定房屋的静力计算方案，并验算各层墙体的高厚比；

(二) 试验算房屋纵墙、横墙的承载力。

【解】 (一)

1. 确定房屋的静力计算方案

最大横墙间距 $s = 3.6\ \mathrm{m} \times 3 = 10.8\ \mathrm{m}$，屋盖、楼盖类别属于第一类，查表 5.4，$s < 32\ \mathrm{m}$，因此本房屋属于刚性方案房屋。

2. 外纵墙高厚比验算

本房屋第一、二层墙体采用 M5 水泥混合砂浆砌筑。

第一层墙体高厚比为 $\beta = H_0/h = 4.5\ \mathrm{m}/(0.37\ \mathrm{m}) = 12.2$

第二层窗间墙的截面几何特征为

$$A = 1.8\ \mathrm{m} \times 0.24\ \mathrm{m} + 0.13\ \mathrm{m} \times 0.62\ \mathrm{m} = 0.512\,6\ \mathrm{m}^2$$

$$y_1 = \frac{(1.8\ \mathrm{m} - 0.62\ \mathrm{m}) \times 0.24\ \mathrm{m} \times 0.12\ \mathrm{m} + 0.62\ \mathrm{m} \times 0.37\ \mathrm{m} \times 0.185\ \mathrm{m}}{0.512\,6\ \mathrm{m}^2} = 0.149\ \mathrm{m}$$

$$y_2 = 0.37 - 0.149 = 0.221\ \mathrm{m}$$

$$I = \frac{1.8\ \mathrm{m} \times (0.149\ \mathrm{m})^3 + (1.8\ \mathrm{m} - 0.62\ \mathrm{m}) \times (0.24\ \mathrm{m} - 0.149\ \mathrm{m})^3 + 0.62\ \mathrm{m} \times (0.221\ \mathrm{m})^3}{3} =$$

$$4.512 \times 10^{-3}\ \mathrm{m}^4$$

$$i = \sqrt{I/A} = 0.094\ \mathrm{m}$$

$$h_\mathrm{T} = 3.5i = 0.328\ \mathrm{m}$$

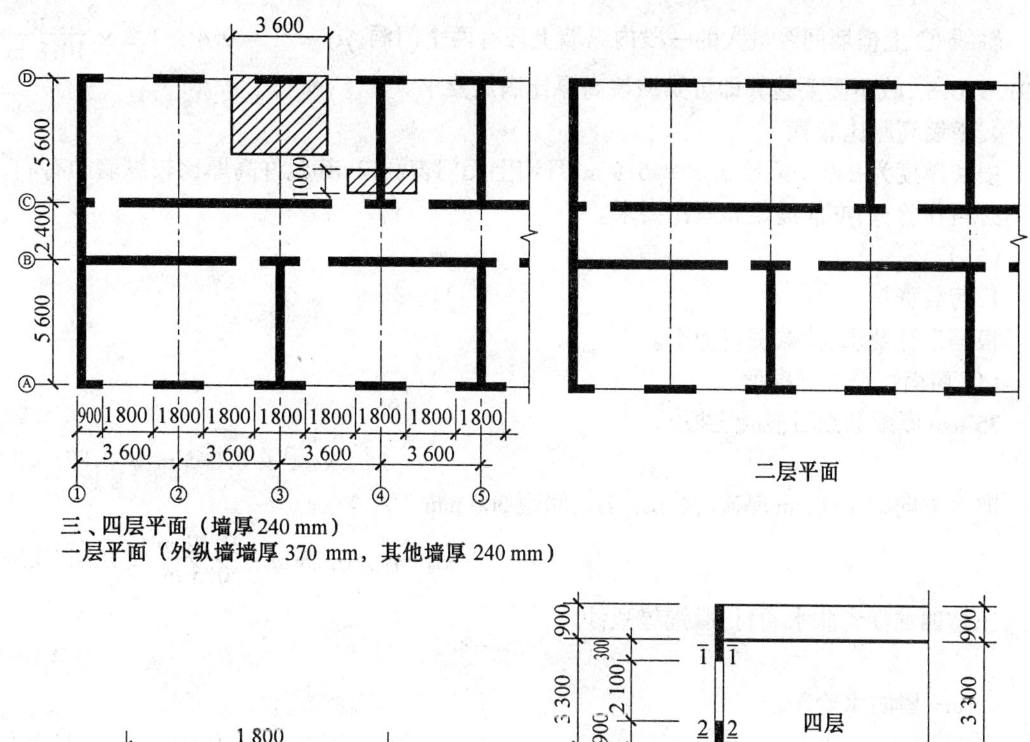

1 800
y_1 y_2 240 130
620
第二层窗间墙

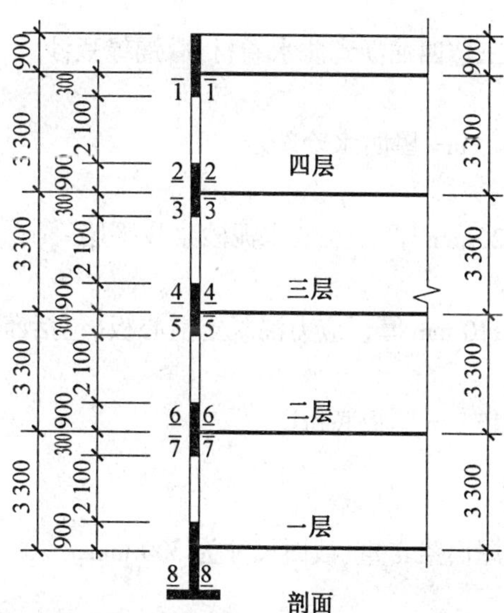

图 5.20　某四层教学楼的平面、剖面图(单位:mm)

故第二层墙体的高厚比为 $\beta = H_0/h_T = 3.3\ \text{m}/0.328\ \text{m} = 10.1$

第三、四层墙体采用 M2.5 水泥混合砂浆砌筑,其高厚比为 $\beta = H_0/h = \dfrac{3.3\ \text{m}}{0.24\ \text{m}} = 13.8$。大于一、二层墙体的高厚比,而且砂浆强度等级相对较低,因此首先应对其加以验算。

对于砂浆强度等级为 M2.5 的墙体,查表 5.1 可知 $[\beta] = 22$。

取轴线 Ⓓ 上横墙间距最大的一段外纵墙, $H = 3.3\ \text{m}, s = 10.8\ \text{m} > 2H = 6.6\ \text{m}$,查表 5.2, $H_0 = 1.0H = 3.3\ \text{m}$

考虑窗洞的影响, $\mu_2 = 1 - 0.4 \times \dfrac{1.8\ \text{m}}{3.6\ \text{m}} = 0.8 > 0.7$。

$\beta = \dfrac{3.3\ \text{m}}{0.24\ \text{m}} = 13.8 < \mu_2[\beta] = 0.8 \times 22 = 17.6$,符合要求。

3. 内纵墙高厚比验算

轴线 © 上横墙间距最大的一段内纵墙上开有两个门洞，$\mu_2 = 1 - 0.4 \times 1.2 \times \frac{2\ \text{m}}{10.8\ \text{m}} = 0.91 > 0.8$，故不需要验算即可知该墙高厚比满足要求。

4. 横墙高厚比验算

横墙厚度为 240 mm，墙长 $s = 5.9$ m，且墙上无门窗洞口，其允许高厚比较纵墙的有利，因此不必再作验算，亦能满足高厚比要求。

(二)

1. 荷载资料

根据设计要求，荷载资料如下。

(1) 屋面恒荷载标准值

35 mm 厚配筋细石混凝土板

$$25\ \text{kN/m}^3 \times 0.035\ \text{m} = 0.875\ \text{kN/m}^2$$

顺水方向砌 120 mm 厚砖，高 180 mm，间距 500 mm

$$19\ \text{kN/m}^3 \times 0.18\ \text{m} \times \frac{0.12\ \text{m}}{0.5\ \text{m}} = 0.821\ \text{kN/m}^2$$

三毡四油沥青防水卷材，撒铺绿豆沙

$$0.4\ \text{kN/m}^2$$

40 mm 厚防水珍珠岩

$$4\ \text{kN/m}^3 \times 0.04\ \text{m} = 0.16\ \text{kN/m}^2$$

20 mm 厚 1 : 2.5 水泥砂浆找平层

$$20\ \text{kN/m}^3 \times 0.02\ \text{m} = 0.4\ \text{kN/m}^2$$

110 mm 厚预应力混凝土空心板(包括灌缝)

$$2.0\ \text{kN/m}^2$$

15 mm 厚板底粉刷

$$16\ \text{kN/m}^3 \times 0.015\ \text{m} = 0.24\ \text{kN/m}^2$$

合计 $4.896\ \text{kN/m}^2$

屋面梁自重(截面尺寸为 500 mm × 200 mm)

$$25\ \text{kN/m}^3 \times 0.2\ \text{m} \times 0.5\ \text{m}$$

(2) 上人屋面的活荷载标准值

$$2.0\ \text{kN/m}^2$$

(3) 楼面恒荷载标准值

大理石面层(取 15 mm 厚)

$$28\ \text{kN/m}^3 \times 0.015\ \text{m} = 0.42\ \text{kN/m}^2$$

20 mm 厚水泥砂浆找平层

$$20\ \text{kN/m}^3 \times 0.02\ \text{m} = 0.4\ \text{kN/m}^2$$

110 mm 预应力混凝土空心板

$$2.0\ \text{kN/m}^2$$

15 mm 厚板底粉刷

$$0.24\ \text{kN/m}^2$$

合计 $3.06\ \text{kN/m}^2$

楼面梁自重

$$25\ \mathrm{kN/m^3} \times 0.2\ \mathrm{m} \times 0.5\ \mathrm{m} = 2.5\ \mathrm{kN/m}$$

(4) 墙体自重标准值

240 mm 厚墙体自重　5.24 $\mathrm{kN/m^2}$

370 mm 厚墙体自重　7.71 $\mathrm{kN/m^2}$

铝合金玻璃窗自重　0.4 $\mathrm{kN/m^2}$

(5) 楼面活荷载标准值

根据《建筑结构荷载规范》(GB 50009—2001),教室、试验室、办公室的楼面活荷载标准值为 2.0 $\mathrm{kN/m^2}$。因本教学楼使用荷载较大,根据实际情况楼面活荷载标准值取 3.0 $\mathrm{kN/m^2}$。此外,按荷载规范,设计房屋墙和基础时,楼面活荷载标准值采用与其楼面梁相同的折减系数,而楼面梁的从属面积为 $5.9\ \mathrm{m} \times 3.6\ \mathrm{m} = 21.24\ \mathrm{m^2} < 50\ \mathrm{m^2}$,因此楼面活荷载不必折减。

该房屋所在地区的基本风压为 0.35 $\mathrm{kN/m^2}$,且房屋层高小于 4 m,房屋总高小于 28 m,由表 5.6 可知,该房屋设计时可不考虑风荷载的影响。

2.纵墙承载力计算

(1)选取计算单元

该房屋有内、外纵墙。对于外纵墙,轴线Ⓓ墙比轴线Ⓐ墙相对更不利。对于内纵墙,虽然走廊楼面荷载使用纵墙上的竖向压力有所增加,但梁(板)支承处墙体的轴向力偏心距却有所减小,并且内纵墙上的洞口宽度较外纵墙上的小。因此可只在轴线Ⓓ上取一个开间的外纵墙作为计算单元,近似地以轴线尺寸计算,其受荷面积为 $3.6\ \mathrm{m} \times 2.95\ \mathrm{m} = 10.62\ \mathrm{m^2}$。

(2)确定计算截面

通常每层墙的控制截面位于墙的顶部梁(或板)的底面(如截面 1—1)和墙底的底面(如截面 2—2)处。在截面 1—1 等处,梁(或板)传来的支承压力产生的弯矩最大,且为梁(或板)端支承处,其偏心受压和局部受压均为不利。同楼层相对而言,截面 2—2 等处承受的轴向压力最大。

本房屋第三、四层墙体所用的砖、砂浆强度等级、墙厚虽相同,但轴向力的偏心距不同;第一层和第二层墙体的墙厚不同,因此需对截面 1—1 ~ 8—8 的承载力分别进行计算。

(3)荷载计算

取一个计算单元,作用于纵墙的荷载标准值如下。

屋面恒荷载

$$4.896\ \mathrm{kN/m^2} \times 10.62\ \mathrm{m^2} + 2.5\ \mathrm{kN/m^2} \times 2.95\ \mathrm{m^2} = 59.37\ \mathrm{kN}$$

女儿墙自重(厚 240 mm,高 900 mm,双面粉刷)

$$5.24\ \mathrm{kN/m^2} \times 0.9\ \mathrm{m} \times 3.6\ \mathrm{m} = 16.98\ \mathrm{kN}$$

二、三、四层楼面恒荷载

$$3.06\ \mathrm{kN/m^2} \times 10.62\ \mathrm{m^2} + 2.5\ \mathrm{kN/m^2} \times 2.95\ \mathrm{m^2} = 39.87\ \mathrm{kN}$$

屋面活荷载

$$2.0\ \mathrm{kN/m^2} \times 10.62\ \mathrm{m^2} = 21.24\ \mathrm{kN}$$

二、三、四层楼面活荷载

$$3.0\ \mathrm{kN/m^2} \times 10.62\ \mathrm{m^2} = 31.86\ \mathrm{kN}$$

三、四层墙体和窗自重

$5.24\ kN/m^2 \times (3.3\ m \times 3.6\ m - 2.1\ m \times 1.8\ m) + 0.4\ kN/m^2 \times 2.1\ m \times 1.8\ m = 43.96\ kN$

二层墙体(包括壁柱)和窗自重

$5.24\ kN/m^2 \times (3.3\ m \times 3.6\ m - 2.1\ m \times 1.8\ m - 0.62\ m \times 3.3\ m) + 0.4\ kN/m^2 \times 2.1\ m \times 1.8\ m + 7.71\ kN/m^2 \times 0.62\ m \times 3.3\ m = 49.01\ kN$

一层墙体和窗自重

$7.71\ kN/m^2 \times (3.6\ m \times 4.5\ m - 2.1\ m \times 1.8\ m) + 0.4\ kN/m^2 \times 2.1\ m \times 1.8\ m = 97.27\ kN$

(4)控制截面的内力计算

①第四层截面 1—1 处

由屋面荷载产生的轴向力设计值应考虑两种内力组合。

$$N_1^{(1)} = 1.2 \times (59.37\ kN + 16.98\ kN) + 1.4 \times 21.24\ kN = 121.36\ kN$$

$$N_1^{(2)} = 1.35 \times (59.37\ kN + 16.98\ kN) + 1.4 \times 0.7 \times 21.24\ kN = 123.89\ kN$$

$$N_{5l}^{(1)} = 1.2 \times 59.37\ kN + 1.4 \times 21.24\ kN = 100.98\ kN$$

$$N_{5l}^{(2)} = 1.35 \times 59.37\ kN + 1.4 \times 0.7 \times 21.24\ kN = 100.96\ kN$$

一、二层墙体采用 MU10 烧结粉煤灰砖、M5 水泥混合砂浆砌筑,三、四层墙体采用 MU10 烧结粉煤灰砖、M2.5 水泥混合砂浆砌筑,查表 2.1 可知砌体的抗压强度设计值分别为 $f = 1.5$ MPa 和 $f = 1.3$ MPa。

屋(楼)面梁端均设有刚性垫块,由式(3.45)和表 3.9,取 $\sigma_0/f \approx 0$,$\delta_1 = 5.4$,此时刚性垫块上表面处梁端有效支撑长度 $a_{0,b}$ 为

$$a_{0,b} = 5.4\sqrt{\frac{h_c}{f}} = 5.4 \times \sqrt{\frac{500}{1.3}} = 106\ mm$$

$$\boldsymbol{M}_1^{(1)} = N_{5l}^{(1)}(y - 0.4a_{0,b}) = 100.98\ kN \times (0.12\ m - 0.4 \times 0.106\ m) = 7.836\ kN \cdot m$$

$$\boldsymbol{M}_1^{(2)} = N_{5l}^{(2)}(y - 0.4a_{0,b}) = 100.96\ kN \times (0.12\ m - 0.4 \times 0.106\ m) = 7.834\ kN \cdot m$$

$$e_1^{(1)} = \boldsymbol{M}_1^{(1)}/N_1^{(1)} = \frac{7.836\ kN \cdot m}{121.36\ kN} = 0.065\ m$$

$$e_1^{(2)} = \boldsymbol{M}_1^{(2)}/N_1^{(2)} = \frac{7.834\ kN \cdot m}{123.89\ kN} = 0.063\ m$$

第四层截面 2—2 处

轴向力为上述荷载 N_1 与本层墙自重之和

$$N_2^{(1)} = 121.36\ kN + 1.2 \times 43.96\ kN = 174.11\ kN$$

$$N_2^{(2)} = 123.89\ kN + 1.35 \times 43.96\ kN = 183.24\ kN$$

② 第三层截面 3—3 处

轴向力为上述荷载 N_2 与本层楼盖荷载 N_{4l} 之和。

$$N_{4l}^{(1)} = 1.2 \times 39.87\ kN + 1.4 \times 31.86\ kN = 92.45\ kN$$

$$N_3^{(1)} = 174.11\ kN + 92.45\ kN = 266.56\ kN$$

$$\sigma_0^{(1)} = \frac{174.11 \times 10^3\ N}{1.8\ m \times 0.24\ m \times 10^6} = 0.403\ N/mm^2$$

$$\sigma_0^{(1)}/f = \frac{0.403\ N/mm^2}{1.3\ N/mm^2} = 0.31$$,查表 3.9,$\delta_1^{(1)} = 5.865$,则

$$a_{0,b}^{(1)} = 5.865 \times \sqrt{\frac{500}{1.3}} = 115\ mm$$

$$M_3^{(1)} = N_{41}^{(1)}(y - 0.4a_{0,b}^{(1)}) = 92.45\ \text{kN} \times (0.12\ \text{m} - 0.4 \times 0.115\ \text{m}) = 6.84\ \text{kN} \cdot \text{m}$$

$$e_3^{(1)} = M_3^{(1)}/N_3^{(1)} = \frac{6.84\ \text{kN} \cdot \text{m}}{266.56\ \text{kN}} = 0.026\ \text{m}$$

$$N_{41}^{(2)} = 1.35 \times 39.87\ \text{kN} + 1.4 \times 0.7 \times 31.86\ \text{kN} = 85.05\ \text{kN}$$

$$N_3^{(2)} = 183.24\ \text{kN} + 85.05\ \text{kN} = 268.29\ \text{kN}$$

$$\sigma_0^{(2)} = \frac{183.24 \times 10^3\ \text{N}}{1.8\ \text{m} \times 0.24\ \text{m} \times 10^6} = 0.424\ \text{N/mm}^2$$

$$\sigma_0^{(2)}/f = \frac{0.424\ \text{N/mm}^2}{1.3\ \text{N/mm}^2} = 0.33$$

查表 3.9，$\delta_1^{(2)} = 5.89$，则

$$a_{0,b}^{(2)} = 5.89 \times \sqrt{\frac{500}{1.3}} = 116\ \text{mm}$$

$$M_3^{(2)} = N_{41}^{(2)}(y - 0.4a_{0,b}^{(2)}) = 85.05\ \text{kN} \times (0.12\ \text{m} - 0.4 \times 0.116\ \text{m}) = 6.26\ \text{kN} \cdot \text{m}$$

$$e_3^{(2)} = M_3^{(2)}/N_3^{(2)} = \frac{6.26\ \text{kN} \cdot \text{m}}{268.29\ \text{kN}} = 0.023\ \text{m}$$

第三层截面 4—4 处

轴向力为上述荷载 N_3 与本层墙体自重之和

$$N_4^{(1)} = 266.56\ \text{kN} + 1.2 \times 43.96\ \text{kN} = 319.31\ \text{kN}$$

$$N_4^{(2)} = 268.29\ \text{kN} + 1.35 \times 43.96\ \text{kN} = 327.64\ \text{kN}$$

③ 第二层截面 5—5 处

轴向力为上述荷载 N_4 与本层楼盖荷载之和。

$$N_{31}^{(1)} = 92.45\ \text{kN}$$

$$N_5^{(1)} = 319.31\ \text{kN} + 92.45\ \text{kN} = 411.76\ \text{kN}$$

$$\sigma_0^{(1)} = \frac{319.31 \times 10^{-3}\text{N}}{0.5126 \times 10^6\ \text{mm}^2} = 0.623\ \text{N/mm}^2$$

$$\sigma_0^{(1)}/f = \frac{0.623\ \text{N/mm}^2}{1.5\ \text{N/mm}^2} = 0.42$$

查表 3.9，$\delta_1^{(1)} = 6.09$，则

$$a_{0,b}^{(1)} = 6.09 \times \sqrt{\frac{500}{1.5}} = 111\ \text{mm}$$

$$M_5^{(1)} = N_{31}^{(1)}(y_2 - 0.4a_{0,b}^{(1)}) - N_4^{(1)}(y_1 - y) =$$
$$92.45\ \text{kN} \times (0.221\ \text{m} - 0.4 \times 0.111\ \text{m}) - 319.31\ \text{kN} \times (0.149\ \text{m} - 0.12\ \text{m}) =$$
$$7.067\ \text{kN} \cdot \text{m}$$

$$e_5^{(1)} = M_5^{(1)}/N_5^{(1)} = \frac{7.067\ \text{kN} \cdot \text{m}}{411.76\ \text{kN}} = 0.017\ \text{m}$$

$$N_{31}^{(2)} = 85.05\ \text{kN}$$

$$N_5^{(2)} = 327.64\ \text{kN} + 85.05\ \text{kN} = 412.69\ \text{kN}$$

$$\sigma_0^{(2)} = \frac{327.64 \times 10^{-3}\text{N}}{0.512\,6 \times 10^6\ \text{mm}^2} = 0.639\ \text{N/mm}^2$$

$$\sigma_0^{(2)}/f = \frac{0.639\ \text{N/mm}^2}{1.5\ \text{N/mm}^2} = 0.43$$

查表 3.9，$\delta_1^{(2)} = 6.14$，则

$$a_{0,b}^{(2)} = 6.14 \times \sqrt{\frac{500}{1.5}} = 112\ \text{mm}$$

$$\boldsymbol{M}_5^{(2)} = 85.05\ \text{kN} \times (0.221\ \text{m} - 0.4 \times 0.112\ \text{m}) - 327.64\ \text{kN} \times (0.149\ \text{m} - 0.12\ \text{m}) = 5.484\ \text{kN} \cdot \text{m}$$

$$e_5^{(2)} = \frac{5.484\ \text{kN} \cdot \text{m}}{412.69\ \text{kN}} = 0.013\ \text{m}$$

第二层截面 6—6 处

轴向力为上述荷载 N_5 与本层墙体自重之和。

$$N_6^{(1)} = 411.76\ \text{kN} + 1.2 \times 49.01\ \text{kN} = 470.57\ \text{kN}$$

$$N_6^{(2)} = 412.69\ \text{kN} + 1.35 \times 49.01\ \text{kN} = 478.85\ \text{kN}$$

④ 第一层截面 7—7 处

轴向力为上述荷载 N_6 与本层楼盖荷载之和。

$$N_{21}^{(1)} = 92.45\ \text{kN}$$

$$N_7^{(1)} = 470.57\ \text{kN} + 92.45\ \text{kN} = 563.02\ \text{kN}$$

$$\sigma_0^{(1)} = \frac{470.57 \times 10^3\ \text{N}}{1.8\ \text{m} \times 0.37\ \text{m} \times 10^6} = 0.707\ \text{N/mm}^2$$

$$\sigma_0^{(1)}/f = \frac{0.707\ \text{N/mm}^2}{1.5\ \text{N/mm}^2} = 0.47$$

查表 3.9，$\delta_1^{(1)} = 6.32$，则

$$a_{0,b}^{(1)} = 6.32 \times \sqrt{\frac{500}{1.5}} = 115\ \text{mm}$$

$$\boldsymbol{M}_7^{(1)} = \boldsymbol{N}_{21}^{(1)}(y - 0.4a_{0,b}^{(2)}) - \boldsymbol{N}_6^{(1)}(y_1 - y) = 92.45\ \text{kN} \times (0.185\ \text{m} - 0.4 \times 0.115\ \text{m}) - 470.57\ \text{kN} \times (0.185\ \text{m} - 0.149\ \text{m}) = -4.09\ \text{kN} \cdot \text{m}$$

$$e_7^{(1)} = \frac{4.09\ \text{kN} \cdot \text{m}}{563.02\ \text{kN}} = 0.007\ \text{m}$$

$$N_{21}^{(2)} = 85.05\ \text{kN}$$

$$N_7^{(2)} = 478.85\ \text{kN} + 85.05\ \text{kN} = 563.90\ \text{kN}$$

$$\sigma_0^{(2)} = \frac{478.85 \times 10^3\ \text{N}}{1.8\ \text{m} \times 0.37\ \text{m} \times 10^6} = 0.719\ \text{N/mm}^2$$

$$\sigma_0^{(2)}/f = \frac{0.719\ \text{N/mm}^2}{1.5\ \text{N/mm}^2} = 0.48$$

查表 3.9，$\delta_1^{(2)} = 6.36$，则

$$a_{0,b}^{(2)} = 6.36 \times \sqrt{\frac{500}{1.5}} = 116\ \text{mm}$$

$$N_7^{(2)} = 85.05\ \text{kN} \times (0.185\ \text{m} - 0.4 \times 0.116\ \text{m}) - 478.85\ \text{kN} \times (0.185\ \text{m} - 0.149\ \text{m}) = -5.45\ \text{kN} \cdot \text{m}$$

$$e_7^{(2)} = \frac{5.45\ \text{kN} \cdot \text{m}}{563.9\ \text{kN}} = 0.01\ \text{m}$$

⑤ 第一层截面 8—8 处

轴向力为上述荷载 N_7 与本层墙体自重之和。

$$N_8^{(1)} = 563.02\ \text{kN} + 1.2 \times 97.27\ \text{kN} = 679.74\ \text{kN}$$

$$N_8^{(2)} = 563.9\ \text{kN} + 1.35 \times 97.27\ \text{kN} = 695.21\ \text{kN}$$

(5) 第四层窗间墙承载力验算

① 第四层截面 1—1 处窗间墙受压承载力验算

第一组内力　$N_1^{(1)} = 121.36\ \text{kN}, e_1^{(1)} = 0.065\ \text{m}$

第二组内力　$N_1^{(2)} = 123.89\ \text{kN}, e_1^{(2)} = 0.063\ \text{m}$

对于第一组内力

$$e/h = \frac{0.065\ \text{m}}{0.24\ \text{m}} = 0.27$$

$$e/y = \frac{0.065\ \text{m}}{0.12\ \text{m}} = 0.54 < 0.6$$

$$\beta = H_0/h = \frac{3.3\ \text{m}}{0.24\ \text{m}} = 13.75$$

查表 3.6，$\varphi = 0.297$

按式(3.24)得

$\varphi Af = 0.297 \times 1.3\ \text{N/mm}^2 \times 1.8\ \text{m} \times 0.24\ \text{m} \times 10^3 = 166.80\ \text{kN} > 121.36\ \text{kN}$，满足要求。

对于第二组内力

$$e/h = \frac{0.063\ \text{m}}{0.24\ \text{m}} = 0.26$$

$$e/y = \frac{0.063\ \text{m}}{0.12\ \text{m}} = 0.52 < 0.6$$

$$\beta = 13.75$$

查表 3.6，$\varphi = 0.30$

按式(3.24)得

$\varphi Af = 0.30 \times 1.3\ \text{N/mm}^2 \times 1.8\ \text{m} \times 0.24\ \text{m} \times 10^3 = 168.48\ \text{kN} > 123.89\ \text{kN}$，也满足要求。

② 第四层截面 2—2 处窗间墙受压承载力验算

第一组内力　$N_2^{(1)} = 174.11\ \text{kN}, e_2^{(1)} = 0$

第二组内力　$N_2^{(2)} = 183.24\ \text{kN}, e_2^{(2)} = 0$

$e/h = 0, \beta = 13.75$，查表 3.6，$\varphi = 0.73$

按式(3.24)得

$\varphi Af = 0.73 \times 1.3\ \text{N/mm}^2 \times 1.8\ \text{m} \times 0.24\ \text{m} \times 10^3 = 409.97\ \text{kN} > 183.24\ \text{kN}$，满足要求。

③ 梁端支承处(截面 1—1) 砌体局部受压承载力验算

梁端设置尺寸为 740 mm × 240 mm × 300 mm 的预制刚性垫块。

$$A_b = a_b b_b = 0.24\ \text{m} \times 0.74\ \text{m} = 0.177\ 6\ \text{m}^2$$

第一组内力 $\sigma_0 = \dfrac{16.98 \times 1.2 \times 10^{-3}}{1.8 \times 0.24} = 0.047\ \text{MPa}, N_{51} = 100.98\ \text{kN}, a_{0,b} = 106\ \text{mm}$

$$N_0 = \sigma_0 A_b = 0.047\ \text{N/mm}^2 \times 0.177\ 6\ \text{m}^2 \times 10^3 = 8.35\ \text{kN}$$

$$N_0 + N_{51} = 109.33\ \text{kN}$$

$$e = N_{51}(y - 0.4a_{0,b})/(N_0 + N_{51}) = \frac{100.98\ \text{kN} \times (0.12\ \text{m} - 0.4 \times 0.106\ \text{m})}{109.33\ \text{kN}} = 0.071\,7\ \text{m}$$

$$e/h = \frac{0.071\,7\ \text{m}}{0.24\ \text{m}} = 0.299, \beta \leqslant 3 \text{时,查表 3.6}, \varphi = 0.48$$

$$A_0 = (0.74\ \text{m} + 2 \times 0.24\ \text{m}) \times 0.24\ \text{m} = 0.292\,8\ \text{m}^2$$

$$A_0/A_b = 1.694$$

$$\gamma = 1 + 0.35\sqrt{1.649 - 1} = 1.282 < 2,$$

$$\gamma_1 = 0.8\gamma = 1.026$$

$$\varphi\gamma_1 f A_b = 0.48 \times 1.026 \times 1.3\ \text{N/mm}^2 \times 0.177\,6\ \text{m}^2 \times 10^3 =$$

$$113.7\ \text{kN} > N_0 + N_{51} = 109.33\ \text{kN},\text{满足要求。}$$

对于第二组内力,由于 $a_{0,b}$ 相等,梁端反力略小些,对结构更有利些,因此采用 740 mm × 240 mm × 300 mm 的预制刚性垫块能满足局压承载力的要求。

(6) 第三层窗间墙承载力验算

① 窗间墙受压承载力验算结果列于表 5.8。

表 5.8　第三层窗间墙受压承载力验算结果

项目	第一组内力		第二组内力	
	截面		截面	
	3—3	4—4	3—3	4—4
N/kN	266.56	319.31	268.29	327.64
e/mm	26	0	23	0
e/h	0.11	—	0.10	—
y/mm	120	—	120	—
e/y	0.22	—	0.20	—
β	13.75	13.75	13.75	13.75
φ	0.50	0.728	0.516	0.728
A/m^2	0.432 > 0.3	0.432 > 0.3	0.432 > 0.3	0.432 > 0.3
$f/(\text{N} \cdot \text{mm}^{-2})$	1.3	1.3	1.3	1.3
φAf/kN	280.8 > 266.56	408.84 > 319.31	289.79 > 268.29	408.84 > 327.64
	满足要求		满足要求	

② 梁端支承处(截面 3—3) 砌体局部受压承载力验算

梁端设置尺寸为 740 mm × 240 mm × 300 mm 的预制刚性垫块。

第一组内力　　$\sigma_0 = 0.403\ \text{N/mm}^2, N_{41}^{(1)} = 92.45\ \text{kN}, a_{0,b} = 115\ \text{mm}$

$$N_0 = \sigma_0 A_b = 0.403\ \text{N/mm}^2 \times 0.177\,6\ \text{m}^2 \times 10^3 = 71.57\ \text{kN}$$

$$N_0 + N_{41} = 71.57\ \text{kN} + 92.45\ \text{kN} = 164.02\ \text{kN}$$

$$e = N_{41}(y - 0.4a_{0,b})/(N_0 + N_{41}) = \frac{92.45\ \text{kN} \times (0.12\ \text{m} - 0.4 \times 0.115\ \text{m})}{164.02\ \text{kN}} = 0.042\ \text{m}$$

$e/h = 0.17, \beta \leqslant 3$ 时，查表 3.6，$\varphi = 0.742$

由前面计算结果可知 $\gamma_1 = 1.026$

$\varphi\gamma_1 f A_b = 0.742 \times 1.026 \times 1.3\ \text{N/mm}^2 \times 0.1776\ \text{m}^2 \times 10^3 = 175.77\ \text{kN} > 164.02\ \text{kN}$

满足要求。

对于第二组内力，$\sigma_0 = 0.424\ \text{N/mm}^2, N_{41}^{(1)} = 85.05\ \text{kN}, a_{0,b} = 116\ \text{mm}$。这组内力与上组内力相比，$a_{0,b}$ 基本相等，而梁端反力却小些，这对局压受力更加有利，因此采用该刚性垫块能满足局压承载力的要求。

(7) 第二层窗间墙承载力验算

① 窗间墙受压承载力验算结果列于表 5.9

表 5.9　第二层窗间墙受压承载力验算结果

项目	第一组内力		第二组内力	
	截面		截面	
	5—5	6—6	5—5	6—6
N/kN	411.76	470.57	412.69	478.85
e/mm	17	0	13	0
e/h	17/328 = 0.05	—	13/328 = 0.04	—
y/mm	221	—	221	—
e/y	17/221 = 0.08	—	13/221 = 0.06	—
β	10.1	10.1	10.1	10.1
φ	0.76	0.87	0.78	0.87
A/m^2	0.5126	0.5126	0.5126	0.5126
$f/(\text{N} \cdot \text{mm}^{-2})$	1.5	1.5	1.5	1.5
φAf/kN	584.36 > 411.76	668.94 > 470.57	599.74 > 412.69	668.94 > 478.85
	满足要求		满足要求	

② 梁端支承处(截面 5—5) 砌体局部受压承载力验算

梁端设置尺寸为 620 mm × 370 mm × 240 mm 的预制刚性垫块。

$$A_b = 0.62\ \text{m} \times 0.37\ \text{m} = 0.2294\ \text{m}^2$$

通过分析前面的计算结果发现，墙顶部梁底面处的承载力由第一组内力组合控制，墙底面处的承载力则由第二组内力组合控制。

$$N_0 = \sigma_0 A_b = 0.623\ \text{N/mm}^2 \times 0.2294\ \text{m}^2 \times 10^3 = 142.92\ \text{kN}$$

$$N_0 + N_{31} = 142.92\ \text{kN} + 92.45\ \text{kN} = 235.37\ \text{kN}$$

$$e = \frac{92.45\ \text{kN} \times (0.185\ \text{m} - 0.4 \times 0.111\ \text{m})}{235.37\ \text{kN}} = 0.055\ \text{m}$$

$$e/h = \frac{0.055\ \text{m}}{0.37\ \text{m}} = 0.15\text{，按}\ \beta \leqslant 3\ \text{时，查表 3.5，}\varphi = 0.79$$

$A_0 = 0.62\ \text{m} \times 0.37\ \text{m} = 0.229\ 4\ \text{m}^2$(只计壁柱面积)，并取 $\gamma_1 = 1.0$，则

$$\varphi\gamma_1 f A_b = 0.79 \times 1.0 \times 1.5\ \text{N/mm}^2 \times 0.229\ 4\ \text{m}^2 \times 10^3 = 271.84\ \text{kN} >$$

$$N_0 + N_{31} = 235.37\ \text{kN}\text{，满足局压承载力的要求。}$$

(8) 第一层窗间墙承载力验算

① 窗间墙受压承载力验算结果列于表 5.10

表 5.10　第一层窗间墙受压承载力验算结果

项目	第一组内力		第二组内力	
	截面		截面	
	7—7	8—8	7—7	8—8
N/kN	563.02	679.74	563.90	695.21
e/mm	7	—	10	—
e/h	7/370 = 0.02	—	10/370 = 0.03	—
y/mm	185	—	185	—
β	12.2	12.2	12.2	12.2
φ	0.77	0.82	0.76	0.82
A/m^2	0.666	0.666	0.666	0.666
$f/(\text{N}\cdot\text{mm}^{-2})$	1.5	1.5	1.5	1.5
φAf/kN	769.23 > 563.02	819.18 > 679.74	759.24 > 563.90	819.18 > 695.21
	满足要求		满足要求	

② 梁端支承处(截面 7—7) 砌体局部受压承载力验算

梁端设置尺寸为 490 mm × 370 mm × 180 mm 的预制刚性垫块。

$$A_b = a_b b_b = 0.49\ \text{m} \times 0.37\ \text{m} = 0.181\ \text{m}^2$$

第一组内力　　$\sigma_0 = 0.707\ \text{N/mm}^2, N_{21} = 92.45\ \text{kN}, a_{0,b} = 115\ \text{mm}$

$$N_0 = \sigma_0 A_b = 0.707\ \text{N/mm}^2 \times 0.181\ \text{m}^2 \times 10^3 = 127.97\ \text{kN}$$

$$N_0 + N_{21} = 127.97\ \text{kN} + 92.45\ \text{kN} = 220.4\ \text{kN}$$

$$e = \frac{92.45\ \text{kN} \times (0.185\ \text{m} - 0.4 \times 0.115\ \text{m})}{220.42\ \text{kN}} = 0.058\ \text{m}$$

$$e/h = \frac{0.058\ \text{m}}{0.37\ \text{m}} = 0.16\text{，按}\ \beta \leqslant 3\ \text{时，查表 3.5，}\varphi = 0.77$$

$$A_0 = (0.49\ \text{m} + 2 \times 0.37\ \text{m}) \times 0.37\ \text{m} = 0.455\ \text{m}^2$$

$$A_0/A_b = \frac{0.455\ \text{m}^2}{0.181\ \text{m}^2} = 2.514$$

$$\gamma = 1 + 0.35\sqrt{2.514 - 1} = 1.431 < 2, \gamma_1 = 0.8\gamma = 1.145$$

$$\varphi\gamma_1 f A_b = 0.77 \times 1.145 \times 1.5\ \text{N/mm}^2 \times 0.181\ \text{m}^2 \times 10^3 = 239.37\ \text{kN} > 220.42\ \text{kN}$$

满足要求。

对于第二组内力，由于 $a_{0,b}$ 基本接近且 N_{2l} 较小，因此采用该刚性垫块仍能满足局压承载力的要求。

3. 横墙承载力计算

以轴线③上的横墙为例，横墙上承受由屋面和楼面传来的均布荷载，可取1 m宽的横墙进行计算，其受荷面积为1 m × 3.6 m = 3.6 m²。由于该横墙为轴心受压构件，随着墙体材料、墙体高度不同，可只验算第三层的截面4—4、第二层的截面6—6以及第一层的截面8—8的承载力。

(1) 荷载计算

取一个计算单元，作用于横墙的荷载标准值如下。

屋面恒荷载

$$4.896\ \text{kN/m}^3 \times 3.6\ \text{m}^2 = 17.63\ \text{kN/m}$$

屋面活荷载

$$2.0\ \text{kN/m}^3 \times 3.6\ \text{m}^2 = 7.2\ \text{kN/m}$$

二、三、四层楼面恒荷载

$$3.06\ \text{kN/m}^3 \times 3.6\ \text{m}^2 = 11.02\ \text{kN/m}$$

二、三、四层楼面活荷载

$$3.0\ \text{kN/m}^3 \times 3.6\ \text{m}^2 = 10.8\ \text{kN/m}$$

二、三、四层墙体自重

$$5.24\ \text{kN/m}^3 \times 3.3\ \text{m}^2 = 17.29\ \text{kN/m}$$

一层墙体自重

$$5.24\ \text{kN/m}^3 \times 4.5\ \text{m}^2 = 23.58\ \text{kN/m}$$

(2) 控制截面内力计算

① 第三层截面 4—4 处

轴向力包括屋面荷载、第四层楼面荷载和第三、四层墙体自重。

$$N_4^{(1)} = 1.2 \times (17.63\ \text{kN/m} + 11.02\ \text{kN/m} + 2 \times 17.29\ \text{kN/m}) + 1.4 \times (7.2\ \text{kN/m} + 10.8\ \text{kN/m}) = 101.08\ \text{kN/m}$$

$$N_4^{(2)} = 1.35 \times (17.63\ \text{kN/m} + 11.02\ \text{kN/m} + 2 \times 17.29\ \text{kN/m}) + 1.4 \times 0.7 \times (7.2\ \text{kN/m} + 10.8\ \text{kN/m}) = 103.0\ \text{kN/m}$$

② 第二层截面 6—6 处

轴向力为上述荷载 N_4 和第三层楼面荷载及第二层墙体自重之和。

$$N_6^{(1)} = 101.08\ \text{kN/m} + 1.2 \times (11.02\ \text{kN/m} + 17.29\ \text{kN/m}) + 1.4 \times 10.8\ \text{kN/m} = 150.17\ \text{kN/m}$$

$$N_6^{(2)} = 103.0\ \text{kN/m} + 1.35 \times (11.02\ \text{kN/m} + 17.29\ \text{kN/m}) + 1.4 \times 0.7 \times 10.8\ \text{kN/m} = 151.80\ \text{kN/m}$$

③ 第一层截面 8—8 处

轴向力为上述荷载和第二层楼面荷载及第一层墙体自重之和。

$$N_8^{(1)} = 150.17\ \text{kN/m} + 1.2 \times (11.02\ \text{kN/m} + 23.58\ \text{kN/m}) + 1.4 \times 10.8\ \text{kN/m} = 206.81\ \text{kN/m}$$

$$N_8^{(2)} = 151.80\ \text{kN/m} + 1.35 \times (11.02\ \text{kN/m} + 23.58\ \text{kN/m}) + 1.4 \times 0.7 \times 10.8\ \text{kN/m} = 209.09\ \text{kN/m}$$

(3) 横墙承载力验算

① 第三层截面 4—4 处

$e/h = 0, \beta = \dfrac{3.3\ \text{m}}{0.24\ \text{m}} = 13.75$,查表 3.6,$\varphi = 0.73, A = 1\ \text{m} \times 0.24\ \text{m} = 0.24\ \text{m}^2$

$\varphi Af = 0.73 \times 1.3\ \text{N/mm}^2 \times 0.24\ \text{m}^2 \times 10^3 = 227.76\ \text{kN} > 103\ \text{kN}$,满足要求。

② 第二层截面 6—6 处

$e/h = 0, \beta = 13.75$,查表 3.5,$\varphi = 0.78$

$\varphi Af = 0.78 \times 1.5\ \text{N/mm}^2 \times 0.24\ \text{m}^2 \times 10^3 = 280.8\ \text{kN} > 151.80\ \text{kN}$,满足要求。

③ 第一层截面 8—8 处

$e/h = 0, \beta = \dfrac{4.5\ \text{m}}{0.24\ \text{m}} = 18.75$,查表 3.5,$\varphi = 0.65$

$\varphi Af = 0.65 \times 1.5\ \text{N/mm}^2 \times 0.24\ \text{m}^2 \times 10^3 = 234\ \text{kN} > 209.09\ \text{kN}$,满足要求。

上述验算结果表明,该横墙有较大的安全储备,显然其他横墙的承载力均不必验算。

本章小结

(1) 混合结构房屋的结构布置,根据荷载传递路线的不同,可分为横墙承重、纵墙承重、纵横墙承重、内框架承重四种布置方案。

(2) 对于砌体结构设计中的墙、柱来说,不论其是承重构件还是非承重构件,都必须满足高厚比的规定要求。这是因为高厚比验算是保证墙柱在施工和使用期间稳定性的一项重要构造措施。

所谓高厚比就是墙、柱的高度和其厚度的比值。

(3) 混合结构房屋墙柱高厚比可按下述方法进行验算

① 一般墙、高厚比验算

$$\beta = \frac{H_0}{h} \leqslant \mu_1\mu_2[\beta]$$

② 带壁柱墙高厚比验算

整片墙:

$$\beta = \frac{H_0}{h_T} \leqslant \mu_1\mu_2[\beta]$$

壁柱间墙:

$$\beta = \frac{H_0}{h} \leqslant \mu_1\mu_2[\beta]$$

③ 带构造柱墙高厚比验算

整片墙:

$$\beta = \frac{H_0}{h} \leqslant \mu_1\mu_2\mu_c[\beta]$$

构造柱间墙：

$$\beta = \frac{H_0}{h} \leqslant \mu_1\mu_2[\beta]$$

(4) 混合结构房屋根据空间作用大小的不同，可分为3种静力计算方案：刚性方案（空间作用较大，$\eta \leqslant 0.33$），弹性方案（空间作用很小，$\eta > 0.77$），刚弹性方案（空间作用介于刚性和弹性方案之间，$0.33 < \eta \leqslant 0.77$）。

(5) 单层房屋承重墙的计算

① 刚性方案的计算简图：纵墙、柱下端在基础顶面处固接，上端与屋面梁为不动铰支座，在荷载作用下的内力按结构力学方法确定。

② 弹性方案的计算简图：纵墙、柱下端嵌固于基础顶面，上端与屋架铰接的有侧移平面排架；在水平风荷载作用力下内力可采用两步叠加法计算。

③ 刚弹性方案的计算简图：在弹性方案基础上，考虑空间作用，在柱顶处加一弹性支座；其内力计算仍采用两步叠加法进行。

④ 选取墙柱的三个控制截面，进行截面承载力验算。

(6) 多层房屋承重墙的计算

① 多层房屋承重纵墙的计算

当仅考虑竖向荷载时，墙体在每层高度范围内均可简化为两端铰支的竖向构件，再按简支构件计算内力，选取墙体两个控制截面，进行截面承载力验算。在水平荷载作用下，则视作竖向连续梁。

② 多层房屋承重横墙的计算

多层房屋承重横墙的计算在每层高度范围内仍可简化为两端铰支的竖向构件，再按简支构件计算内力。

(7) 多层刚弹性方案的计算简图类似于单层刚弹性方案，在每层横梁与柱顶连接处加一弹性支座，然后采用两部叠加法计算其内力。

思考题

5.1 混合结构房屋有哪几种承重形式？各自的特点是什么？

5.2 刚性、刚弹性、弹性三种静力计算方案有哪些不同点？

5.3 混合结构房屋的墙、柱为何应进行高厚比验算？带壁柱墙和带构造柱墙的高厚比如何验算？

5.4 引起墙体开裂的原因有哪些？采取哪些措施可防止或减轻墙体开裂？

5.5 弹性方案和刚性方案房屋墙、柱内力分析方法上有哪些相同点和不同点？

习　题

5.1 某刚弹性方案房屋的砖柱截面为 490 mm × 620 mm，计算高度为 3.9 m，采用烧结页岩砖 MU10 和混合砂浆 M5 砌筑，施工质量控制等级为 B 级。试验算该柱的高厚比是否满足要求？

5.2 某单跨房屋墙的壁柱间距为 4 m，中间开有宽为 1.8 m 的窗，壁柱高度（从基础顶面开始计算）为 5.4 m，房屋属刚弹性方案。试验算带壁柱墙的高厚比（砂浆强度等级为 M2.5）。

5.3 某单层单跨厂房，壁柱间距 6 m，全长 14 × 6 m = 84 m，跨度为 15 m，如图 5.21 所示（无吊车作用)。屋面采用预制钢筋混凝土大型屋面板,墙体采用MU10烧结页岩砖、M5混合砂浆砌筑,施工质量控制等级为B级。试验算墙体的高厚比。

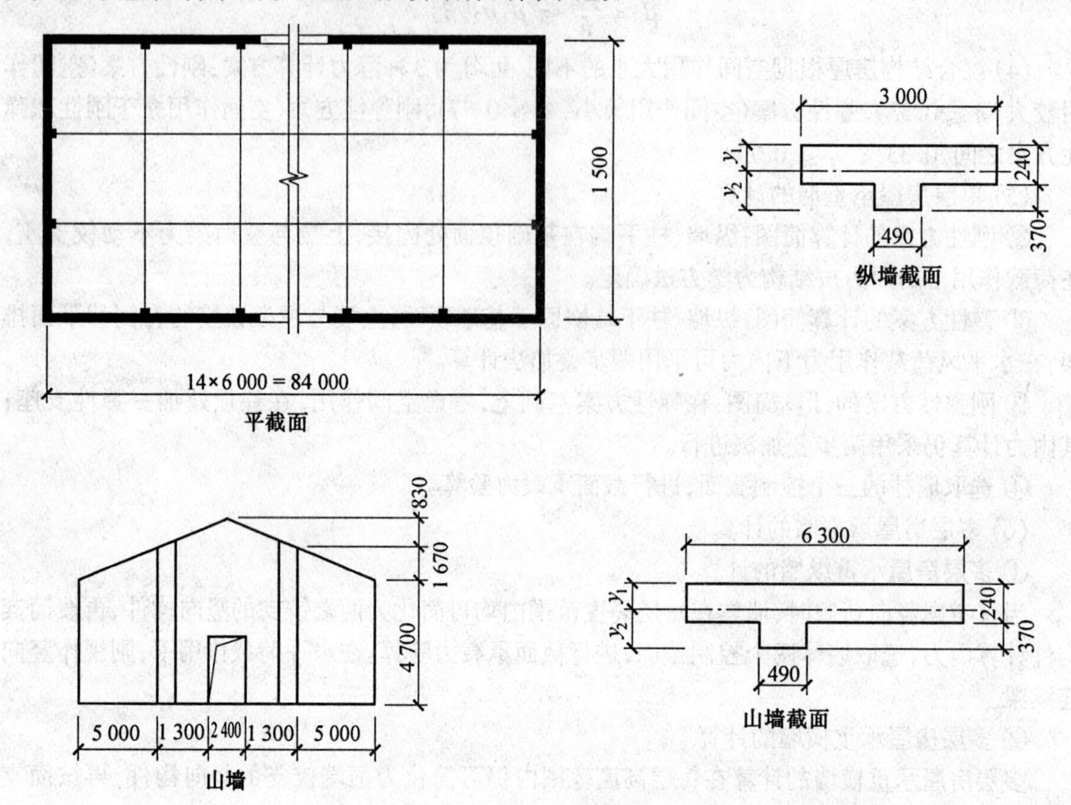

图 5.21　习题 5.3 附图(单位:mm)

第6章　配筋砌块砌体剪力墙结构设计

6.1　配筋砌块砌体剪力墙体系

配筋砌块砌体结构体系可提高砌体强度,减少截面尺寸,增加结构(构件)的整体性,同时节省钢材、施工速度快、施工周期短、施工效率高、不需要支模、耐火性能好,为此在将来会有非常好的发展前景。

配筋砌块砌体结构体系是一种"预制装配整体式钢筋混凝土剪力墙结构",是在带有凹槽的专用配筋砌块内布置水平钢筋,在砌块的孔洞内布置纵向钢筋,形成纵横向的钢筋网格。竖向钢筋一般插入砌块砌体上下贯通的孔中,用灌孔混凝土灌实充分锚固,配筋砌体的灌孔率一般大于50%。配筋砌块墙体在受力模式上类同于混凝土剪力墙结构,即由配筋砌块剪力墙承受结构的竖向和水平作用,是结构的承重和抗侧力构件。由于配筋砌块砌体的强度高、延性好,可用于大开间和高层建筑结构。配筋砌块剪力墙结构在地震设防烈度为6度、7度、8度和9度地区建造房屋的允许层数可达到18层、16层、14层和8层。

为适应各种不同建筑功能的需要,同时满足国家现行规范的有关设计要求,现在应用的配筋砌块砌体剪力墙结构,主要有3种结构形式:配筋砌块砌体剪力墙结构、配筋砌块砌体短肢剪力墙结构、大开间配筋砌块砌体剪力墙结构。下面分别介绍这3种结构形式的结构布置。

6.1.1　结构布置的总体要求

配筋砌块砌体剪力墙房屋的结构布置应符合抗震设计规范的有关规定,避免出现不规则建筑结构方案,并应符合下列要求。

(1)平面形状宜简单、规则、凹凸不宜过大,竖向布置宜规则、均匀,避免过大的外挑和内收。

(2)纵横方向的剪力墙宜拉通对齐,每个墙段不宜太长,较长的剪力墙可用楼板或弱连梁分为若干个墙段,每个墙段的总高度与墙段长度之比不宜小于2。门窗洞口上下对齐、成列布置。

(3)抗震墙的最大间距在6度、7度、8度时,分别为15 m、13 m、11 m。

6.1.2　配筋砌块砌体剪力墙结构的结构布置

混凝土砌块标准块尺寸为390 mm×190 mm×190 mm,孔隙率为46%,重18 kg,相当于9.6块标准砖,砌块墙体自重比240 mm和370 mm厚黏土砖墙分别减轻30%和50%,不仅减轻了基础的负载,易于地基处理,减少了施工中的材料运输量,也增大了结构的地震可靠度。

1.建筑模数

要结合标准砌块本身尺寸的特点,平面和层高模数均采用2M制,不同于通常使用的3M

制,包括平面开间尺寸、进深尺寸、墙垛尺寸、门窗洞口尺寸等。在"T"形墙处,门窗洞口垛尺寸要为 100 mm 的奇数倍。这样以标准型号的砌块为主,尽量地减少砌块型号,便于砌块的生产和施工方便。层高可以为 2 800 mm、3 000 mm 等。

2.砌块块型和排块组合设计

承重砌块包括主规格砌块、辅助砌块、清扫孔砌块、配筋专用砌块,主砌块的基本规格为 190 mm × 290 mm × 190 mm,壁厚 30 mm,肋厚 30 mm,肋上部开槽深 60 mm,宽 120 mm。砌块端部要平整,不要有凹槽。本工程基本选用了 6 种块型,如图 6.1 所示基本满足各部位的要求。

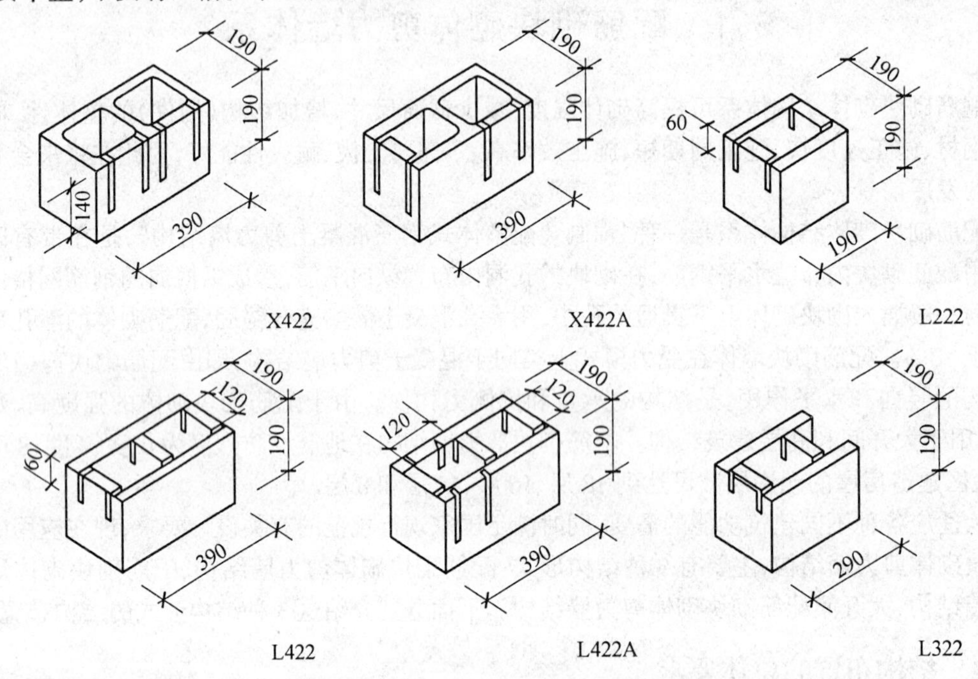

图 6.1　砌块的 6 种块形(单位:mm)

排块组合设计主要解决的是水平钢筋的布置,垂直孔洞的对位,灌芯混凝土的浇筑,砌块的组合砌法。每层墙体的第一皮砌块为 U 型清扫孔砌块,便于孔洞中散落的砂浆和杂物的清扫及芯柱钢筋的绑扎。砌块排放要孔对孔、肋对肋,而且要错缝搭接,搭接长度不小于 190 mm,为标准块之半。竖向不能有通缝,个别部位不可避免时,最多只能有两皮通缝,而且要在通缝处设钢筋网片或水平钢筋。在"T"字、"十"字交叉部位,要用 190 mm × 390 mm × 190 mm的砌块咬槎交错搭砌,避免出现通缝。

门窗垛、各专业洞口、过梁等部位要做好排块设计,尽量采用主规格的砌块,减少使用种类。有固定埋件的部位砌块,要用混凝土灌实。

3.建筑相关构造设计

砌块本身是工厂生产的成品,在施工过程中,不能像黏土砖一样的随意地砍砖,在墙上凿洞、开槽。门窗两侧要设芯柱便于门窗安装,门窗等的安装件要在墙体砌筑中事先进行预埋或用机械钻孔埋膨胀螺栓。严禁用冲击钻钻孔或射钉枪安装,如图 6.2 所示。电气管线竖向在没有芯柱钢筋的孔洞内设置,水平管线在楼板内设置。电气接线盒或开关盒位置设开口块或用机械切割锯现场切 100 mm × 100 mm 的预留口。较大和集中设置的管线设管道井,在暖卫设备的安装范围内,砌块孔洞要全部灌实,设备可事先设预埋件或用膨胀螺栓安装。女儿墙沿墙长方向设分隔缝。

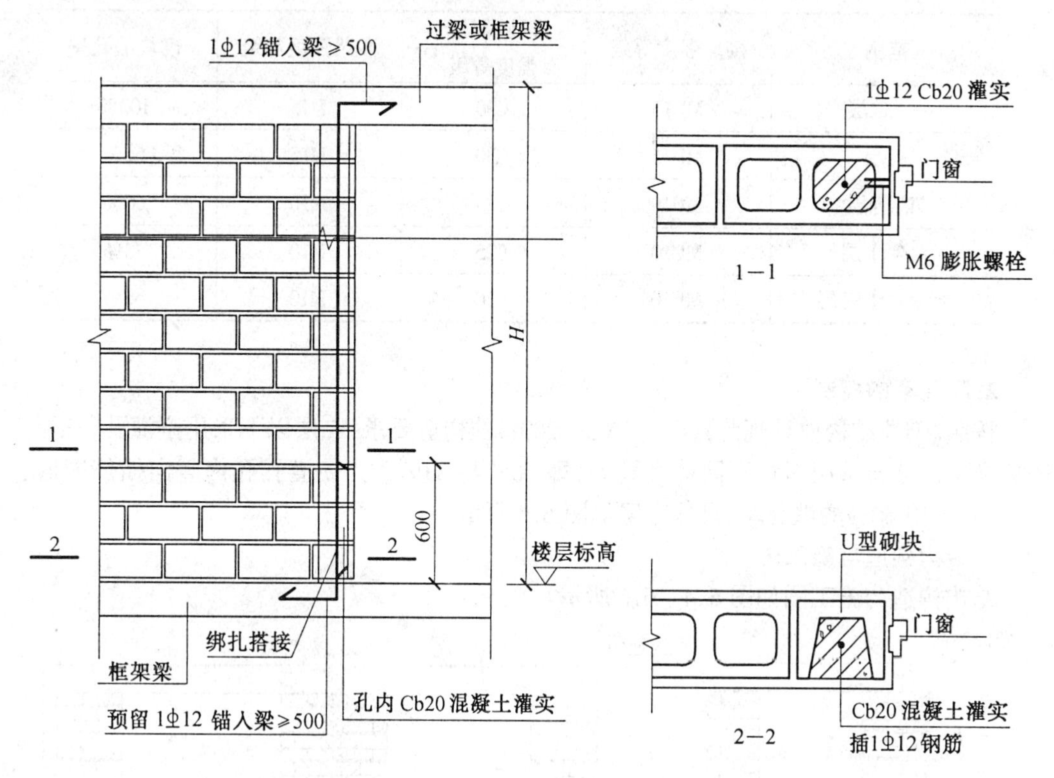

图 6.2　门窗两侧设芯柱(单位:mm)

4.建筑节能外保温设计

建筑采用外墙外保温设计,外保温材料采用高效的 EPS 外保温技术,节能设计达到 50%的要求。在外墙面黏贴 70 mm 厚的聚苯板,采用钉黏结合工艺,在个别薄弱部位进行加强处理。聚苯板要求密度不小于 20 kg/m^3,阻燃型,导热系数小于 0.041 W/(m·K)。

按节能 50%的要求,建筑物的体型系数控制在 0.3 以内,屋面采用 100 mm 厚的聚苯板保温层,传热系数为 0.35,满足小于 0.5 要求。窗采用双玻充氩气塑钢窗,传热系数均小于 2.5。

6.1.3　承重结构布置

某工程上部结构共 13 层,层高均为 2.8 m,承重墙体均采用 190 mm 厚配筋砌块砌体,每楼层砌体沿高度方向共砌筑 13 皮砌块,高 2.6 m。在每个楼层相同标高处,沿 190 mm 厚各道墙体设置了封闭圈梁(梁高 200 mm),使其在无洞口处为墙梁,在洞口处为连梁,配合现浇钢筋混凝土实心楼板,对增强房屋的整体性起了很好的作用。

1.强度等级的确定

结合目前砌块生产发展水平,在满足配筋砌体受力要求的前提下,适当降低砌块的强度等级,以提高砌块的使用,降低生产成本,墙体材料沿竖向楼层分布详见表 6.1。

表 6.1　墙体材料沿竖向楼层分布

范围	砌块强度等级	灌孔混凝土强度等级	砂浆强度等级	砌块灌孔率
一、二层	MU15	C30	M15	100%
三层	MU15	C30	M15	66%
四、五层	MU10	C25	M10	66%
六～十层	MU10	C25	M10	33%
十一～十三层	MU10	C20	M10	66%

2.灌孔率的控制

按照《砌体结构设计规范》(GB 50003—2001)的构造要求,二层以下采用全灌孔,三层以上按标准层的分布采用两种不同的灌孔率,即 66%与 33%。为使灌孔孔内竖向插筋能通长布置,没有采用 50%的灌孔率,具体布置如图 6.3 所示。

3.结构构造与施工图

结构构造与施工图如图 6.4～6.6 所示。

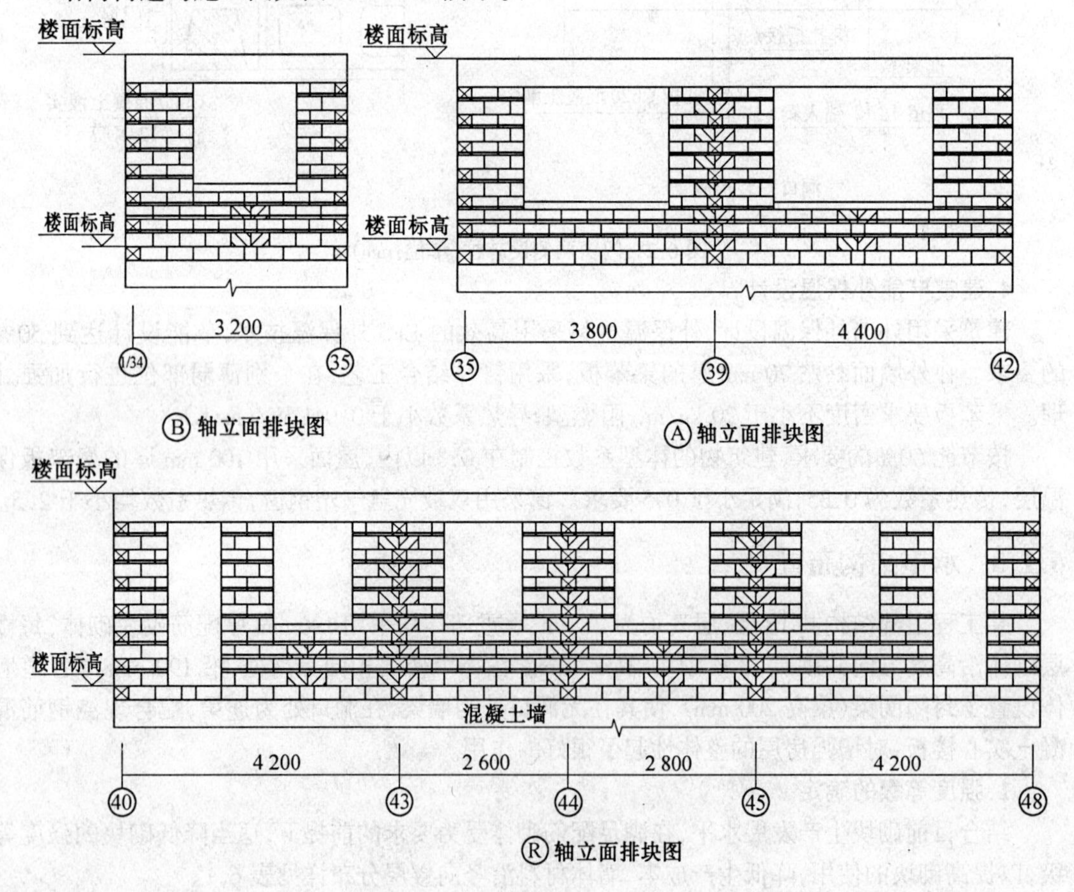

图 6.4　墙体竖向排块(单位:mm)

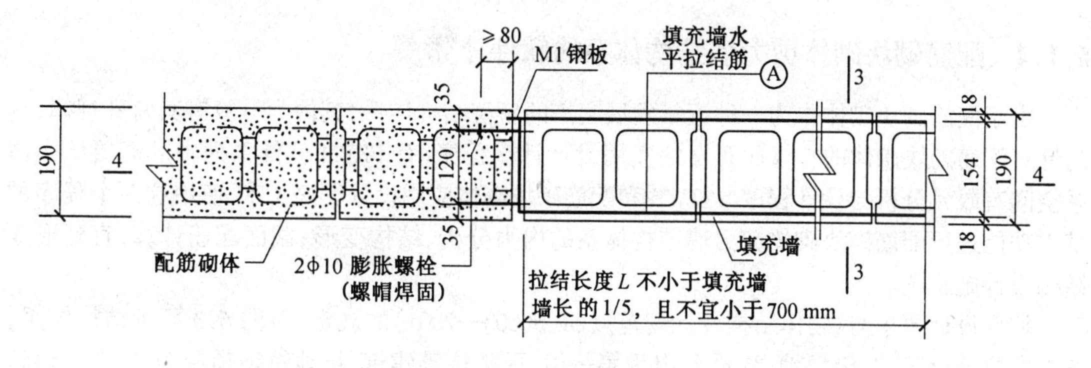

图6.5　承重墙与非承重墙结合(单位:mm)

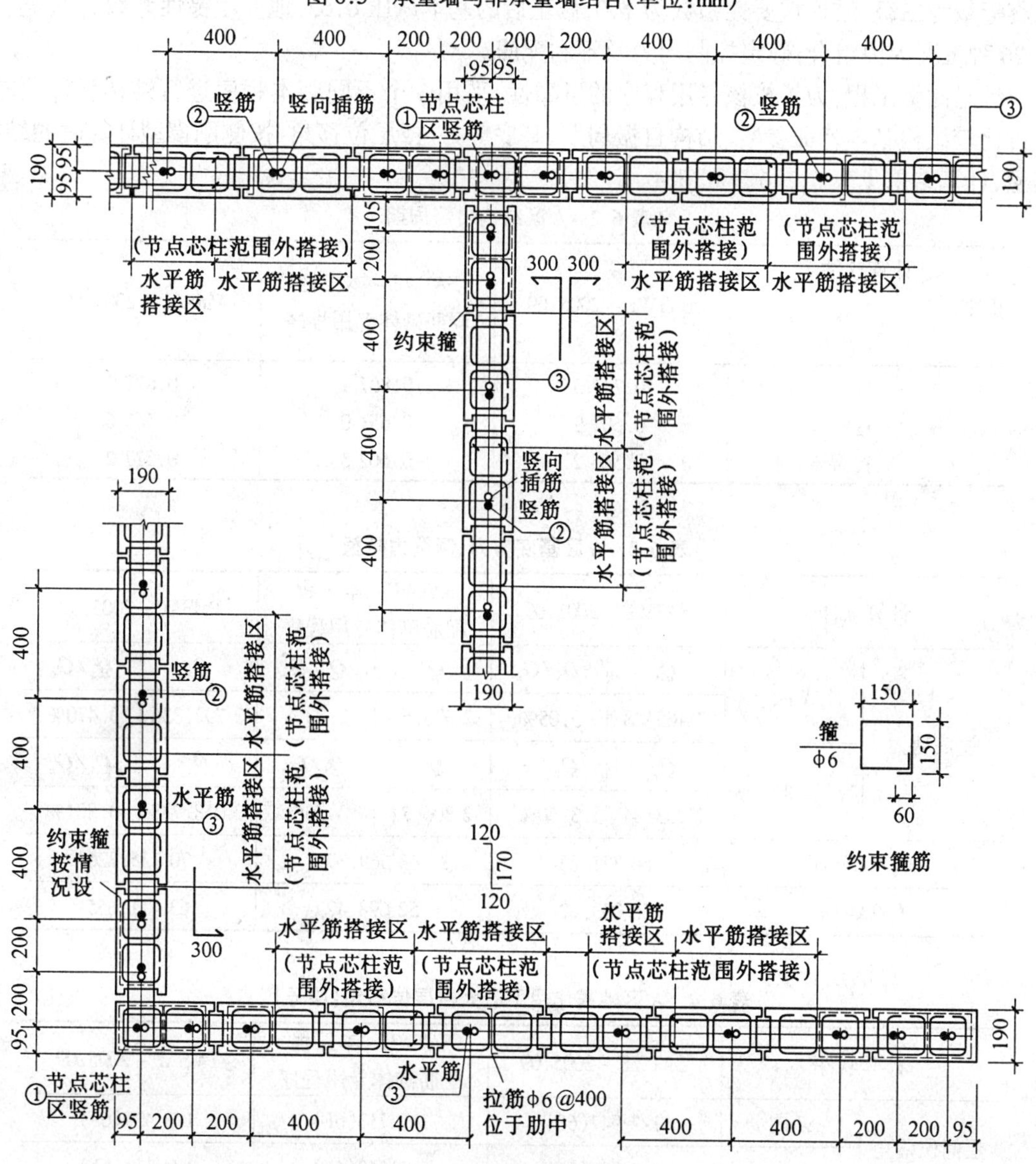

图6.6　芯柱配筋大样图(单位:mm)

6.1.4 配筋砌块砌体剪力墙结构体系的软件计算

由于配筋砌块砌体作为一种近年发展起来的新型结构体系，其内力计算有其特殊规律，专门针对配筋砌块砌体的特性而开发的实用设计计算程序，有 PKPM 软件系列中的高层结构体系空间有限元分析与设计程序 SATWE 和配筋砌块砌体应用设计程序 QIK，使用这两个程序的基本功能进行配筋砌块砌体剪力墙结构体系的内力分析、结构变形、截面配筋计算，直到形成结构设计施工图。

按照设计要求与《砌体结构设计规范》(GB 50003—2001)的规定，对图 6.3 所示结构体系，按 7 度抗震设防，Ⅱ级场地，地震分组为第一组，丙类抗震建筑，场地特征周期为 0.35 s，建筑抗震等级为二级，结构重要性系数为 1.0，修正后的基本风压 0.65，地面粗糙性系数为 C 类，采用 26 种工况内力组合，确定控制内力及不利配筋。

针对此例工程，为了校核专用程序的可靠性，采用 3 个不同版本程序进行结构设计比较，分析比较结构基本特征参数、结构自振周期、基底剪力、楼层位移角、按侧刚模型计算时的结构震型，计算结果见表 6.2、6.3 和 6.4。

表 6.2 A 区结构自震周期

计算软件 / 周期/s	SATWE - 2005.09	SATWE - 本工程配筋砌体专用程序	PMSAP - 2005.09
T_1	0.747 3	0.807 1	0.671 0
T_2	0.601 9	0.651 0	0.565 6
T_3	0.566 2	0.602 5	0.517 2

表 6.3 A 区基底剪力、倾覆力矩值

计算软件		SATWE - 2005.09		SATWE - 本工程配筋砌体专用程序		PMSAP - 2005.09	
基底剪力	X 向	Q_x	Q_x/G_e	Q_x	Q_x/G_e	Q_x	Q_x/G_e
		2 465.28	3.05%	2 376.61	2.83%	2 792.336	3.470%
	Y 向	Q_y	Q_y/G_e	Q_y	Q_y/G_e	Q_y	Q_y/G_e
		2 903.44	3.60%	2 806.74	3.35%	3 058.738	3.801%
M_y/(kN·m)		66 321.83		63 569.37		70 735.226	
M_x/(kN·m)		55 053.82		52 698.42		63 411.655	

表 6.4 A 区地震作用下最大楼层位移角(层号)

计算软件		SATWE - 2005.09	SATWE - 本工程配筋砌体专用程序	PMSAP - 2005.09
层间位移角	X 向	1/2 947(6F)	1/2 713(6F)	1/3 429(6F)
	Y 向	1/3 979(6F)	1/3 563(6F)	1/4 114(6F)

根据以上各类计算,可以认为:

(1) 经多种程序对比分析,结构层间位移及顶点位移均可满足砌体规范不大于 1/1 000 的要求。

(2) 经多种程序的对比分析结果中的结构自振周期,结构基底剪力,倾覆力矩基本接近。

(3) 数据显示,该结构两向地震反应接近,并且竖向刚度及楼层承载力变化均匀,有利于建筑物的抗震。

6.1.5　短肢剪力墙结构体系的结构布置

在住宅小区中常见的 10 层以上中、高层混凝土短肢墙结构体系,这种结构体系是由异形柱框架结构改造而出现的,它的承重墙与非承重墙围成的房间平整、规则,不像框架结构内露柱角。既解决了砖混结构不能高过 7 层,又比混凝土全剪力墙结构造价低,同时用空心非承重砌块做隔墙,可提高墙体的隔声能力,降低声音污染,提高居住的生活质量,是一种用混凝土材料取代黏土砖,在中、高层居住建筑中的理想过渡结构体系。但进一步由配筋砌块砌体取代混凝土的短肢墙结构将是一种更理想的首选结构体系,因为配筋砌块砌体与混凝土具有类似的结构性能和应用范围,而施工过程又不需要模板,更主要的是由于单排布置构造筋与双排布置构造筋的差异,单位墙体的钢筋用量可减少一半,显然会进一步降低造价。

1.短肢剪力墙结构布置

在结构布置方面要注意调整墙肢的尺寸以满足结构构造与排块的需要。如果上部结构的层高均为 2.8 m,除去建筑面层和楼层梁(梁高 0.30 m),要确定每层砌体沿高度方向共需砌筑多少皮砌块方能满足层高要求。沿墙高每隔一定皮数,在砌体的水平凹槽内放置 2 根水平钢筋。在砌体的端部及纵横墙交接处设置集中的节点芯柱区(相当于剪力墙的暗柱区),即在墙的尽端(洞口)设置 2 个孔芯柱,对“L”形转角处设 5 个孔芯柱,对“T”形交接处设 4 个孔芯柱,节点芯柱的每个孔洞内设置 1 根竖向垂直钢筋。在墙的非节点芯柱区每隔 400 mm 在孔洞内设置 1 根竖向垂直分布钢筋。为了确保外部砌块与内部灌芯混凝土的共同协调工作,还在砌块的肋上,节点芯柱区每孔放置 1 个焊接封闭约束箍筋,非节点芯柱区每隔 400 mm 设置“Z ”形拉结筋。节点芯柱区布置的封闭环状约束箍筋,同时还起到增强构件端部承受压缩变形的作用。砌体钢筋的搭接长度与锚固长度均按设计规范要求确定,上下分二点进行绑扎固定,上部在圈梁底部,下部在清扫孔内,凹槽内的水平钢筋在节点芯柱区外按 $48d$ 搭接,钢筋锚固为 $40d$(d 为钢筋直径)。

2.应注意的问题

与混凝土短肢墙一样,在承重墙肢与填充墙结合部位处理不当可能导致开裂,这是住户最关心的问题。除了沿用混凝土短肢墙设拉结筋的办法外,还可通过选择与承重砌块块型标准一致的非承重砌块,并且采用齿型竖缝连结砌筑的方法就能很好地解决这一问题。

3.结构构造与施工图

结构构造与施工图如图 6.7～6.9 所示。

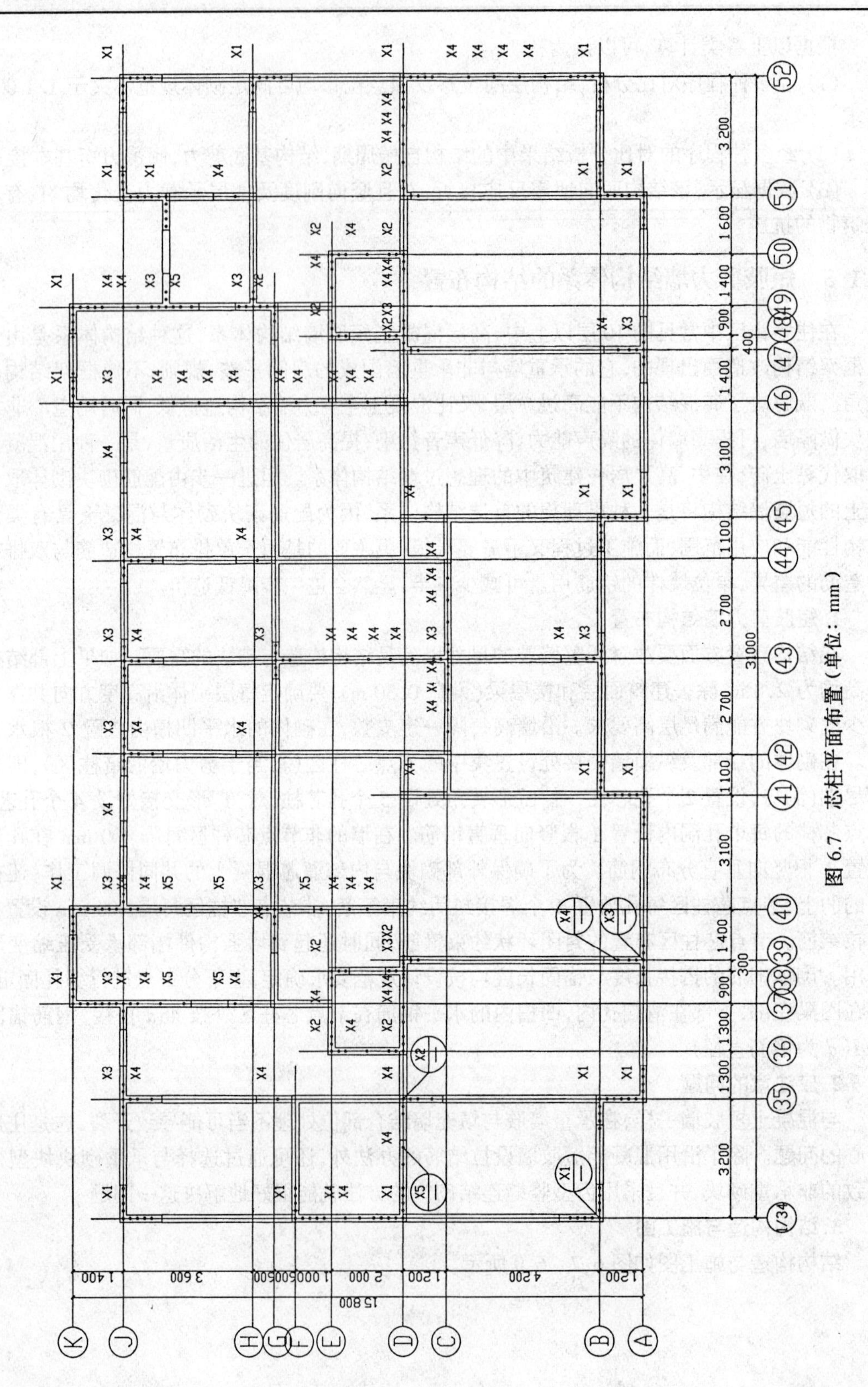

图 6.7 芯柱平面布置（单位：mm）

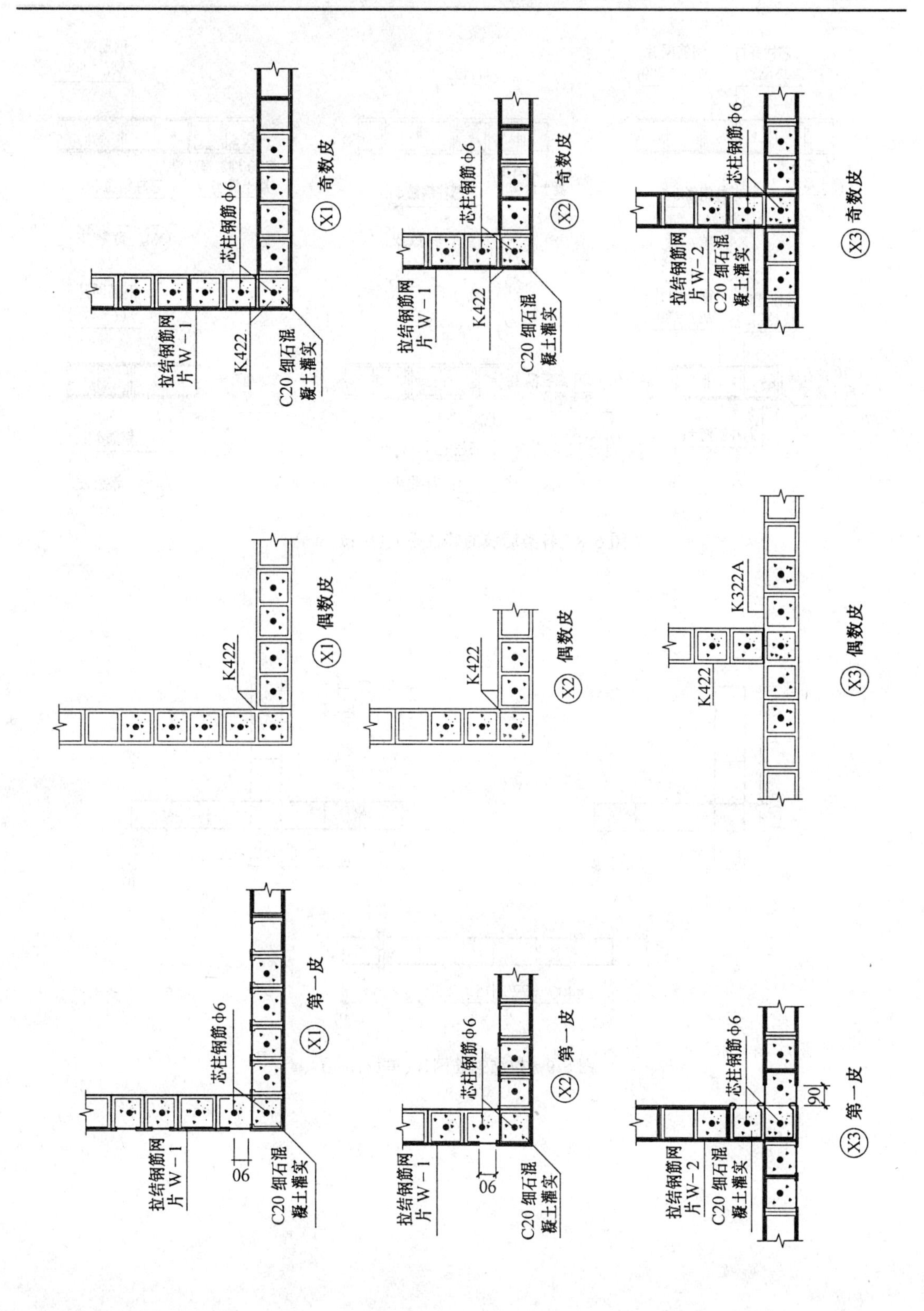
拉结钢筋网片 W－1
K422
C20 细石混凝土灌实
芯柱钢筋 φ6
X1 奇数皮
拉结钢筋网片 W－1
K422
C20 细石混凝土灌实
芯柱钢筋 φ6
X2 奇数皮
拉结钢筋网片 W－2
C20 细石混凝土灌实
芯柱钢筋 φ6
X3 奇数皮
K422
X1 偶数皮
K422
X2 偶数皮
K322A
K422
X3 偶数皮
拉结钢筋网片 W－1
90
C20 细石混凝土灌实
芯柱钢筋 φ6
X1 第一皮
拉结钢筋网片 W－1
90
C20 细石混凝土灌实
芯柱钢筋 φ6
X2 第一皮
拉结钢筋网片 W－2
C20 细石混凝土灌实
芯柱钢筋 φ6
90
X3 第一皮

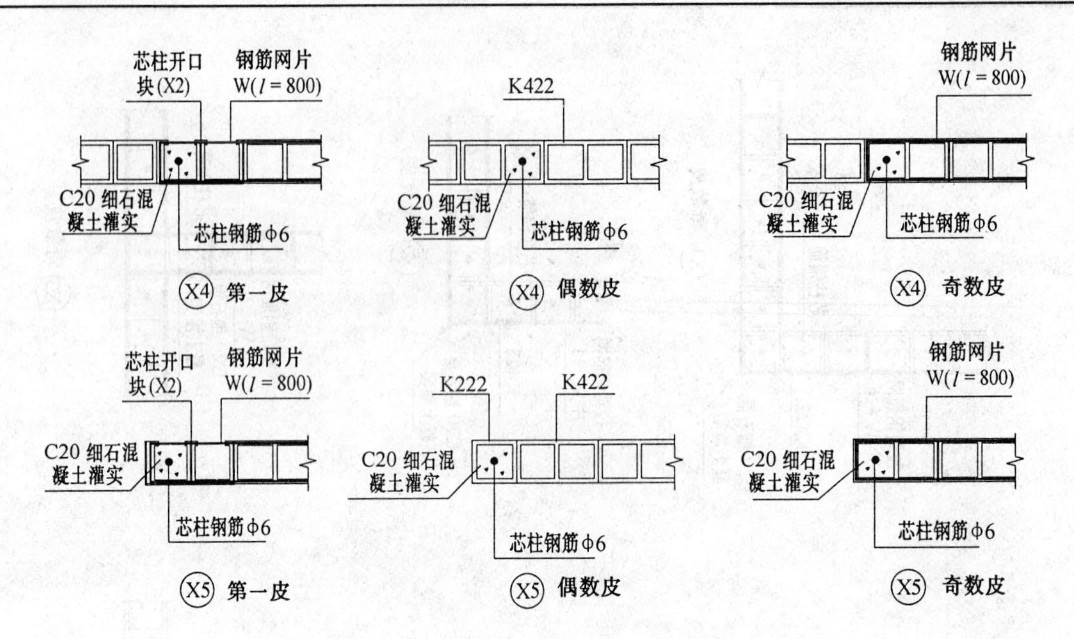

图 6.8 各类墙肢的芯柱平面(单位:mm)

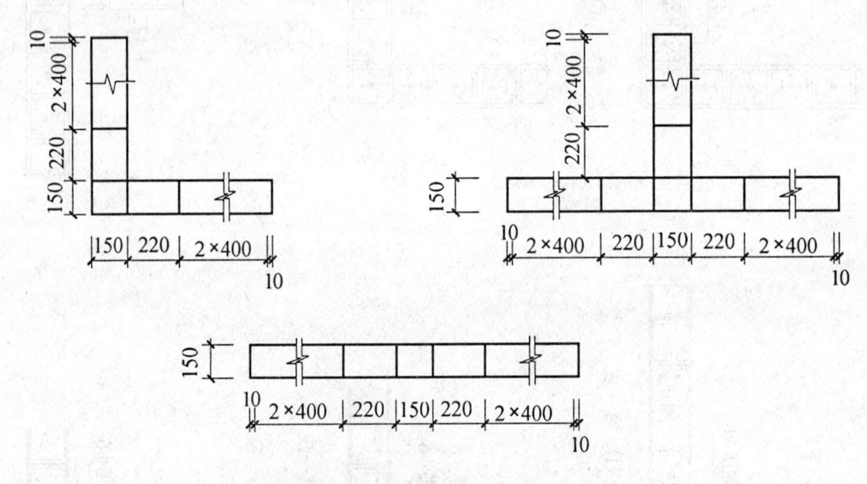

图 6.9 拉结钢筋网片(单位:mm)

6.1.6　短肢剪力墙结构体系的软件计算结果

对图 6.7 所示配筋砌块砌体短肢剪力墙结构体系的软件计算与分析结果如表 6.5、6.6 和 6.7。

表 6.5　配筋砌块砌体短肢剪力墙结构自震周期

计算软件 / 周期/s	SATWE－2005.09	SATWE－本工程配筋砌体专用程序	PMSAP－2005.09
T1	1.041 8	1.179 2	1.049 0
T2	0.986 2	1.131 8	0.965 5
T3	0.771 9	0.875 8	0.759 3

表 6.6　配筋砌块砌体短肢剪力墙结构地震作用下最大楼层位移角(层号)

计算软件		SATWE－2005.09		SATWE－本工程配筋砌体专用程序		PMSAP－2005.09	
基底剪力	X 向	Q_x	Q_x/G_e	Q_x	Q_x/G_e	Q_x	Q_x/G_e
		1 574.48	2.71%	1 416.76	2.44%	1 572.3	2.75%
	Y 向	Q_y	Q_y/G_e	Q_y	Q_y/G_e	Q_y	Q_y/G_e
		1 374.98	2.37%	1 211.88	2.09%	1 374.3	2.40%
M_y/(kN·m)		30 514.69		26 329.47		30 389.7	
M_x/(kN·m)		34 642.03		30 503.13		34 457.0	

表 6.7　配筋砌块砌体短肢剪力墙结构基底剪力、倾覆力矩值

计算软件		*SATWE*－2005.09	*SATWE*－本工程配筋砌体专用程序	*PMSAP*－2005.09
层间位移角	X 向	1/1 825(6F)	1/1 543(6F)	1/1 864(6F)
	Y 向	1/1 587(6F)	1/1 339(6F)	1/1 577(6F)

6.1.7　大开间砌块砌体剪力墙结构体系的结构布置

随着生活水平的提高,人们对建筑的功能要求也越来越高,希望建筑结构体系能够做到大空间,使住户以自己的需求来改变建筑布局。大开间住宅可以最大限度地体现以人为本的设计理念,同时给住户充分发挥二次装修的空间。避免了住户二次装修时随意地开洞而给结构安全带来隐患。大开间在建筑设计上要合理布置厨房、卫生间,这是固定的部位,其他的由住户进住后进行二次装修分隔。有条件的可以做到一次到位,精装修,更方便住户的入住。现在正在逐步广泛使用的配筋砌块砌体强度较高,现浇空心板截面刚度大,二者的结合可以设计成较大开间,而且能够达到安全、经济、节能、适用的效果。图 6.10 和图 6.11 是采用大跨双向现浇空心板实现大开间剪力墙结构的两类户型。

1. 采用大跨双向现浇空心板实现大开间剪力墙结构

大开间结构体系的楼板必须具有足够的刚度,才能将地震作用传递到墙体,并满足房屋整

体性的要求。现浇实心大跨板板厚大,进而自重大,跨中挠度很难控制。现浇空心板截面中空、刚度大,其优良结构性能已经在工程实践中得到验证。试验研究表明,现浇空心板面上施加均布等效荷载的数值不大于 2 kN/m^2 时,只要计入板面承受的设计恒载,不需要采取任何楼板的加强措施,这为大开间灵活分隔提供了可能。

2. 第一类户型平面布置图

按照建筑设计的平面布置要求,图 6.10 所示结构布置基本是一户一板。

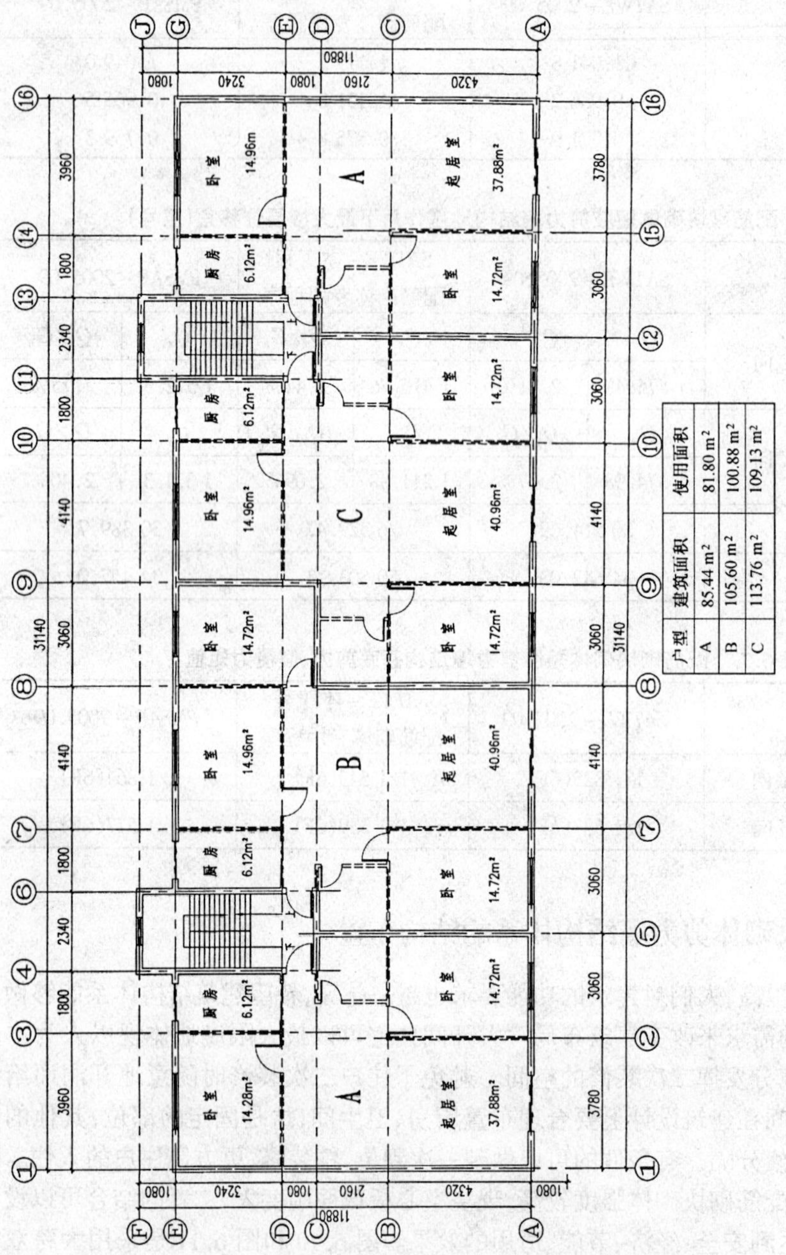

户型	建筑面积	使用面积
A	85.44 m^2	81.80 m^2
B	105.60 m^2	100.88 m^2
C	113.76 m^2	109.13 m^2

图 6.10　第一类大开间建筑平面图

3. 第二类户型结构平面图

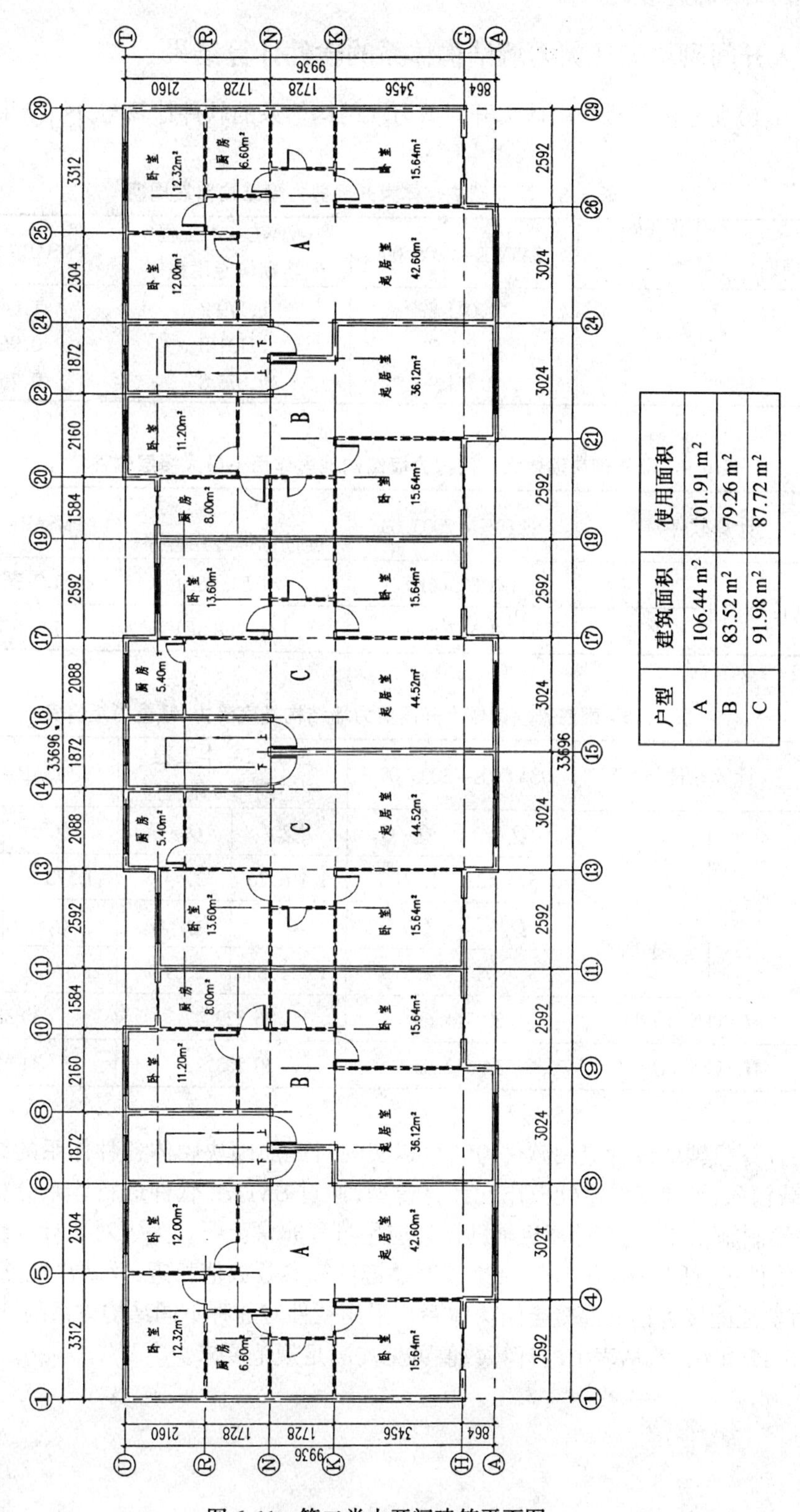

户型	建筑面积	使用面积
A	106.44 m^2	101.91 m^2
B	83.52 m^2	79.26 m^2
C	91.98 m^2	87.72 m^2

图 6.11　第二类大开间建筑平面图

结构布置直接影响到结构体系的受力性能和各项经济指标，为此在实际工程中应该采用较为合理的结构布置形式。

6.1.8 大开间砌块砌体剪力墙结构体系的软件计算结果

对图 6.10 所示配筋砌块砌体大开间剪力墙结构体系的软件计算与分析结果见表 6.8、6.9 和 6.10。

表 6.8 配筋砌块砌体大开间剪力墙结构自震周期

计算软件 / 周期/s	SATWE－2005.09	SATWE－本工程配筋砌体专用程序	PMSAP－2005.09
T_1	1.041 8	1.179 2	1.049 0
T_2	0.986 2	1.131 8	0.965 5
T_3	0.771 9	0.875 8	0.759 3

表 6.9 配筋砌块砌体大开间剪力墙结构地震作用下最大楼层位移角（层号）

<table>
<tr><td colspan="2">计算软件</td><td>SATWE－2005.09</td><td>SATWE－本工程配筋砌体专用程序</td><td>PMSAP－2005.09</td></tr>
<tr><td rowspan="2">层间位移角</td><td>X 向</td><td>1/1 825(6F)</td><td>1/1 543(6F)</td><td>1/1 864(6F)</td></tr>
<tr><td>Y 向</td><td>1/1 587(6F)</td><td>1/1 339(6F)</td><td>1/1 577(6F)</td></tr>
</table>

表 6.10 配筋砌块砌体大开间剪力墙结构基底剪力、倾覆力矩值表

<table>
<tr><td colspan="2">计算软件</td><td colspan="2">SATWE－2005.09</td><td colspan="2">SATWE－本工程配筋砌体专用程序</td><td colspan="2">PMSAP－2005.09</td></tr>
<tr><td rowspan="4">基底剪力</td><td rowspan="2">X 向</td><td>Q_x</td><td>Q_x/G_e</td><td>Q_x</td><td>Q_x/G_e</td><td>Q_x</td><td>Q_x/G_e</td></tr>
<tr><td>1 574.48</td><td>2.71%</td><td>1 416.76</td><td>2.44%</td><td>1 572.3</td><td>2.75%</td></tr>
<tr><td rowspan="2">Y 向</td><td>Q_y</td><td>Q_y/G_e</td><td>Q_y</td><td>Q_y/G_e</td><td>Q_y</td><td>Q_y/G_e</td></tr>
<tr><td>1 374.98</td><td>2.37%</td><td>1 211.88</td><td>2.09%</td><td>1 374.3</td><td>2.40%</td></tr>
<tr><td colspan="2">M_y/(kN·m)</td><td colspan="2">30 514.69</td><td colspan="2">26 329.47</td><td colspan="2">30 389.7</td></tr>
<tr><td colspan="2">M_x/(kN·m)</td><td colspan="2">34 642.03</td><td colspan="2">30 503.13</td><td colspan="2">34 457.0</td></tr>
</table>

采用计算机辅助设计应用软件 QIK 可以实现对配筋砌块砌体各种体系的结构布置、排块设计、荷载输入，形成三维空间有限元计算模型，通过 SATWE 软件进行体系分析与计算，再用 QIK 软件绘制施工图，这一计算机辅助设计应用过程非常流畅。为了对比计算结果，同时采用 3 种不同软件进行同一结构计算，结果表明关键计算参数数值相近，反映出配筋砌块砌体各种体系的力学性能接近钢筋混凝土结构体系。采用软件对 3 种不同结构体系的计算结果汇总于表 6.11、6.12 和 6.13，从表中的计算数值可见均满足规范要求。

表 6.11　结构自震周期表

计算结构类型 / 周期/s	配筋砌块砌体剪力墙结构(B 区)	配筋砌块砌体短肢剪力墙结构(B 区)	配筋砌块砌体大开间剪力墙结构(第一类户型)
T_1	0.722 0	1.179 2	0.653 7
T_2	0.646 7	1.131 8	0.614 6
T_3	0.519 2	0.875 8	0.461 6

表 6.12　基底剪力、倾覆力矩值表

计算结构类型		配筋砌块砌体剪力墙结构(B 区)		配筋砌块砌体短肢剪力墙结构(B 区)		配筋砌块砌体大开间剪力墙结构(第一类户型)	
基底剪力	X 向	Q_x	Q_x/G_e	Q_x	Q_x/G_e	Q_x	Q_x/G_e
		2 525.27	3.23%	1 416.76	2.44%	2 367.7	3.56%
	Y 向	Q_y	Q_y/G_e	Q_y	Q_y/G_e	Q_y	Q_y/G_e
		2 665.27	3.40%	1 211.88	2.09%	2 559.4	3.85%
M_y/(kN·m)		60 377.70		26 329.47		64 293.9	
M_x/(kN·m)		56 960.34		30 503.13		58 818.5	

表 6.13　地震作用下最大楼层位移角(层号)

计算结构类型		配筋砌块砌体剪力墙结构(B 区)	配筋砌块砌体短肢剪力墙结构(B 区)	配筋砌块砌体大开间剪力墙结构(第一类户型)
层间位移角	X 向	1/3 094(6F)	1/1 543(6F)	1/4 124(6F)
	Y 向	1/3 431(6F)	1/1 339(6F)	1/5 194(6F)

6.2　配筋砌块砌体剪力墙正截面受压承载力

6.2.1　偏心受压构件

1.基本假定

配筋混凝土砌块砌体剪力墙属于一种装配整体式钢筋混凝土剪力墙,其受力性能与钢筋混凝土剪力墙的受力性能相似。为此,它在正截面承载力中采用了与钢筋混凝土相同的基本假定。

(1) 截面应保持平面;

(2) 竖向钢筋与其毗邻的砌体、灌孔混凝土的应变相同;

(3) 不考虑砌体、灌孔混凝土的抗拉强度;

(4) 根据材料选择砌体、灌孔混凝土的极限压应变,且不应大于 0.003;

(5) 根据材料选择钢筋的极限拉应变,且不应大于 0.01。

2.受力性能

配筋混凝土砌块砌体剪力墙在偏心受压时,其受力性能和破坏形态与一般的钢筋混凝土偏心受压构件类同。

(1) 大偏心受压时,竖向受拉和受压主筋达到屈服强度;受压区的砌块砌体达到抗压极限强度;中和轴附近的竖向分布钢筋应力较小,但离中和轴较远的竖向分布钢筋可达到屈服强度。

(2) 小偏心受压时,受压区的主筋达到屈服强度,另一侧的主筋达不到屈服强度;竖向分布钢筋大部分受压,其应力较小,即使一部分受拉,其应力也较小。

(3) 大、小偏心受压的界限。

根据平截面假定,配筋砌块砌体剪力墙在偏心受压时,其界限受压区高度可按式(6.1)计算,即

$$\xi_b = 0.8\frac{\varepsilon_{mc}}{\varepsilon_{mc} + \varepsilon_s} \tag{6.1}$$

根据试验结果,可取砌块砌体的极限压应变 $\varepsilon_{mc} = 0.003\,1$。钢筋的屈服应变 $\varepsilon_s = f_y/E_s$,以此代入式(6.1)可得:

配置 HPB235 级钢筋,$\xi_b = 0.60$;

配置 HRB335 级钢筋,$\xi_b = 0.53$。

因而对于矩形截面配筋砌块砌体剪力墙,

当 $x \leqslant \xi_b h_0$ 时,为大偏心受压;

当 $x > \xi_b h_0$ 时,为小偏心受压。

式中,x 为截面受压区高度;ξ_b 为界限相对受压区高度;h_0 为截面有效高度。

6.2.2　承载力计算

1. 矩形截面配偏心受压构件

配筋砌块砌体剪力墙,当竖向钢筋仅配置在中间时,其平面外偏心受压承载力可按式(4.15)计算,但应采用灌孔砌体的抗压强度设计值。即矩形截面偏心受压配筋砌块砌体剪力墙,当 $x \leqslant \xi_b h_0$ 时,为大偏压;$x > \xi_b h_0$ 时,为小偏压;界限相对受压区高度 ξ_b,对 HPB235 级钢筋取 0.6,对 HPB335 级钢筋取 0.53,如图 6.12 所示。

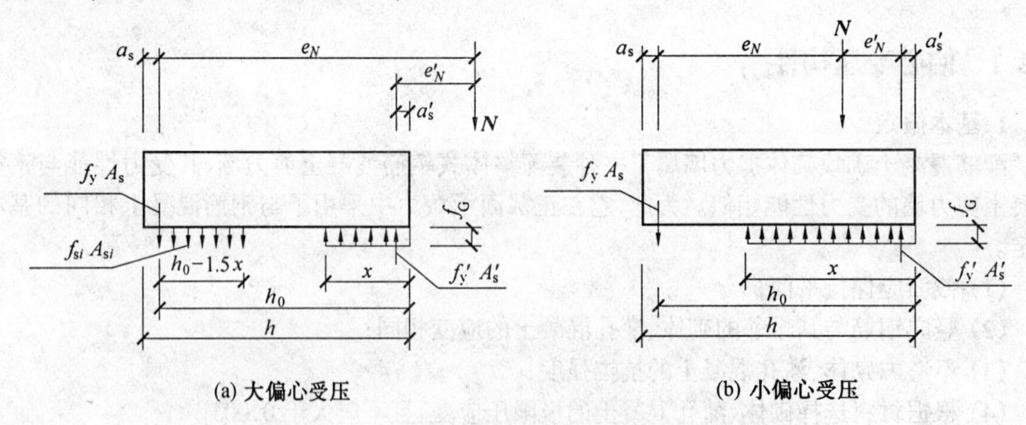

(a) 大偏心受压　　(b) 小偏心受压

图 6.12　矩形截面偏心受压正截面承载力计算简图

(1) 大偏心受压计算公式

$$N \leqslant f_g bx + f'_y A'_s - f_y A_s - \sum f_{si} A_{si} \tag{6.2}$$

$$Ne_N \leqslant f_g bx\left(h_0 - \frac{x}{2}\right) + f'_y A'_s(h_0 - a'_s) - \sum f_{si} S_{si} \tag{6.3}$$

式中，N 为轴向力设计值；f_y、f'_y 为竖向受压、受压主筋的强度设计值；A_s、A'_s 为竖向受拉、受压主筋的截面面积；b 为配筋砌块砌体剪力墙截面宽度；f_{si} 为竖向分布钢筋抗拉强度设计值；A_{si} 为单根竖向分布钢筋的截面面积；e_N 为轴向力作用点到竖向受拉主筋合力点之间的距离，按式(4.9) 计算；S_{si} 为第 i 根竖向分布钢筋对竖向受拉主筋的面积矩。

当受压区高度 $x < 2a'_s$ 时，按下式计算

$$Ne'_N \leqslant f_y A_s(h_0 - a'_s) \tag{6.4}$$

式中，e'_N 为轴向力作用点到竖向受压主筋合力点之间的距离，按(4.10) 计算。

(2) 小偏心受压计算公式

$$N \leqslant f_g bx + f'_y A'_s - \sigma_s A_s \tag{6.5}$$

$$Ne_N \leqslant f_g bx\left(h_0 - \frac{x}{2}\right) + f'_y A'_s(h_0 - a'_s) \tag{6.6}$$

$$\sigma_s = \frac{f_y}{\xi_b - 0.8}\left(\frac{x}{h_0} - 0.8\right) \tag{6.7}$$

矩形截面对称配筋砌块砌体剪力墙小偏心受压时，也可近似按下面公式计算

$$A_s = A'_s = \frac{Ne_N - \xi(1 - 0.5\xi)f_g bh_0^2}{f'_y(h_0 - a'_s)} \tag{6.8}$$

$$\xi = \frac{x}{h_0} = \frac{N - \xi_b f_g bh_0}{\dfrac{Ne_N - 0.43 f_g bh_0^2}{(0.8 - \xi_b)(h_0 - a'_s)} + f_g bh_0} + \xi_b \tag{6.9}$$

小偏心受压时，由于截面受压区大、竖向分布钢筋的应力较小，计算中未考虑其作用。当受压区竖向受压主筋无箍筋或水平钢筋约束时，可不考虑竖向受压主筋作用，即取 $f'_y A'_s = 0$

2. "T" 形、倒"L" 形截面偏心受压构件

当翼缘和腹板的相交处采用错缝搭接砌筑和同时设置中距不大于 1.2 m 的配筋带(截面高度不小于 60 mm，钢筋不少于 2 ϕ 12) 时，可考虑翼缘的共同工作，翼缘的计算宽度应按表 6.14 中的最小值采用，其正截面受压承载力应按下列规定计算。

当受压区高度 $x \leqslant h'_f$ 时，应按宽度为 b'_f 的矩形截面计算；当受压区高度 $x > h'_f$ 时，则应考虑腹板的受压作用，应按下列公式计算

(1) 大偏心受压(图 6.13)

$$N \leqslant f_g[bx + (b'_f - b)h'_f] + f'_y A'_s - f_y A_s - \sum f_{si} A_{si} \tag{6.10}$$

$$Ne_N \leqslant f_g[bx(h_0 - x/2) + (b'_f - b)h'_f(h_0 - h'_f/2)] + f'_y A'_s(h_0 - a'_s) - \sum f_{si} S_{si} \tag{6.11}$$

式中，b'_f 为"T" 形或倒"L" 形截面受压区的翼缘计算宽度；h'_f 为"T" 形或倒"L" 形截面受压区的翼缘高度。

(2) 小偏心受压

$$N \leqslant f_g[bx + (b'_f - b)h'_f] + f'_y A'_s - \sigma_s A_s \tag{6.12}$$

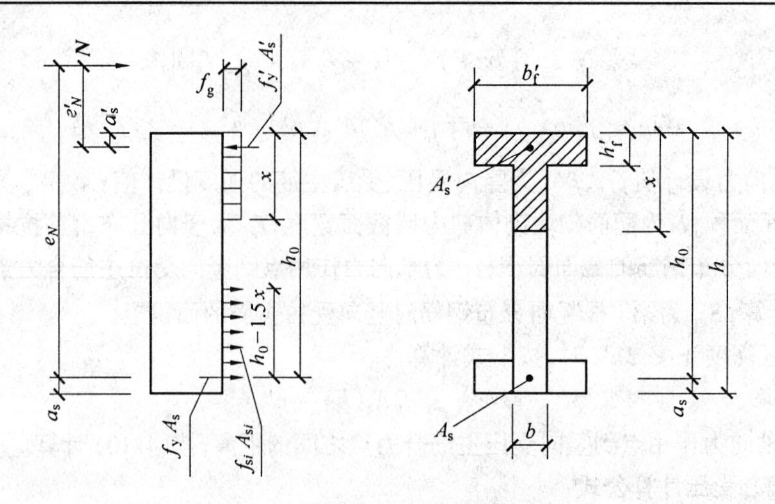

图 6.13 “T” 形截面偏心受压正截面承载力计算简图

$$Ne_N \leqslant f_g[bx(h_0 - x/2) + (b'_f - b)h'_f(h_0 - h'_f/2)] + f'_y A'_s(h_0 - a'_s) \qquad (6.13)$$

表 6.14 “T” 形、倒“L” 形截面偏心受压构件翼缘计算宽度 b'_f

考虑情况	“T” 形截面	倒“L” 形截面
按构件计算高度 H_0 考虑	$H_0/3$	$H_0/6$
按腹板间距 L 考虑	L	$L/2$
按翼缘厚度 h'_f 考虑	$b + 12h'_f$	$b + 6h'_f$
按翼缘的实际宽度 b'_f 考虑	b'_f	b'_f

注:构件的计算高度 H_0 可取层高。

6.3 配筋砌块砌体剪力墙斜截面受剪承载力

6.3.1 受力性能

试验研究表明,配筋砌块砌体剪力墙的受剪性能和破坏性能与一般钢筋混凝土剪力墙的受剪力学性能类同。影响其抗剪承载力的主要因素是材料强度、垂直压应力、剪力墙的剪跨比以及水平和竖向钢筋的配筋率。

(1) 灌孔砌块砌体材料对墙体抗剪承载力的影响以 $f_{vg} = \varphi(f_g^{0.55})$ 的关系式表达,随块体、砌筑砂浆和灌孔混凝土强度等级的提高以及灌孔率的增大,灌孔砌块砌体的抗剪强度提高,其中灌孔混凝土强度等级的影响尤为明显。

(2) 墙体截面上的垂直压应力,直接影响墙体的破坏形态和抗剪强度。在轴压比较小时,墙体的抗剪能力和变形能力随垂直压应力的增加而增加。但当轴压比较大时,墙体转变为不利的斜压破坏,垂直压应力的增大反而使抗剪承载力减小。

(3) 随剪跨比的不同,墙体产生了不同的应力状态和破坏形态。小剪跨比时,墙体趋于剪切破坏;剪跨比大时墙体趋于弯曲破坏。墙体剪切破坏的抗剪承载力远大于弯曲破坏的抗剪承载力。

(4) 水平和竖向钢筋提高了墙体的变形能力和抗剪能力，其中水平钢筋在墙体产生裂缝后直接受拉、抗剪并达到屈服。竖向钢筋通过销栓作用抗剪，且极限荷载时部分竖向钢筋可达到屈服，影响明显。

在偏心力和剪力作用下，墙体有剪拉、剪压和斜压 3 种破坏形态。

6.3.2　承载力计算

根据上述受力性能分析和试验研究结果表明，配筋砌块砌体剪力墙斜截面受剪承载力计算公式的模式与钢筋混凝土剪力墙的相同，只是砌体项的影响以 f_{vg} 而不是以 f_t 表达，且水平钢筋的作用发挥有限，特别是较大剪跨比怦更是如此，这反映了这种剪力墙的特性。

偏心受压和偏心受拉配筋砌块砌体剪力墙，其斜截面受剪承载力应根据下列情况进行计算。

1. 为防止墙体不产生斜压破坏，剪力墙截面应满足下列要求

$$V \leqslant 0.25 f_g bh \tag{6.14}$$

式中，V 为剪力墙的剪力设计值；b 为剪力墙截面宽度或“T”形、倒“L”形截面腹板宽度；h 为剪力墙的截面高度。

2. 剪力墙在偏心受压时的斜截面受剪承载力应按下列公式计算

$$V \leqslant \frac{1.5}{\lambda + 0.5}\left(0.6\sqrt{f_{vg}}bh_0 + 0.12N\frac{A_W}{A}\right) + 0.9f_{yh}\frac{A_{sh}}{s}h_0 \tag{6.15}$$

$$\lambda = \frac{M}{Vh_0} \tag{6.16}$$

式中，M、V、N 为计算截面的弯矩、剪力和轴向力设计值，当 $N > 0.25f_g bh$ 取 $N = 0.25f_g bh$；A 为剪力墙的截面面积，其中翼缘的有效面积，可按表 6.14 的规定确定；A_W 为“T”形或倒“L”形截面腹板的截面面积，对矩形截面取 A_W 等于 A；λ 为计算截面的剪跨比，当 λ 小于 1.5 时取 1.5，当 λ 大于等于 2.2 时取 2.2；h_0 为剪力墙截面的有效高度；A_{sh} 为配置在同一截面内的水平分布钢筋的全部截面面积；s 为水平分布钢筋的竖向间距；f_{yh} 为水平钢筋的抗拉强度设计值。

3. 配筋砌块砌体剪力墙在偏心受拉时的斜截面受剪承载力应按下式计算

$$V \leqslant \frac{1}{\lambda - 0.5}\left(0.6f_{vg}bh_0 - 0.22N\frac{A_W}{A}\right) + 0.9f_{yh}\frac{A_{sh}}{s}h_0 \tag{6.17}$$

【例 6.1】　某高层房屋采用配筋混凝土砌块砌体剪力墙结构，其中一墙肢墙高 3.6 m，截面尺寸 190 mm × 4 500 mm，采用混凝土砌块 MU20(孔隙率为 45%)、混合砂浆 Mb15 砌筑和 Cb30 混凝土，灌孔率 $\rho = 33\%$，配筋采用 HRB335 级钢筋，竖向分布钢筋Φ 14 @400，配筋率为 $\rho_w = \frac{154}{400 \times 190} = 0.203\%$；剪力墙端部设置 3 Φ 16 @400 的竖向钢筋，配筋率为 $\rho = \frac{603}{400 \times 190} = 0.79\%$；水平分布钢筋 2 Φ 12 @600，配筋率 $\rho = \frac{226}{190 \times 600} = 0.20\%$。所选用钢筋均满足构造要求。承受的内力，$N = 1\,915.0$ kN，$M = 1\,040.0$ kN · m，$V = 375.0$ kN，试验算该墙肢的承载力。

【解】　1. 强度指标

为了保证高层配筋砌块砌体剪力墙的可靠度，该剪力墙的施工质量控制等级选为 A 级，但计算中仍采用施工质量控制等级为 B 级的强度指标。

查表 2.3，$f = 5.68\ \text{N/mm}^2$。

Cb30 混凝土，$f_c = 14.3\ \text{N/mm}^2$。

HRB335 级钢筋，$f_y = f'_y = 300\ \text{N/mm}^2$。

因孔隙率为 45%，灌孔率 $\rho = 33\%$，由公式(2.7)得 $\alpha = \delta\rho = 0.45 \times 0.33 = 0.15$。

由公式(2.8)得

$$f_g = f + 0.6\alpha f_c = 5.68\ \text{N/mm}^2 + 0.6 \times 0.15 \times 14.3\ \text{N/mm}^2 = 6.97\ \text{N/mm}^2 < 2f$$

满足灌芯混凝土抗压强度限制要求。

2. 偏心受压正截面承载力验算

轴向力的初始偏心距为

$$e = \frac{M}{N} = \frac{1\ 040\ \text{kN}\cdot\text{m}}{1\ 915\ \text{kN}} \times 10^3 = 543.1\ \text{mm}$$

$$\beta = \frac{H_0}{h} = \frac{3.6\ \text{m}}{4.5\ \text{m}} = 0.8,$$

由公式(4.11)，得

$$e_a = \frac{\beta^2 h}{2\ 200}(1 - 0.022\beta) = \frac{0.8^2 \times 4\ 500\ \text{mm}}{2\ 200}(1 - 0.022 \times 0.8) = 1.29\ \text{mm}$$

由公式(4.9)，$e_N = e + e_a + \left(\frac{h}{2} - a_s\right) = 543.1\ \text{mm} + 1.29\ \text{mm} + \left(\frac{4\ 500\ \text{mm}}{2} - 300\ \text{mm}\right) =$ 2 494.3 mm

$$\rho_w = \frac{153.9\ \text{mm}^2}{190\ \text{mm} \times 400\ \text{mm}} = 0.203\%$$

$$h_0 = h - a'_s = 4\ 500\ \text{mm} - 300\ \text{mm} = 4\ 200\ \text{mm}$$

采用对称配筋，由公式

$$x = \frac{N + f_y\rho_w bh_0}{(f_g + 1.5f_y\rho_w)b} = \frac{1\ 915\ \text{kN} \times 10^3 + 300\ \text{N/mm}^2 \times 0.002\ 03 \times 190\ \text{mm} \times 4\ 200\ \text{mm}}{(6.97\ \text{N/mm}^2 + 1.5 \times 300\ \text{N/mm}^2 \times 0.001\ 03) \times 190\ \text{mm}} = 1\ 603\ \text{mm}$$

$$1\ 603\ \text{mm} > 2a'_s = 2 \times 300\ \text{mm} = 600\ \text{mm}$$

$$< \xi_b h_0 = 0.53 \times 4\ 200\ \text{mm} = 2\ 226\ \text{mm}$$

为大偏心受压，应按公式(6.3)进行验算。

$$Ne_N = 1\ 915\ \text{kN} \times 2\ 494.4\ \text{mm} \times 10^{-3} = 4\ 776.8\ \text{kN}\cdot\text{m}$$

$\sum f_{yi}S_{si} = 0.5f_y\rho_w b(h_0 - 1.5x)^2 =$

$0.5 \times 300\ \text{N/mm}^2 \times 0.002\ 03 \times 190\ \text{mm} \times (4\ 200\ \text{mm} - 1.5 \times 1\ 603\ \text{mm})^2 \times 10^{-6} = 186.51\ \text{kN}\cdot\text{m}$

$f_g bx\left(h_0 - \frac{x}{2}\right) + f'_y A'_s(h_0 - a'_s) - \sum f_{yi}S_{si} =$

$[6.97\ \text{N/mm}^2 \times 190\ \text{mm} \times 1\ 603\ \text{mm}\left(4\ 200\ \text{mm} - \frac{1\ 603\ \text{mm}}{2}\right) + 300\ \text{N/mm}^2 \times 603\ \text{mm}^2 \times$

$(4\ 200\ \text{mm} - 300\ \text{mm})] \times 10^{-6} - 186.51\ \text{kN}\cdot\text{m} = 7\ 733.5\ \text{kN}\cdot\text{m} > 4\ 776.8\ \text{kN}\cdot\text{m}$，满足要求。

3. 平面外轴心受压承载力验算

$$\beta = \frac{H_0}{h} = \frac{3\ 600\ \text{mm}}{190\ \text{mm}} = 18.95\text{，由公式 (4.14) 得}$$

$$\varphi_{0g} = \frac{1}{1 + 0.001\beta^2} = \frac{1}{1 + 0.001 \times 18.95^2} = 0.74$$

按公式(4.12)得

$\varphi_{0g}(f_g A + 0.8 f'_y A'_s) =$

$0.65 \times [6.97\ \text{N/mm}^2 \times 190\ \text{mm} \times 4\ 500\ \text{mm} + 0.8 \times 300\ \text{N/mm}^2 \times (6\ \text{mm} \times 201\ \text{mm} + 0.002\ 03 \times 190\ \text{mm} \times 3\ 600\ \text{mm})] \times 10^{-3} = 4\ 807.7\ \text{kN} > 1\ 915\ \text{kN}$，满足要求。

4. 偏心受压斜截面受剪承载力验算

按公式(6.14)得

$0.25 f_g bh = 0.25 \times 6.97\ \text{N/mm}^2 \times 190\ \text{mm} \times 4\ 500\ \text{mm} \times 10^{-3} = 1\ 489.8\ \text{kN} > 375\ \text{kN}$

该墙肢截面符合要求。

由公式(6.16)，得

$$\lambda = \frac{M}{Vh_0} = \frac{1\ 040\ \text{kN} \cdot \text{m}}{375\ \text{kN} \times 4\ 200\ \text{mm}} \times 10^3 = 0.66 < 1.5\text{，取 } \lambda = 1.5$$

$$0.25 f_g bh = 1\ 489.8\ \text{kN} < 1\ 915.0\ \text{kN}\text{，取 } N = 1\ 489.8\ \text{kN。}$$

由公式(2.11)，得

$$f_{vg} = 0.2 f_g^{0.55} = 0.2 \times 6.97^{0.55}\ \text{N/mm}^2 = 0.58\ \text{N/mm}^2$$

按公式(6.17)得

$\frac{1}{\lambda - 0.5}\left(0.6 f_{vg} bh_0 - 0.22 N \frac{A_W}{A}\right) + 0.9 f_{yh} \frac{A_{sh}}{s} h_0 =$

$$[0.6 \times 0.58\ \text{N/mm}^2 \times 190\ \text{mm} \times 4\ 200\ \text{mm} - 0.22 \times 1\ 489.8\ \text{kN} \times 10^3 + 0.9 \times 300\ \text{N/mm}^2 \times \frac{2\ \text{mm} \times 113.1\ \text{mm}}{800\ \text{mm}} \times 4\ 200\ \text{mm}] \times 10^{-3} = 777.1\ \text{kN} > 375\ \text{kN}\text{，满足要求。}$$

【例 6.2】　某高层房屋采用配筋混凝土砌块砌体剪力墙承重，其中一墙肢墙高 4.4 m，截面尺寸为 190 mm × 5 500 mm，混凝土砌块为 MU20（砌块孔隙率为45%），砌筑砂浆为 Mb15 水泥混合砂浆，灌孔混凝土为 Cb30，施工质量控制等级 A 级。作用于该墙肢的内力 $N = 1\ 935.0\ \text{kN}$，$M = 1\ 770.0\ \text{kN} \cdot \text{m}$，$V = 400.0\ \text{kN}$。试计算该墙肢的钢筋。

解题思路：为确保配筋混凝土砌块砌体剪力强承重的高层房屋的可靠度，宜采用 A 级施工质量控制等级，而计算时取用 B 级施工质量控制等级为墙的强度指标。墙体的配筋应分别按正截面偏心受压承载力和斜截面受剪承载力进行计算，且所选用的钢筋应符合构造要求。

【解】　墙体中的配筋有竖向钢筋和水平钢筋，现分别计算如下。

(一) 竖向钢筋的计算

现采用对称配筋。因竖向钢筋包括边缘构件中的受力主筋和竖向分布钢筋，为简化计算，先选择竖向分布钢筋，然后计算受力主筋。

1. 竖向分布钢筋

选用的Φ 14@600 竖向分布钢筋，其配筋率 $\rho_w = \frac{153.9\ \text{mm}^2}{190\ \text{mm} \times 600\ \text{mm}} = 0.135\% > 0.07\%$，且间距为 600 mm、灌孔率 $\rho = 33\%$，均符合规定要求。

2. 边缘构件中的主筋

由 MU20 砌块和 Mb15 的砂浆，按施工质量控制等级为 B 级，$f = 5.68\ \text{N/mm}^2$，$f_c = 14.3\ \text{N/mm}^2$。

$$\alpha = \delta\rho = 0.45 \times 0.33 = 0.15$$

$$f_g = f + 0.6\alpha f_c = 5.68\ \text{N/mm}^2 + 0.6 \times 0.15 \times 14.3\ \text{N/mm}^2 = 6.97\ \text{N/mm}^2 < 2f$$

轴向力的初始偏心矩为

$$e = \frac{M}{N} = \frac{1\ 700\ \text{kN} \cdot \text{m}}{1\ 935\ \text{kN}} \times 10^3 = 914.7\ \text{mm}$$

$\beta = \dfrac{H_0}{h} = \dfrac{4.4\ \text{m}}{5.5\ \text{m}} = 0.8$，附加偏心矩

$$e_a = \frac{\beta^2 h}{2\ 200}(1 - 0.022\beta) = \frac{0.8^2 \times 5\ 500\ \text{mm}}{2\ 200}(1 - 0.022 \times 0.8) = 1.57\ \text{mm}$$

$$e_N = e + e_a + \left(\frac{h}{2} - a_s\right) = 914.7\ \text{mm} + 1.57\ \text{mm} + \left(\frac{5\ 500\ \text{mm}}{2} - 300\ \text{mm}\right) = 3\ 366.3\ \text{mm}$$

$$h_0 = h - a'_s = 5\ 500\ \text{mm} - 300\ \text{mm} = 5\ 200\ \text{mm}$$

(1) 判别大、小偏心

因采用对称配筋，且选用 HRB335 级钢筋($f_y = 300\ \text{N/mm}^2$)，得

$$x = \frac{N + f_{yw}\rho_w b h_0}{(f_g + 1.5 f_{yw}\rho_w) b} = \frac{1\ 935\ \text{kN} \times 10^3 + 300\ \text{N/mm}^2 \times 0.001\ 35 \times 190\ \text{mm} \times 5\ 200\ \text{mm}}{(6.97\ \text{N/mm}^2 + 1.5 \times 300\ \text{N/mm}^2 \times 0.001\ 35) \times 190\ \text{mm}} = 1\ 622\ \text{mm}$$

$$x > 2a'_s = 2 \times 300\ \text{mm} = 600\ \text{mm}$$

$$x < \xi_b h_0 = 0.53 \times 5\ 200\ \text{mm} = 2\ 756\ \text{mm}$$

故属大偏心受压。

(2) 钢筋计算

$$Ne_N = 1\ 935\ \text{kN} \times 3\ 366.3\ \text{mm} \times 10^{-3} = 6\ 513.8\ \text{kN} \cdot \text{m}$$

$$\sum f_{si}S_{si} = 0.5 f_y \rho_w b (h_0 - 1.5x)^2 = 294.6\ \text{kN} \cdot \text{m}$$

$$-f_g bx\left(h_0 - \frac{x}{2}\right) = -\left[6.97\ \text{N/mm}^2 \times 190\ \text{mm} \times 1\ 622\ \text{mm} \times \left(5\ 200\ \text{mm} - \frac{1\ 622\ \text{mm}}{2}\right)\right] \times 10^{-6} = -9\ 427.6\ \text{kN} \cdot \text{m}$$

解得 $A_s = A'_s = \dfrac{\left[Ne_N + \sum f_{si}S_{si} - f_g bx(h_0 - \frac{x}{2})\right]}{f'_y(h_0 - a'_s)} < 0$。现选用 3 Φ 14，配筋率为 $\dfrac{153.9\ \text{mm}^2}{190\ \text{mm} \times 200\ \text{mm}} = 0.405\%$，其承载力满足要求。

(二) 水平钢筋计算

1. 建立墙截面校核

$0.25 f_b bh = 0.25 \times 6.97\ \text{N/mm}^2 \times 190\ \text{mm} \times 5\ 500\ \text{mm} \times 10^{-3} = 1\ 820.9\ \text{kN} > 400\ \text{kN}$

该截面符合要求。

2. 钢筋计算

选用 HPB235 级钢筋，$f_{yh} = 210\ \text{N/mm}^2$。

$$\lambda = \frac{M}{Vh_0} = \frac{1\ 770\ \text{kN}\cdot\text{m}\times10^3}{400\ \text{kN}\times5\ 200\ \text{mm}} = 0.85 < 1.5\text{，取}\lambda = 1.5, \frac{1}{\lambda - 0.5} = 1.0$$

$$0.25f_gbh = 1\ 820.9\ \text{kN} < 1\ 935.0\ \text{kN}\text{，取}N = 1\ 820.9\ \text{kN}$$

$$f_{vg} = 0.2f_g^{0.55} = 0.2\times6.97^{0.55}\ \text{N/mm}^2 = 0.58\ \text{N/mm}^2$$

满足偏心受压斜截面受剪承载力要求的水平分布钢筋,按下式计算:

$$\frac{A_{sh}}{s} = \frac{1}{\lambda - 0.5}\frac{V - (0.6f_{vg}bh_0 + 0.12N)}{0.9f_{yh}h_0} =$$

$$\frac{400\ \text{kN}\times10^3 - (0.6\times0.58\ \text{N/mm}^2\times190\ \text{mm}\times5\ 200\ \text{mm} + 0.12\times1\ 820.9\ \text{kN}\times10^3)}{0.9\times210\ \text{N/mm}^2\times5\ 200\ \text{mm}} =$$

$$-0.165\ \text{mm} < 0$$

现选用2⌽12@800,$\frac{A_{sh}}{s} = \frac{113.1\ \text{mm}^2}{800\ \text{mm}} = 0.141\ \text{mm}$,配筋率 $= \frac{2\times113.1\ \text{mm}^2}{190\ \text{mm}\times800\ \text{mm}} = 0.149\%$,其承载力足够。

根据上述计算结果,墙肢配筋如题图6.14所示。

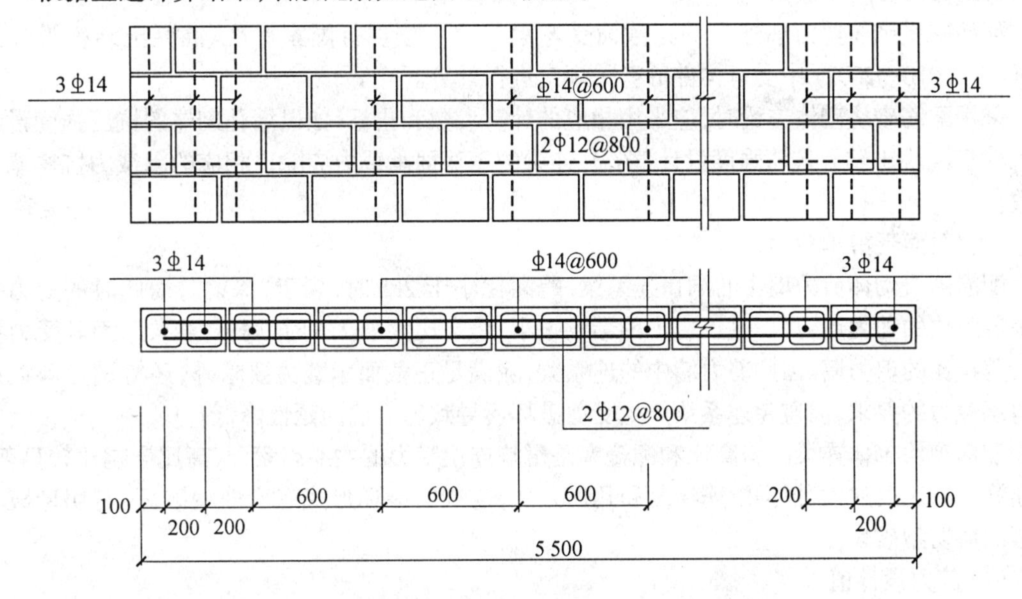

图6.14 例6.2附图(单位:mm)

6.4 配筋砌块砌体剪力墙连系梁的承载力

配筋混凝土砌块砌体剪力墙中的连系梁可以采用配筋混凝土砌块砌体,也可采用钢筋混凝土。这两种连梁的受力性能类似,故配筋混凝土砌块砌体连梁的承载力计算公式的模式也同于钢筋混凝土连梁。

6.4.1 配筋混凝土砌块砌体连系梁

图6.15所示为某配筋混凝土砌块砌体剪力墙房屋中,外墙窗洞口上的连系梁,采用配筋混凝土砌块砌体。其水平钢筋设置在凹槽砌块中,箍筋设置在砌块的孔洞内。由于连系梁采用

配筋混凝土砌块砌体,它与墙体均采用同样的施工方法。

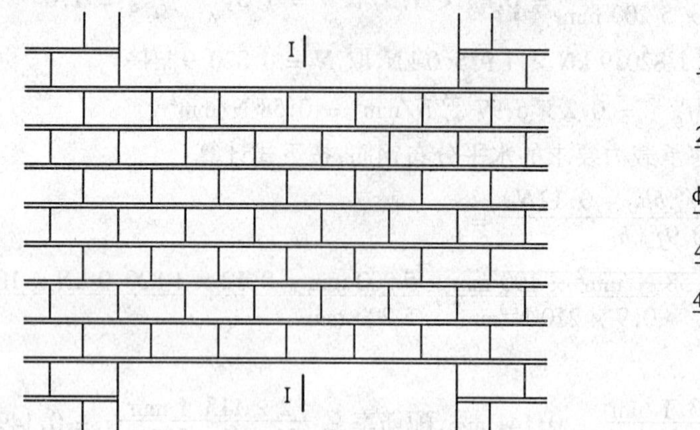

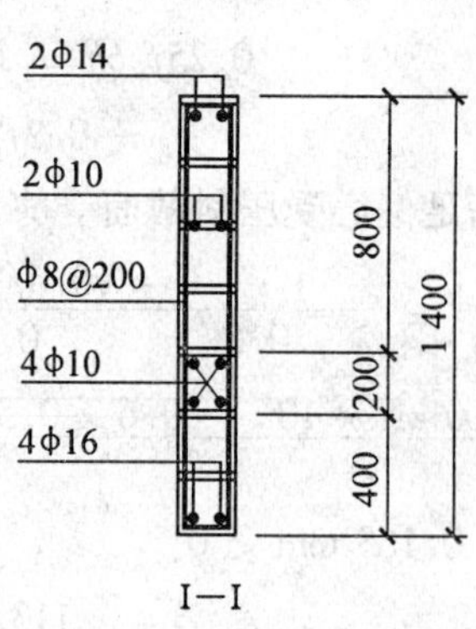

图 6.15　配筋混凝土砌块砌体连系梁(单位:mm)

1. 正截面受弯承载力

配筋砌块砌体剪力墙连梁的正截面受弯承载力可按现行国家标准《混凝土结构设计规范》(GB 50010—2002)中受弯构件的有关规定进行计算。

采用配筋砌块砌体连梁时,应采用相应的计算参数和指标(如以灌孔砌体的抗压强度设计值f_g代替混凝土轴心抗压强度设计值f_c),连梁的正截面承载力应除以相应的承载力抗震调整系数。

2. 斜截面受剪承载力

配筋砌块砌体剪力墙中的洞口连系梁,跨高比小于 2.5 时,属于"深梁",而此时的受力更像小剪跨比的剪力墙,只不过正应力的影响很小;跨高比大于 2.5 时,属于"浅梁",而其受力更像大剪跨比的剪力墙。因此剪力墙中的连系梁,除满足正截面承载力要求外,还应满足斜截面受剪承载力的要求,以避免连系梁产生受剪破坏后导致剪力墙的延性降低。

配筋砌块砌体连梁的跨高比和配箍率是影响连梁受力的主要因素,跨高比影响比较显著。随连梁跨高比的加大,根据配筋情况和几何条件,连梁的破坏形式有弯曲型破坏、剪切型破坏和弯曲剪切型破坏。

(1) 剪力设计值

配筋砌块砌体剪力墙连梁的剪力设计值,抗震等级为一、二、三级时应按下列公式调整,四级时可不调整。

$$V_V = \eta_V \frac{M_b^l + M_b^r}{l_n} + V_{Gb} \tag{6.18}$$

式中,V_b为连梁的剪力设计值;η_V为剪力增大系数,一级时取 1.3,二级时取 1.2,三级时取 1.1;M_b^l、M_b^r 分别为梁左、右端考虑地震作用组合的弯矩设计值;V_{Gb} 为考虑地震作用组合时,重力荷载代表值作用下,按简支梁计算的截面剪力设计值;l_n 为连梁净跨。

(2) 配筋砌块砌体剪力墙连梁的截面应符合下列要求

$$V_b \leqslant 0.25 f_g b h_0 \tag{6.19}$$

(3) 连系梁的斜截面受剪承载力计算

配筋混凝土砌块砌体连系梁,其斜截面受剪承载力应按下式计算

$$V_b \leqslant 0.8 f_{vg} b h_0 + f_{yv} \frac{A_{sv}}{s} h_0 \tag{6.20}$$

式中，b 为连系梁的截面宽度；h_0 为连系梁的截面有效高度；f_{yv} 为箍筋的抗拉强度设计值；A_{sv} 为配置在同一截面内的箍筋各肢的全部截面面积；s 为沿连系梁长度方向箍筋的间距。

注：当连梁跨高比大于 2.5 时，宜采用混凝土连梁。

6.4.2　钢筋混凝土连系梁

当连系梁受力较大且配筋较多时，对配筋混凝土砌块砌体连系梁的钢筋设置和施工要求较高，此时只要按材料的等强度原则，可采用钢筋混凝土连系梁。这种方案在施工中钢筋的设置比较方便，但增加了模板工序。

对于钢筋混凝土连系梁，其正截面受弯承载力和斜截面受剪承载力，应按《混凝土结构设计规范》(GB 50010—2002) 中的相应规定进行计算。

6.5　配筋混凝土砌块砌体剪力墙构造措施

配筋混凝土砌块砌体剪力墙与现浇钢筋混凝土剪力墙的施工方法有很大的不同，图 6.16 为正在施工中的配筋混凝土砌块砌体剪力墙。为了保证这种结构具有良好的整体受力性能，规范中提出了相应构造上的规定。

图 6.16　施工中的配筋混凝土砌块砌体剪力墙

6.5.1　对钢筋的要求

1. 钢筋的规格

(1) 钢筋的直径不宜大于 25 mm，当设置在灰缝中时不应小于 4 mm；

(2) 配置在孔洞或空腔中的钢筋面积不应大于孔洞或空腔面积的 6%。

2. 钢筋的设置

(1) 设置在灰缝中钢筋的直径不宜大于灰缝厚度的 1/2；

(2) 两平行钢筋间的净距不应小于 25 mm；

(3) 柱和壁柱中的竖向钢筋的净距不宜小于 40 mm(包括接头处钢筋间的净距)。

3. 钢筋在灌孔混凝土中的锚固

钢筋在灌孔混凝土中的锚固如图 6.17(a)、(b) 所示。

(1) 当计算中充分利用竖向受拉钢筋强度时，其锚固长度 l_a，对 HRB335 级钢筋不宜小于 $30d$；对 HRB400 和 RRB400 级钢筋不宜小于 $35d$；在任何情况下钢筋（包括钢丝）锚固长度不应小于 300 mm；

(2) 竖向受拉钢筋不宜在受拉区截断。如必须截断时，应延伸至按正截面受弯承载力计算不需要该钢筋的截面以外，延伸的长度不应小于 $20d$；

(3) 竖向受压钢筋在跨中截断时，必须伸至按计算不需要该钢筋的截面以外，延伸的长度不应小于 $20d$；对绑扎骨架中末端无弯钩的钢筋，不应小于 $25d$；

(4) 钢筋骨架中的受力光面钢筋，应在钢筋末端做弯钩，在焊接骨架、焊接网以及轴心受压构件中，可不做弯钩；绑扎骨架中的受力变形钢筋，在钢筋的末端可不做弯钩。

4. 水平受力钢筋（网片）的锚固和搭接长度

水平受力钢筋可设置在水平灰缝中，如图 6.17(c)、(d) 所示；也可设置在凹槽砌块混凝土带中，如图 6.17(e)、(f) 所示。

(1) 在凹槽砌块混凝土带中钢筋的锚固长度不宜小于 $30d$，且其水平或垂直弯折段的长度不宜小于 $15d$ 和 200 mm；钢筋的搭接长度不宜小于 $35d$；

(2) 在砌体水平灰缝中，钢筋的锚固长度不宜小于 $50d$，且其水平或垂直弯折段的长度不宜小于 $20d$ 和 150 mm；钢筋的搭接长度不宜小于 $55d$；

(3) 在隔皮或错缝搭接的灰缝中为 $50d + 2h$，d 为灰缝受力钢筋的直径；h 为水平灰缝的间距。

5. 钢筋的接头

钢筋的直径大于 22 mm 时宜采用机械连接接头，接头的质量应符合有关标准、规范的规定；其他直径的钢筋可采用搭接接头，并应符合下列要求。

(1) 钢筋的接头位置宜设置在受力较小处；

(2) 受拉钢筋的搭接接头长度不应小于 $1.1l_a$，受压钢筋的搭接接头长度不应小于 $0.7l_a$，但不应小于 300 mm；

(3) 当相邻接头钢筋的间距不大于 75 mm 时，其搭接长度应为 $1.2l_a$。当钢筋间接头错开 $20d$ 时，搭接长度可不增加。

6. 钢筋的最小保护层厚度

(1) 灰缝中钢筋外露砂浆保护层不宜小于 15 mm；

(2) 位于砌块孔槽中的钢筋保护层，在室内正常环境不宜小于 20 mm，在室外或潮湿环境不宜小于 30 mm。

注：对安全等级为一级或设计使用年限大于 50 年的配筋砌体结构构件，钢筋的保护层应比本条规定的厚度至少增加 5 mm，或采用经防腐处理的钢筋、抗渗混凝土砌块等措施。

6.5.2 对配筋砌块砌体剪力墙、连梁的要求

1. 材料强度等级和截面尺寸

(1) 砌块不应低于 MU10；

(2) 砌筑砂浆不应低于 Mb7.5；

(3) 灌孔混凝土不应低于 Cb20。

对安全等级为一级或设计使用年限大于 50 年的配筋砌块砌体房屋，所用材料的最低强度

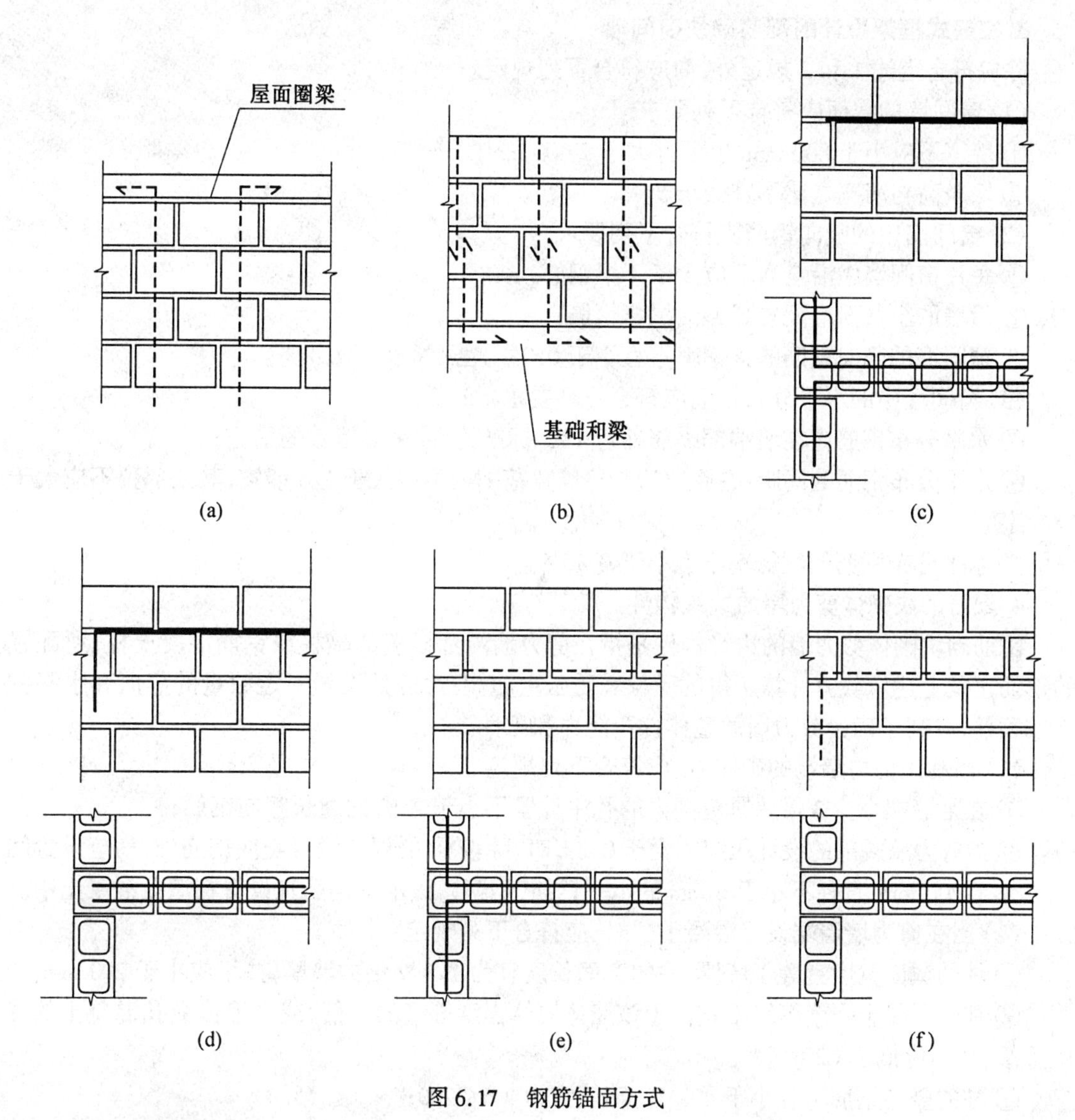

图6.17　钢筋锚固方式

等级应至少提高一级。

配筋砌块砌体剪力墙厚度、连梁截面宽度不应小于190 mm。

2.构造配筋

(1) 应在墙的转角、端部和孔洞的两侧配置竖向连续的钢筋,钢筋直径不宜小于12 mm;

(2) 应在洞口的底部和顶部设置不小于2 ϕ 10的水平钢筋,其伸入墙内的长度不宜小于35d和400 mm;

(3) 应在楼(屋) 盖的所有纵横墙处设置现浇钢筋混凝土圈梁,圈梁的宽度和高度宜等于墙厚和块高,圈梁主筋不应少于4 ϕ 10,圈梁的混凝土强度等级不宜低于同层混凝土块体强度等级的2倍或该层灌孔混凝土的强度等级,也不应低于C20;

(4) 剪力墙其他部位的竖向和水平钢筋的间距不应大于墙长、墙高之半,也不应大于1 200 mm。对局部灌孔的砌体,竖向钢筋的间距不应大于600 mm;

(5) 剪力墙沿竖向和水平方向的构造钢筋配筋率均不宜小于0.07%。

3. 按壁式框架设计的配筋砌块窗间墙

除应符合上述 1 和 2 规定外，尚应符合下列规定。

(1) 窗间墙的截面应符合下列要求

① 墙宽不应小于 800 mm，也不宜大于 2 400 mm；

② 墙净高与墙宽之比不宜大于 5。

(2) 窗间墙中的竖向钢筋应符合下列要求

① 每片窗间墙中沿全高不应少于 4 根钢筋；

② 沿墙的全截面应配置足够的抗弯钢筋；

③ 窗间墙的竖向钢筋的含钢率不宜小于 0.2%，也不宜大于 0.8%。

(3) 窗间墙中的水平分布钢筋应符合下列要求

① 水平分布钢筋应在墙端部纵筋处弯 180° 标准钩，或采取等效的措施；

② 水平分布钢筋的间距：在距梁边 1 倍墙宽范围内不应大于 1/4 墙宽，其余部位不应大于 1/2 墙宽；

③ 水平分布钢筋的配筋率不宜小于 0.15%。

4. 配筋砌块砌体剪力墙的边缘构件

配筋砌块砌体剪力墙的边缘构件是指在剪力墙端部设置的暗柱或钢筋混凝土柱，所配置的钢筋正是上述承载力计算所得的受拉和受压主筋。在边缘处设置一定数量的竖向和水平钢筋或箍筋，有利于确保剪力墙的整体抗弯能力和延性。

(1) 当利用剪力墙端的砌体时，应符合下列规定

① 在距墙端至少 3 倍墙厚范围内的孔中设置不小于ϕ 12 的通长竖向钢筋；

② 当剪力墙端部的设计压应力大于 $0.8f_g$ 时，除按 ① 的规定设置竖向钢筋外，尚应设置间距不大于 200 mm、直径不小于 6 mm 的水平钢筋（钢箍），该水平钢筋宜设置在灌孔混凝土中。

(2) 当在剪力墙墙端设置混凝土柱时，应符合下列规定

① 柱的截面宽度宜等于墙厚，柱的截面长度宜为 1 ~ 2 倍的墙厚，并不应小于 200 mm；

② 柱的混凝土强度等级不宜低于该墙体块体强度等级的 2 倍，或该墙体灌孔混凝土的强度等级，也不应低于 C20；

③ 柱的竖向钢筋不宜小于 4 ϕ 12，箍筋宜为ϕ 6@200；

④ 墙体中水平钢筋应在柱中锚固，并应满足钢筋的锚固要求。

⑤ 柱的施工顺序宜为先砌砌块墙体，后浇捣混凝土。

5. 配筋混凝土砌块砌体连梁

(1) 连梁的截面应符合下列要求

① 连梁的高度不应小于两皮砌块的高度和 400 mm；

② 连梁应采用“H” 形砌块或凹槽砌块组砌，孔洞应全部浇灌混凝土。

(2) 连梁的水平钢筋宜符合下列要求

① 连梁上、下水平受力钢筋宜对称、通长设置，在灌孔砌体内的锚固长度不应小于 $35d$ 和 400 mm；

② 连梁水平受力钢筋的含钢率不宜小于 0.2%，也不宜大于 0.8%。

(3) 连梁的箍筋应符合下列要求

① 箍筋的直径不应小于 6 mm；

② 箍筋的间距不宜大于1/2梁高和600 mm;

③ 在距支座等于梁高范围内的箍筋间距不应大于1/4梁高,距支座表面第一根箍筋的间距不应大于100 mm;

(4) 箍筋的面积配筋率不宜小于0.15%;

(5) 箍筋宜为封闭式,双肢箍末端弯钩为135°;单肢箍末端的弯钩为180°,或弯90°加12倍箍筋直径的延长段。

6. 钢筋混凝土连梁

连梁混凝土的强度等级不宜低于同层墙体块体强度等级的2倍,或同层墙体灌孔混凝土的强度等级,也不应低于C20;其他构造尚应符合现行国家标准《混凝土结构设计规范》(GB 50010—2002)的有关规定。

6.5.3　配筋砌块砌体剪力墙均匀配筋方式

1. 问题的提出

配筋砌块砌体剪力墙在平面内受弯时,截面计算所需要的抗弯钢筋一般要集中配置在剪力墙的两端,也就是规范要求做的边缘构件(暗柱)中。但混凝土砌块空心的体积有限,受弯钢筋如果集中布置在剪力墙端部一个或几个芯柱内,会造成钢筋拥挤以致黏结力和锚固力不足,也给灌芯带来困难。特别在地震作用下,由于钢筋的压屈会导致混凝土脆性破坏,使剪力墙的刚度迅速衰减,很不利于抗震。如果将剪力墙的受弯钢筋沿墙长均匀布置,在不减弱抗弯承载力的前提下,除了能克服上述缺点外,还能改善墙的压剪承载力,增加剪力墙的延性。

2. 剪力墙均匀配筋计算方法

按弹性理论分析,端部配筋总比均匀配筋的抗弯承载力大。但是,配筋砌块砌体剪力墙的配筋率都很低,轴向压应力也不大,墙截面中和轴深度很小。如果考虑在承载力极限状态下的混凝土弹塑性压应力分布图形,如图6.18(b)、(c)、(d)所示,用迭代方法确定截面抗弯承载力,使得两种配筋方式的抗弯承载力相差总是不大,可按下列步骤进行。

假设中和轴位置参数α按下式计算

$$\alpha = \frac{N + 0.5\sum_{i=1}^{n} A_{si} f_y}{f_m t} \tag{6.21}$$

计算中和轴位置参数C

$$C = \alpha / \beta$$

计算砌体承受的压力

$$C_m = f_m \alpha t$$

初次试算α时可假设75%的钢筋受拉,25%的钢筋受压,钢筋压应力的合力为

$$C_s = \sum_{i=1}^{j} A_{si} f'_y \tag{6.22}$$

进一步迭代时,受压钢筋的根数按实际计算,第$(j+1)$根钢筋到第n根钢筋承受的总拉力为

$$T = \sum_{i=j+1}^{n} A_{si} f'_y \tag{6.23}$$

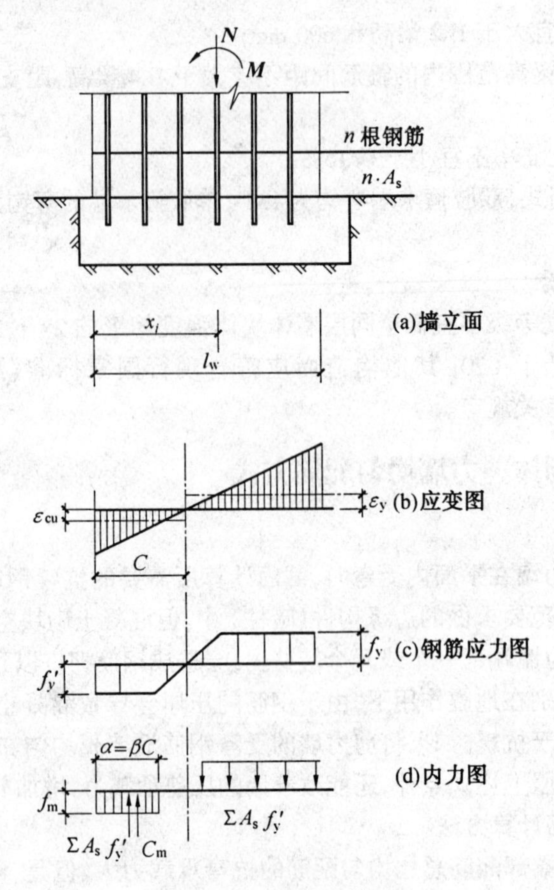

图 6.18　墙截面应力图

按下式验算截面平衡条件，通过修改 α 直到满足

$$C_m + C_s - \boldsymbol{T} \approx \boldsymbol{N}$$

重复以上计算，直到两种布筋方式的承载力误差在 5% 以内，截面上所有的力对中和轴取矩，则剪力墙的抗弯承载力为

$$\boldsymbol{M} = C_m\left(C - \frac{\alpha}{2}\right) + \sum A_s f_y (C - x_i) + \frac{l_w}{2} - C \tag{6.24}$$

本章小结

(1) 配筋砌块砌体剪力墙房屋的结构布置应符合抗震设计规范的有关规定，避免不规则建筑结构方案，并应符合相关要求。

(2) 混凝土砌块标准块尺寸为 390 mm × 190 mm × 190 mm，孔隙率为 46%，重 18 kg，相当于 9.6 块标准砖，砌块墙体自重比 240 mm 和 370 mm 黏土砖墙分别减轻 30% 和 50%，为此减少了施工中的材料运输量，同时也增大了结构的地震可靠度。

(3) 结合标准砌块本身尺寸的特点，平面和层高模数均采用 2M 制。在"T"墙处，门窗洞口垛尺寸要为 100 mm 的奇数倍。要注意排块组合问题。

(4) 10 层以上中、高层混凝土短肢剪力墙结构体系是由异性柱框架结构改造而出现的，它的承重墙与非承重墙围成的房间平整、规则，不像框架结构内露柱角。既解决了砖混结构不能高过 7 层的问题，又比混凝土全剪力墙结构造价低，同时空心非承重砌块做隔墙，可提高墙体的隔声能力，降低声音污染，提高居住的生活质量，是一种用混凝土材料取代黏土砖，在中、高层居住建筑中的理想过渡结构体系。在结构布置方面要注意调整墙肢的尺寸以满足结构构造与排块的需要。

(5) 大开间住宅可以充分发挥二次装修的空间，避免了住户二次装修时随意地开洞，给结构带来安全隐患。大开间在建筑设计上要合理布置厨房、卫生间，这是固定的部位。

(6) 配筋砌块砌体剪力墙正截面在偏心压力作用下的假定：

①截面应保持平面；

②竖向钢筋与其毗邻的砌体、灌孔混凝土的应变相同；

③不考虑砌体、灌孔混凝土的抗拉强度；

④根据材料选择砌体、灌孔混凝土的极限压应变，且不应大于 0.003；

⑤根据材料选择钢筋的极限拉应变，且不应大于 0.01。

(7) 注意配筋砌块砌体剪力墙正截面在偏心压力作用下的受力性能。

(8) 影响配筋砌块砌体剪力墙斜截面受剪承载力的主要因素是材料强度、垂直压应力、剪力墙的剪跨比以及水平和竖向钢筋的配筋率。在偏心力和剪力作用下，墙体有剪拉、剪压和斜压 3 种破坏形态。

(9) 配筋混凝土砌块砌体剪力墙中的连系梁可以采用配筋混凝土砌块砌体，也可采用钢筋混凝土。配筋砌块砌体连梁的跨高比和配箍率是影响连梁受力的主要因素，其中跨高比影响比较显著。随连梁跨高比的加大，根据配筋情况和几何条件连梁的破坏形式有弯曲型破坏、剪切型破坏和弯曲剪切型破坏。

(10) 为了保证配筋混凝土砌块砌体剪力墙结构具有良好的整体受力性能，规范中提出了相应构造上的规定。

思考题

6.1 何谓配筋混凝土砌块砌体剪力墙？

6.2 砌块墙体该怎样排块？

6.3 试述配筋混凝土砌块砌体剪力墙中竖向钢筋和水平钢筋的锚固方法及其对锚固长度的要求。

习　题

6.1 某高层房屋采用配筋混凝土砌块砌体剪力墙承重，其中一墙肢墙高 3.2 m，截面尺寸为 190 mm × 4 000 mm，采用混凝土砌块 MU20(孔隙率为 46%)、混合砂浆 Mb15 砌筑和 Cb30 混凝土灌孔，配筋如图 6.19 所示，施工质量控制等级为 A 级。墙肢承受的内力 $\boldsymbol{N}$ = 1 935.0 kN，$\boldsymbol{M}$ = 1 770.0 kN·m，$\boldsymbol{V}$ = 400.0 kN，验算该墙肢的承载力。

6.2 高层配筋混凝土砌块砌体剪力墙房屋中的墙肢，截面尺寸为 190 mm × 3 600 mm，采用混凝土空心砌块(孔隙率为 46%)MU20、混合砂浆 Mb15 砌筑，用 Cb40 混凝土全灌孔，施工质量控制等级为 A 级。作用于该墙肢的内力 $\boldsymbol{N}$ = 5 000 kN，$\boldsymbol{M}$ = 1 680 kN·m，$\boldsymbol{V}$ = 770 kN，试选择该墙肢的水平分布钢筋。

6.3 某配筋混凝土砌块砌体剪力墙中的连系梁，截面尺寸 190 mm × 600 mm，采用混凝土空心砌块(孔隙率 46%)MU15、混合砂浆 Mb15 砌筑,用 Cb25 混凝土全灌孔,施工质量控制等级为 A 级。作用于连系梁的内力 $M_b = 65\ kN\cdot m$, $V_b = 100\ kN$。试选择该连系梁的钢筋。

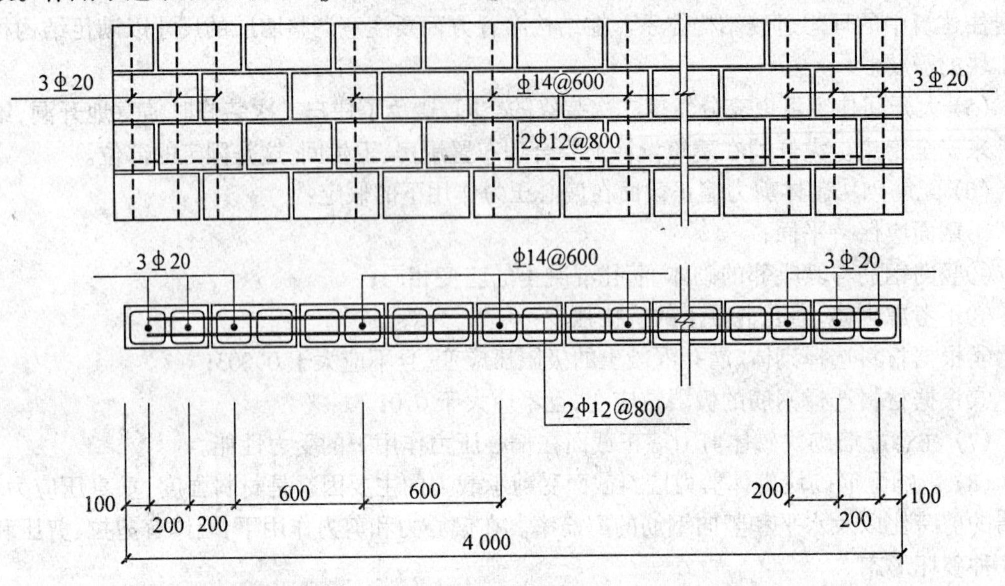

图 6.19　习题 6.1 附图(单位:mm)

第7章　过梁、圈梁、墙梁、挑梁设计

7.1　过梁

7.1.1　过梁的种类

过梁的种类一般有如下几种形式:钢筋混凝土过梁、钢筋砖过梁、砖砌平拱过梁和砖砌弧拱过梁,如图7.1所示。

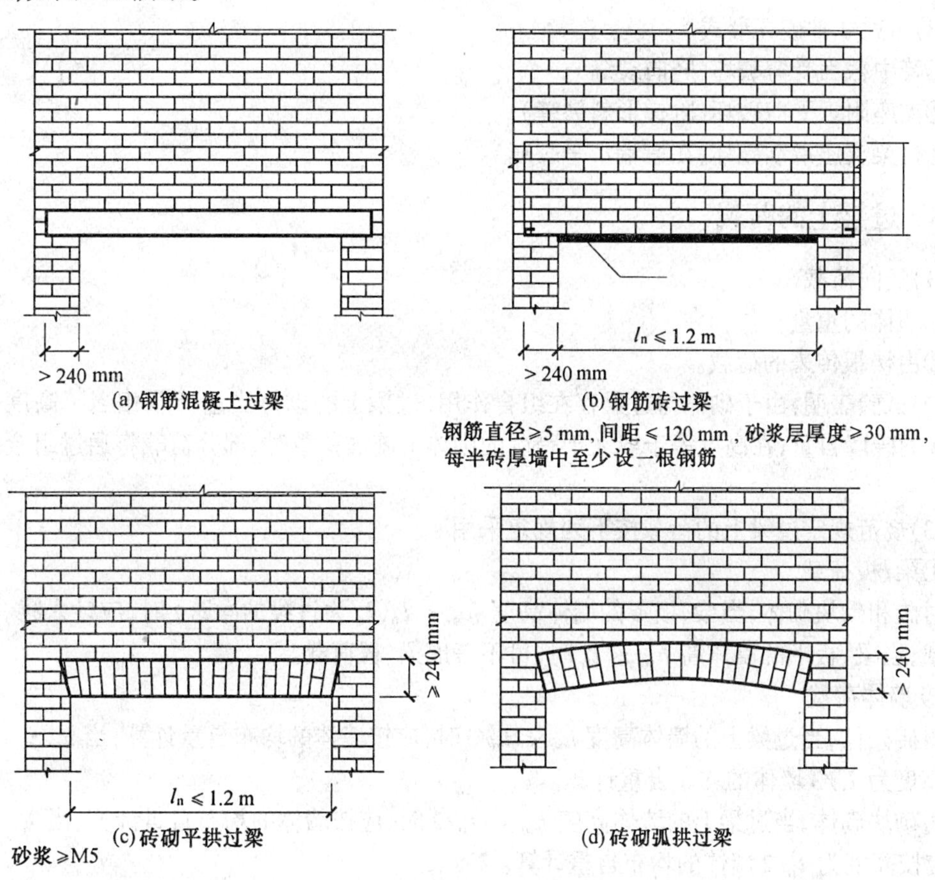

图7.1　过梁的常用类型

7.1.2　过梁的受力特性

(1)砖砌过梁:受弯构件(墙体上部受压、下部受拉);

(2)钢筋砖过梁:三铰拱(钢筋受拉,上部墙体受压)。

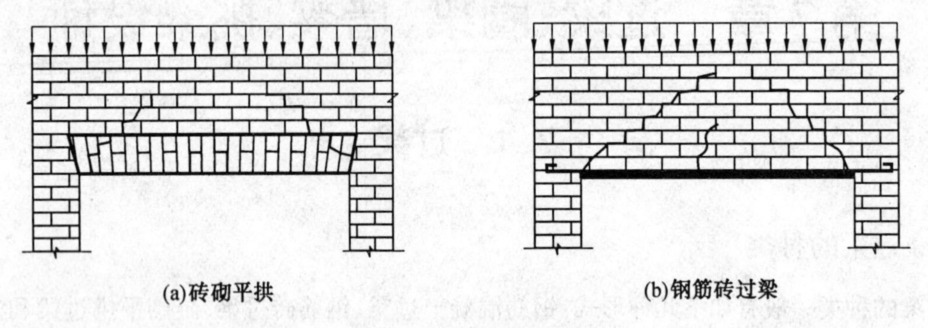

图 7.2　过梁的破坏形态

(3)过梁 3 种破坏形式

①跨中截面受弯破坏(竖向裂缝);

②支座附近受剪破坏(阶梯形斜裂缝);

③过梁支座滑动破坏(在墙端水平裂缝)。

7.1.3　过梁上的荷载

(1)竖向荷载

①墙体的重量;

②由楼板传来的荷载。

(2)试验表明:由于砌体与过梁存在组合作用,过梁上的砌体当量荷载相当于高度等于跨度 1/3 的砖墙自重;在高度等于或大于跨度的砌体上施加荷载时,部分荷载将通过组合拱传给砖墙。

(3)规范规定过梁上的荷载按下列规定采用

①梁、板荷载

对砖和砌块砌体,当梁、板下的墙体高度 $h_w < l_n$(l_n 为过梁的净跨)时,应计入梁、板传来的荷载;当梁、板下的墙体高 $h_w \geq l_n$ 时,可不考虑梁、板荷载。

② 墙体荷载

对砖砌体,当过梁上的墙体高度 $h_w < l_n/3$ 时,应按墙体的均布自重计算;当 $h_w \geq l_n/3$ 时,应按高度为 $l_n/3$ 墙体的均布自重计算。

对砌块砌体,当过梁上的墙体高度 $h_w < l_n/2$ 时,应按墙体的均布自重计算;当 $h_w \geq l_n/2$ 时,应按高度为 $l_n/2$ 墙体的均布自重计算。

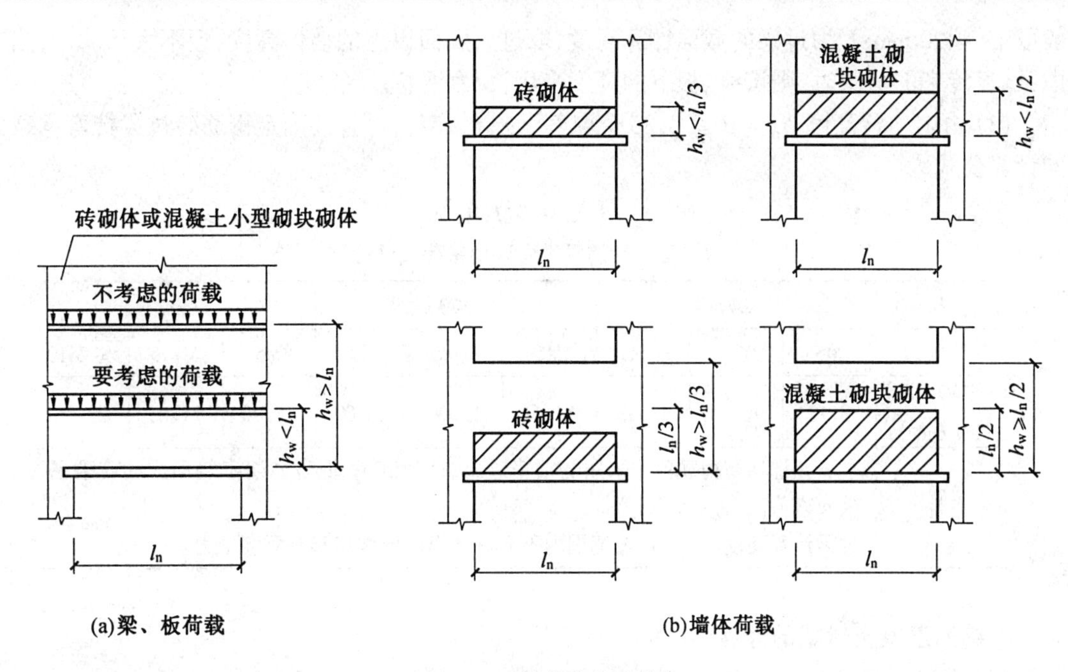

图7.3　过梁荷载的取值

7.1.4　过梁的计算

1.砖砌平拱的计算

平拱过梁的截面计算高度一般取等于 $l_n/3$,当计算中考虑上部梁板荷载时,则取梁板底面到过梁底的高度作为计算高度。

(1) 平拱过梁跨中正截面的受弯承载力应按下式计算

$$\boldsymbol{M} \leqslant Wf_m \tag{7.1}$$

式中,W 为过梁计算截面的抵抗矩;f_m 为砌体的弯曲抗拉强度设计值。

(2) 平拱过梁的抗剪承载力按下式计算

$$\boldsymbol{V} \leqslant bzf_v \tag{7.2}$$

式中,$\boldsymbol{V}$ 为荷载设计值产生的剪力;b 为截面宽度即为墙厚;z 为截面内力臂,一般取计算高度的2/3;f_v 为砌体抗剪强度设计值。

按受弯承载力条件和受剪承载力条件得到过梁所能承担的均布荷载值 p_m 和 p_v

$$p_m = 4f_m b/9$$

$$p_v = 4fb/9$$

2.钢筋砖过梁的计算

(1) 支座斜截面受剪承载力计算方法与平拱过梁相同(不考虑钢筋在支座处的有利作用)。

(2) 跨中正截面受弯承载力(对压力合力点取矩)。

$$\boldsymbol{M} = f_y A_s(h_0 - d) \tag{7.3}$$

式中,$\boldsymbol{M}$ 为按简支梁计算的跨中弯矩设计值;A_s 为受拉钢筋的截面面积;f_y 为受拉钢筋的强度设计值;h_0 为过梁截面的有效高度,$h_0 = h - a_s$;a_s 为受拉钢筋重心至截面下边缘的距离,一般取 15 ~ 20 mm;h 为过梁的截面计算高度,取过梁底面以上的墙体高度,但不大于 $l_n/3$;当考虑梁、板传来的荷载时,则按梁、板下的高度采用;b 为钢筋直径。

(3) 由内力臂高度 $h_0 - d \leqslant 0.85h_0$ 取其下限 $0.15h_0$,可直接确定钢筋砖过梁抗弯承载力的计算公式为

$$M \leqslant 0.85 f_y A_s h_0 \tag{7.4}$$

表 7.1 砖砌平拱允许均布荷载设计值

墙厚 h/mm	240			370			490		
砂浆等级	M5	M7.5	≥ M10	M5	M7.5	≥ M10	M5	M7.5	≥ M10
允许均布荷载 /(kN · m^{-1})	8.17	10.31	11.73	12.61	15.90	18.09	16.70	21.05	23.96
备注	本表允许均布荷载值为采用烧结普通砖或多孔砖和混合砂浆砌筑而成的砖砌平拱允许值。 过梁计算高度 $h_0 = l_n/3$ 范围内不允许开设门窗洞口和布置集中力。								

3. 钢筋混凝土过梁的计算

(1) 钢筋混凝土过梁荷载

考虑砌体和钢筋混凝土梁的组合作用按规范规定取值。

(2) 钢筋混凝土过梁设计

按钢筋混凝土受弯构件进行跨中正截面受弯和支座斜截面受剪承载力计算。

(3) 梁端支承处砌体局部受压验算

考虑过梁与上部砌体的组合作用,梁端底面压应力图形完整系数取 $\eta = 1$,可不考虑梁端上层荷载的影响,砌体局部抗压强度提高系数 $\gamma = 1.25$,过梁梁端有效支承长度 a_0,可取实际支承长度但不超过墙厚。

【例 7.1】 已知钢筋砖过梁净跨 $l_n = 1\,500$ mm,过梁宽度与墙体厚度相同 $h = 240$ mm,采用 MU10 黏土砖、M5 混合砂浆砌筑而成。在离窗口 600 mm 高度处,存在由楼板传来的均布竖向荷载,其中恒荷载标准值为 4 kN/m、活荷载标准值为 2 kN/m,砖墙自重 5.24 kN/m^2,试设计该钢筋砖过梁。

【解】

1. 荷载计算

由于楼板位于小于跨度的范围内($h_w < l_n$),故在荷载 P 的计算中,除要计入墙体自重外还需考虑由梁、板传来的均布荷载。

$$P = 1.35 \times (5.24\ \text{kN/m}^2 \times 1.5\ \text{m}/3 + 4\ \text{kN/m}) + 1.0 \times 2\ \text{kN/m} = 10.94\ \text{kN/m}$$

2. 钢筋砖过梁受弯承载力计算

按公式(7.4) 计算。考虑楼板位置,取 $h = 600$ mm

则 $h_0 = 600\ \text{mm} - 15\ \text{mm} = 585\ \text{mm}$,采用 HPB235 级钢筋 $f_y = 210\ \text{N/mm}^2$,由

$$M = Pl_n^2/8 = 10.94\ \text{kN/m} \times 1.5\ \text{m}^2/8 = 3.08\ \text{kN} \cdot \text{m}$$

得 $A_s = M/(0.85h_0 f_y) = 3.08\ \text{kN} \cdot \text{m} \times 10^6/(0.85 \times 585\ \text{mm} \times 210\ \text{N/mm}^2) = 29.5\ \text{mm}^2$。

选用 2 Φ 6 (56.6 mm^2) 作为抗弯钢筋。

3.过梁受剪承载力计算

据 $f_V = 0.11\ N/mm^2$,按公式(7.2)由受剪承载力条件钢筋砖过梁所能承担的均布荷载允许值 $\boldsymbol{P}_V = 4f_Vb/9 = 4 \times 0.11\ N/mm^2 \times 240\ mm/9 = 11.73\ kN/m$

$\boldsymbol{P}_V = 11.73\ kN/m > \boldsymbol{P} = 10.94\ kN/m$,钢筋砖过梁受剪承载力满足要求。

【例7.2】 已知钢筋混凝土过梁净跨 $l_n = 3\,000\ mm$,过梁上墙体高度1 400 mm,砖墙厚度 $h = 240\ mm$,采用MU10黏土砖、M5混合砂浆砌筑而成。在窗口上方500 mm处,存在由楼板传来的均布竖向荷载,其中恒载标准值为10 kN/m、活载标准值为5 kN/m,砖墙自重取5.24 kN/m^2,混凝土容重取25 kN/m^3,试设计该钢筋混凝土过梁。

【解】

根据题意,考虑过梁跨度及荷载等情况,过梁截面取

$$b \times h = 240\ mm \times 300\ mm$$

1.荷载计算

由于楼板位于小于跨度的范围内($h_w < l_n$),故荷载计算时要考虑由梁、板传来的均布荷载;因过梁上墙体高度1 400 mm大于 $l_n/3 = 1\,000\ mm$,所以应考虑1 000 mm高的墙体自重,即

$$\boldsymbol{P} = 1.35 \times (25\ kN/m^3 \times 0.24\ m \times 0.3\ m + 5.24\ kN/m^2 \times 3.0\ m/3 + 10\ kN/m) + 1.0 \times 5\ kN/m = 28.00\ kN/m$$

2.钢筋混凝土过梁的计算

在砖墙上混凝土过梁计算跨度 $l_0 = 1.05l_n = 1.05 \times 3\,000\ mm = 3\,150\ mm$

$$\boldsymbol{M} = \boldsymbol{P}l_n^2/8 = 28.00\ kN/m \times (3.15\ m)^2/8 = 34.73\ kN \cdot m$$

$$\boldsymbol{V} = \boldsymbol{P}l_n/2 = 28.00\ kN/m \times 3.00\ m/2 = 42.0\ kN$$

取C20混凝土,经计算(略),得纵筋 $A_s = 472.2\ mm^2$。纵筋选用 3 Φ 16,箍筋通长采用 ϕ 6@250。

3.过梁梁端支承处局部抗压承载力验算

取 $f = 1.5\ N/mm^2$, $\eta = 1.0$,则

$$a_0 = 10\sqrt{\frac{h_c}{f}} = 10\sqrt{\frac{300}{1.5}} = 141.42\ mm^2$$

$$A_1 = a_0 \times b = 141.42\ mm \times 240\ mm = 33\,941.1\ mm^2$$

$$A_0 = (a + h)h = (240\ mm + 240\ mm) \times 240\ mm = 115\,200\ mm^2$$

取 $\gamma = 1.25$, $\Psi = 1.5 - 0.5\dfrac{A_0}{A_1} = 1.5 - 0.5 \times \dfrac{115\,200\ mm^2}{33\,941\ mm^2} < 0$

取 $\Psi = 0$ 由 $N_1 = \dfrac{\boldsymbol{P}l_0}{2} = 28.0\ kN/m \times 3.15\ m/2 = 44.1\ kN$ 得

$$\Psi N_0 + N_1 = N_1 = 44.1\ kN < \eta\gamma A_1 f = 1.0 \times 1.25 \times 33\,941.1\ mm^2 \times 1.5\ N/mm^2 \times 10^{-3} = 63.6\ kN$$

故钢筋混凝土过梁支座处砌体局部受压安全。

7.2　圈梁

砌体结构房屋中,在墙体内沿水平方向设置封闭的钢筋混凝土梁称为圈梁。位于房屋檐口处的圈梁又称为檐口圈梁,在基础顶面处设置的圈梁,称为地圈梁(简称地梁)。

在砌体结构房屋中设置圈梁可以增强房屋的整体性和空间刚度,防止地基不均匀沉降或较大振动荷载等对房屋引起的不利影响。圈梁与构造柱配合还有助于提高砌体结构的抗震性能。

7.2.1　圈梁的设置

(1) 对空旷的单层房屋,如车间、仓库、食堂等,应按下列规定设置圈梁

① 砖砌体房屋,当檐口标高为 5 ~ 8 m时,应设置一道圈梁;当檐口标高大于 8 m时,宜适当增设。

② 砌块及料石砌体房屋,当檐口标高为 4 ~ 5 m时,应设置一道圈梁;当檐口标高大于5 m时,宜适当增设。

③ 对有电动桥式吊车或较大振动设备的单层工业房屋,除在檐口或窗顶标高处设置现浇钢筋混凝土圈梁外,尚宜在吊车梁标高处或其他适当位置增设。

(2) 对多层砌体民用房屋,如住宅、宿舍、办公楼等建筑,当房屋层数为 3 ~ 4层时,应在檐口标高处设置圈梁一道;当层数超过 4 层时,应从底层开始在包括顶层在内的所有纵横墙上隔层设置圈梁。

(3) 对多层砌体工业房屋,宜每层设置现浇混凝土圈梁,对有较大振动设备的多层房屋,应每层设置现浇圈梁。

(4) 对设置墙梁的多层砌体结构房屋,为保证使用安全,应在托梁和墙梁顶面、每层楼面标高和檐口标高处设置现浇钢筋混凝土圈梁。

7.2.2　圈梁的构造要求

(1) 圈梁宜连续地设在同水平面上,沿纵、横墙方向应形成封闭状。当圈梁被门窗洞口截断时,应在洞口上部增设相同截面的附加圈梁。参照图 7.4 附加圈梁与圈梁的搭接长度不应小于其中垂直间距的 2 倍,且不得小于 1 m。

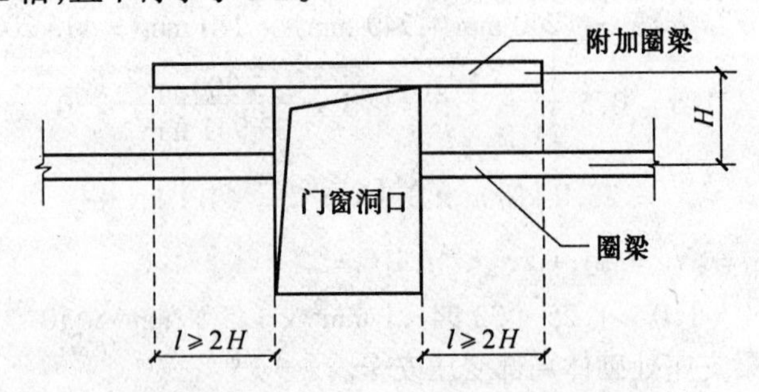

图 7.4　附加圈梁与圈梁的搭接

(2) 圈梁在纵横墙交接处应有可靠的连接,在房屋转角及丁字交叉处的常用连接构造见

图 7.5。刚弹性和弹性方案房屋，圈梁应保证与屋架、大梁等构件的可靠连接。

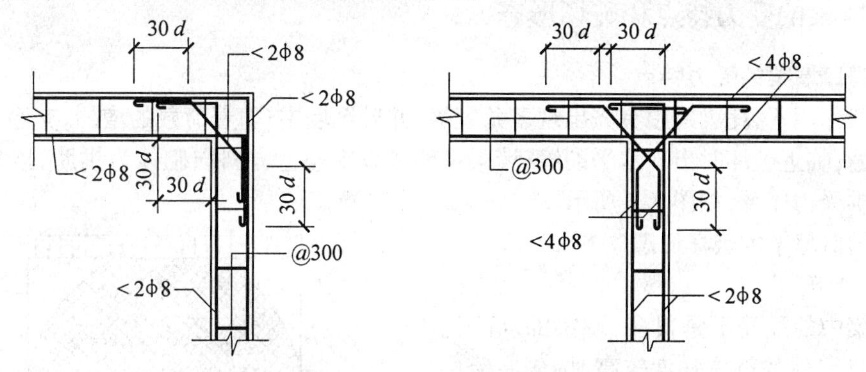

图 7.5 圈梁在转角和丁字交接处的附加钢筋

(3) 钢筋混凝土圈梁的宽度宜与墙厚相同。当墙厚 $h \geqslant 240$ mm时，其宽度不宜小于$2h/3$ 。圈梁高度不应小于 120 mm。纵向钢筋不宜少于 4 ϕ 10，绑扎接头的搭接长度按受拉钢筋考虑。箍筋间距不宜大于 300 mm。现浇混凝土强度等级不应低于 C20。

(4) 圈梁兼作过梁时，过梁部分的钢筋应按计算用量另行增配。

(5) 采用现浇楼(屋) 盖的多层砌体结构房屋，当层数超过 5 层，在按相关标准隔层设置现浇钢筋混凝土圈梁时应将梁板和圈梁一起现浇。未设置圈梁的楼面板嵌入墙内的长度不应小于 120 mm，其厚度宜根据所采用的块体模数确定，并沿墙长配置不少于 2 ϕ 10 的纵向钢筋。

7.3 墙梁

由钢筋混凝土梁及砌筑于其上的计算高度范围内的墙体所组成的组合构件称为墙梁。其中的钢筋混凝土梁称为托梁。

7.3.1 概述

在很多要求底层有较大使用空间的多层混合结构房屋中，如底层为商店、上层为住宅的商店 - 住宅楼，底层为饭店、顶层为旅馆的饭店 - 旅馆楼等，在工程中常用的做法就是将底层楼面梁或框架梁做成墙梁。与多层钢筋混凝土框架结构相比，墙梁节省钢材和水泥，造价低，因此被广泛应用。

7.3.2 墙梁的类型

1. 按承受的荷载分类

(1) 承重墙梁：除了承受托梁和顶面以上的墙体自重外，还承受由屋盖或楼盖传来的荷载的墙梁，如底层为大开间、上层为小开间时设置的墙梁。

(2) 非承重墙梁：仅承受托梁和顶面以上墙体自重的墙梁，如基础梁、连系梁等。

2. 按支撑条件分类

可分为简支墙梁、框支墙梁和连续墙梁。

3. 按墙梁上有无门窗洞口分类

可分为无洞口墙梁和有洞口墙梁。

7.3.3　墙梁的受力特点和破坏形态

1. 无洞口墙梁的受力特点

在荷载作用下，托梁跨中首先出现多条裂缝，并升至墙中；随着荷载的增加，支座上方墙体出现斜裂缝；临近破坏时出现水平裂缝；墙梁将形成以支座上方斜向砌体为拱肋，以托梁为拉杆的组合拱受力体系，如图7.6所示。

2. 无洞口墙梁的破坏形态

(1) 弯曲破坏

当托梁中的配筋不是很多，墙梁的高跨比不是很大并且墙体的砌体强度较高时，先在跨中出现垂直裂缝，随荷载增加裂缝迅速向上延伸，并穿过梁与墙的界面进入墙体。当托梁主裂缝截面的钢筋达到屈服时，墙梁发生沿跨中垂直截面的弯曲破坏，如图7.7(a)所示。

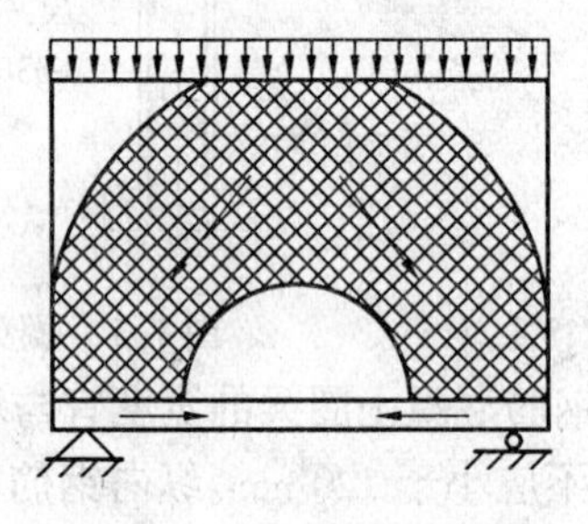

图7.6　组合拱受力体系

(2) 剪切破坏

当墙梁中墙体的强度较低，在上部荷载作用下，易在支座上部的砌体中出现斜裂缝，墙体发生剪切破坏。剪切破坏的形态分为以下几种情况。

① 墙体斜拉破坏

当墙体高跨比 $h_w/l_0 \leqslant 0.5$（h_w 为墙体的计算高度，l_0 为墙梁的计算跨度），砌体强度较低，或集中荷载剪跨比（a_p/l_0）（a_p 为集中荷载到最近支座的距离）较大时，随着荷载的增加，墙体中部的主拉应力大于砌体沿齿缝截面的抗拉强度而产生斜裂缝，荷载继续增加，斜裂缝延伸并扩展，最后砌体因开裂过宽而破坏，如图7.7(b)所示。

② 墙体斜压破坏

当墙体高跨比较大时（$h_w/l_0 > 0.5$），或集中荷载作用剪跨比（a_p/l_0）较小时，墙体将因主应力过大而产生斜压破坏。破坏时，斜裂缝数量多，坡度陡，裂缝间的砌体沿斜裂缝剥落或压碎而破坏。其极限承载力较大，如图7.7(c)所示。

③ 托梁剪切破坏

托梁本身一般不易破坏。当托梁混凝土强度等级过低，箍筋设置过少时，可能发生托梁剪切破坏。

(3) 局部受压破坏

当砌体强度较低，托梁中钢筋较多，且墙体高跨比较大（$h_w/l_0 > 0.7$）时，支座上方因压应力过大而产生局压破坏。当墙两端设置翼墙时，可以提高托梁上的砌体局部受压承载力，如图7.7(d)所示。

3. 有洞口墙梁的破坏形态

有洞口墙梁分为中开洞墙梁和偏开洞墙梁。对于中开洞墙梁，当洞口宽度不大于 $l/3$，高度不过高时，其应力分布和主应力迹线和无洞口墙梁基本一致。由于孔洞位于墙梁的低应力区，不影响墙梁的组合拱受力性能，其破坏形态也与无洞口墙梁类似，如图7.8(a)所示。

偏洞口墙梁的受力情况与无洞口墙梁有很大差别，如图7.8(b)所示。其破坏形态一般又下列几种情况。

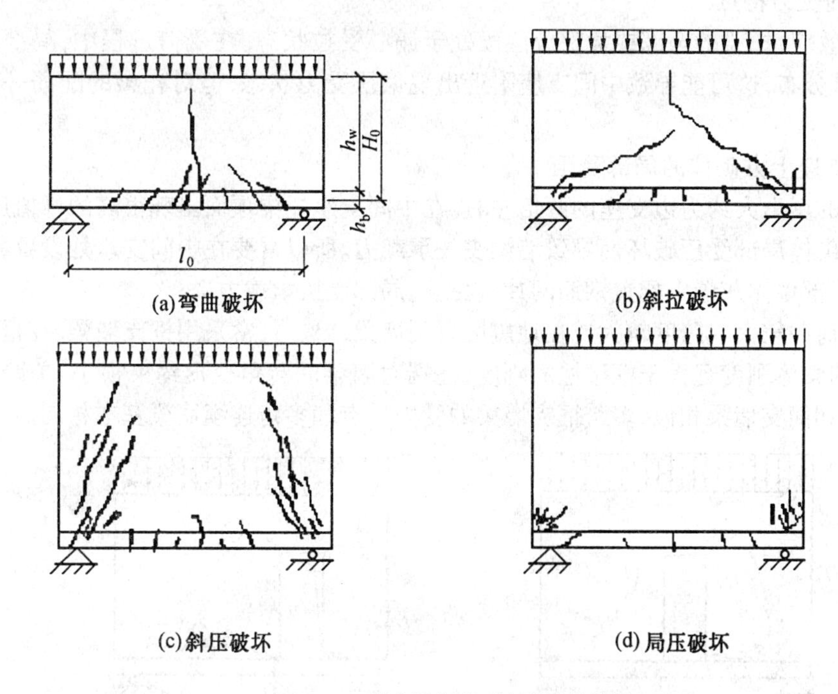

图7.7 简支墙梁的破坏(试验结果)

(1) 弯曲破坏

偏洞口墙梁的受弯破坏发生在宽墙肢的洞口边缘截面。托梁下部受拉钢筋屈服后,托梁刚度迅速降低引起托梁与墙体之间的内力重分布,墙体随之破坏,如图7.8(c)所示。

(2) 剪切破坏

偏洞口墙梁墙体剪切破坏一般发生在窄墙肢一侧。斜裂缝首先在支座斜上方产生并不断向支座和洞顶延伸,贯通墙肢高度后墙肢破坏,如图7.8(d)所示。当洞口距较小、托梁混凝土强度较低、且箍筋数量较少时,洞口处托梁因过大的剪力而发生斜截面剪切破坏,如图7.8(e)所示。

(3) 局部受压破坏

有洞口墙梁除了在两端支座上方托梁与墙梁交界面上发生较大的竖向压应力集中外,在洞口上部与小墙肢交接处也有较大竖向压应力集中,当砌体抗压强度过低时,在这些地方均可发生局部受压破坏,如图7.8(f)所示。

4.连续墙梁和框支墙梁

多层砌体房屋中经常采用连续墙梁的形式。其受力特点与单跨墙梁有许多共同之处。破坏形态同样有正截面受弯破坏、斜截面受剪破坏、砌体局部受压破坏等。下面以一两跨连续梁为例分析连续墙梁的受力特点。

(1) 墙梁支座反力和内力分布

如图7.9所示为连续梁的受力机构为大拱套小拱的复合拱体系。这使得梁上的荷载更多传向边支座,与普通连续梁相比,边支座反力增大,中间支座反力减小。支座反力的变化导致墙梁的内力发生变化,跨间正弯矩加大,支座负弯矩减小。随着墙梁高跨比越大,这种变化越明显,中间支座甚至不出现负弯矩。

(2) 托梁的受力特点

由于大拱效应，托梁的全部或大部分区段处于偏心受拉状态。在受荷过程中，局部墙体开裂，出现内力重分布，这可能导致中间支座附近出现偏压受力状态，但对托梁的配筋一般不起控制作用。

(3) 中间支座上方砌体的局部受压

中间支座的反力大约为边支座的两倍左右。在中间支座托梁顶面出现很高的峰值压应力，往往造成此处砌体局部受压破坏而导致墙梁丧失承载力。所以常要在中间支座处设置翼墙，若无条件，可在局部墙体灰缝中配置钢筋网片，以提高局部受压承载力。

当墙梁的荷载较大或跨度较大或在地震区采用墙梁结构时，常采用框支墙梁。在框支墙梁结构中，墙体的整体刚度远大于框架柱的刚度，柱端对墙梁的转角变形约束很小。单跨框支墙梁的受力特点和简支墙梁相似，多跨框支墙梁的受力特点和多跨连续墙梁基本相同。

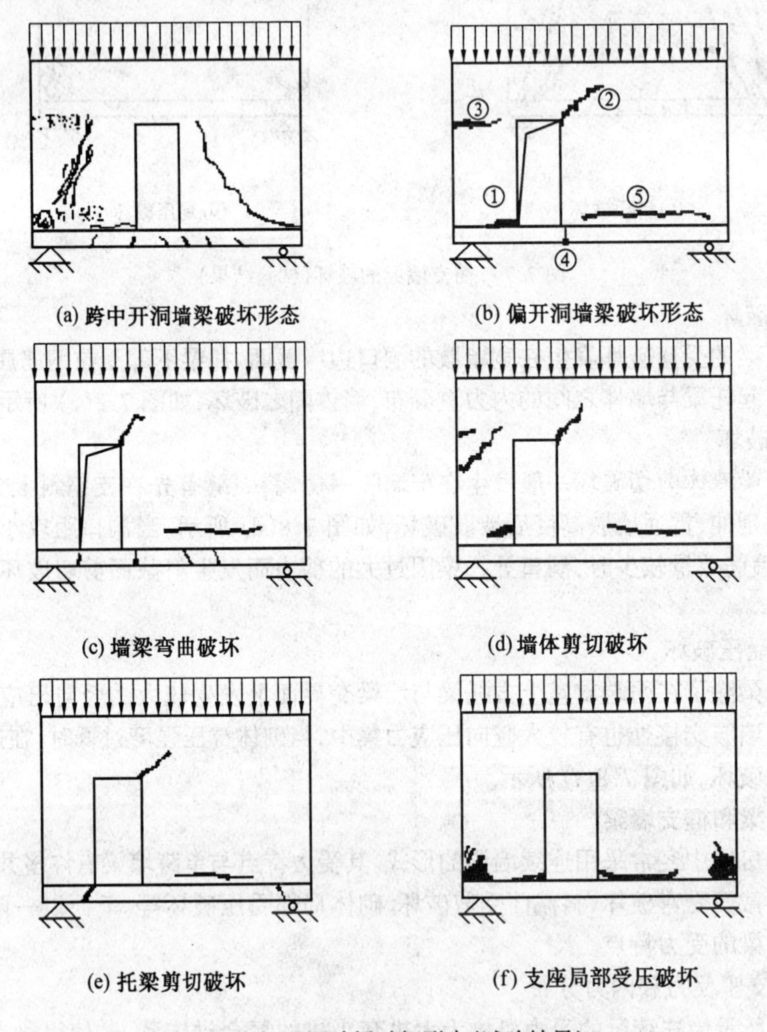

图 7.8 开洞墙梁破坏形态(试验结果)

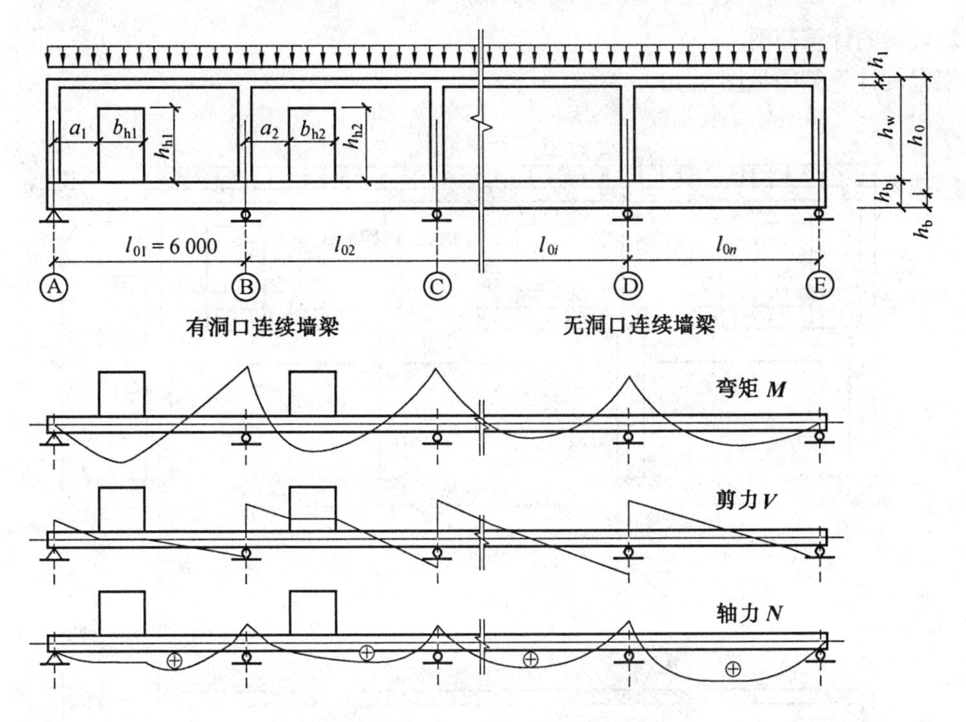

图7.9　连续墙梁托梁内力图(弹性计算结果)

7.3.4　墙梁的构造方法

1.墙梁的一般规定

采用烧结普通砖和烧结多孔砖砌体及配筋砌体的墙梁设计应符合表7.2的规定。

墙梁计算高度范围内每跨允许设置一个洞口；洞口边缘到支座中心的距离为 a_i，距边支座不应小于 $0.15l_{0i}$。对于多层房屋的墙梁，各层洞口易设置在相同位置，并易上下对齐。

表7.2　墙梁的一般规定

墙梁类别	墙体总高度 /m	跨度 /m	墙高 (h_w/l_{0i})	托梁高 (h_b/l_{0i})	洞宽 (h_h/l_{0i})	洞高(h_h)
承重墙梁	≤18	≤9	≥0.4	≥1/10	≤0.3	≤$5h_w/6$且 $h_w-h_h\geqslant0.4$ m
自承重墙梁	≤18	≤12	≥1/3	≥1/15	≤0.8	

注：① 采用混凝土小型砌块砌体的墙梁可参照使用；

② 墙体总高度指托梁顶面到檐口的高度，带阁楼的坡屋面应算到山尖墙1/2高度处；

③ 对自承重墙梁，洞口至边支座中心的距离不宜小于 $0.1l_{0i}$，门窗洞上口至墙顶的距离不应小于0.5 m；

④ h_w 为墙体计算高度，h_b 为托梁截面高度，l_{0i} 为墙梁计算跨度，b_h 为洞口宽度，h_h 为洞口高度，对窗洞取洞顶至托梁顶面距离。

2. 墙梁的计算简图

墙梁的计算简图见图 7.10。

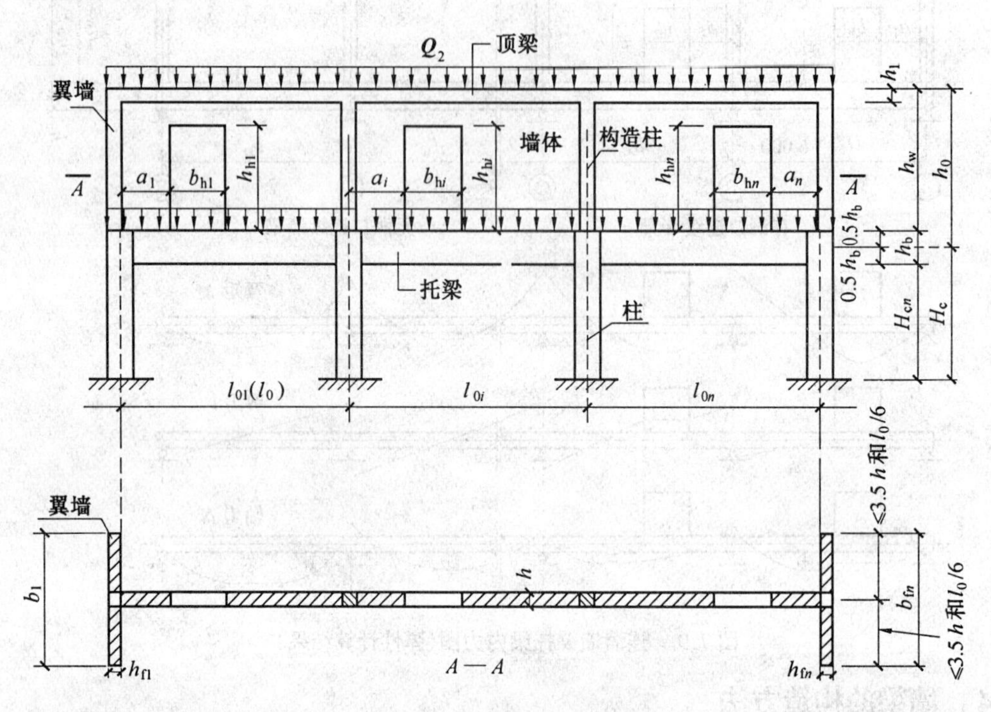

图 7.10　墙梁的计算简图

承重墙梁的设计要考虑以下两方面，一是使用阶段，混凝土托梁正截面、斜截面计算；墙体受剪承载力验算；托梁支座上部砌体局部受压承载力验算；二是施工阶段，托梁承载力验算。

自承重墙梁在满足墙梁一般要求前提下可不验算墙体受剪承载力和砌体局部受压。

3. 墙梁结构荷载和计算参数的取值

(1) 使用阶段承重墙梁上的荷载

① 作用在托梁顶面的荷载设计值 $\boldsymbol{Q}_1$、$\boldsymbol{F}_1$(托梁自重、本层楼盖荷载)；

② 作用在墙梁顶面的荷载设计值 $\boldsymbol{Q}_2$(上层墙体自重、上层楼盖荷载)。

(2) 使用阶段自承重墙梁上的荷载：仅考虑竖向均布荷载 $\boldsymbol{Q}_2$ 作用在墙梁顶面(托梁自重及托梁以上墙体自重)。施工阶段，墙梁组合作用无法形成，托梁承载力验算时应考虑下列荷载

① 托梁自重及本层楼盖恒荷载；

② 本层楼盖的施工荷载；

③ 墙体自重，按照过梁荷载取法。

(3) 墙梁计算参数的确定

① 墙梁计算跨度 $l_0(l_{0i})$，对简支墙梁和连续墙梁取 $1.1l_n(1.1l_{ni})$ 或 $l_c(l_{ci})$ 中较小值，其中 $l_n(l_{ni})$ 为净跨，$l_c(l_{ci})$ 为支座中心间的距离。对框支墙梁，取框架柱中心轴线间的距离 $l_c(l_{ci})$。

② 墙体计算高度 h_w，取托梁顶面上一层墙体高度，当 $h_w > l_0$ 时，取 $h_w = l_0$；对连续墙梁和多跨框支墙梁 l_0 取各跨的平均值。

③ 墙梁跨中截面计算高度 H_0，取 $H_0 = 0.5h_b + h_w$，h_b 为托梁截面高度。

④ 翼墙计算宽度 b_f,取窗间墙宽度或横墙间距的 2/3,且每边不大于 $3.5h$(h 为墙体厚度)和$\frac{h_0}{6}$。

⑤ 框架柱计算高度 H_c,取 $H_c = H_{cn} + 0.5h_b$,H_{cn} 为框架柱的净高,取基础顶面至托梁底面的距离。

⑥ 第 i 跨洞口边至相邻支座中心的距离 a_i 应取相应跨门洞边缘至相邻一侧支座中心的最短距离。当 $a_i > 0.35l_{0i}$ 时，取 $a_i = 0.35l_{0i}$。

4. 墙梁中混凝土托梁正截面承载力计算托梁跨中截面弯矩

托梁跨中截面弯矩

$$\boldsymbol{M}_{bi} = \boldsymbol{M}_{1i} + a_M\boldsymbol{M}_{2i} \tag{7.5}$$

轴心拉力

$$N_{bti} = \eta_N \frac{\boldsymbol{M}_{2i}}{H_0} \tag{7.6}$$

其中,对简支墙梁

$$a_M = \Psi_M\left(1.7\frac{h_b}{l_0} - 0.03\right) \tag{7.7}$$

$$\Psi_M = 4.5 - 10\frac{a}{l_0} \tag{7.8}$$

$$\eta_N = 0.44 + 2.1\frac{h_w}{l_0} \tag{7.9}$$

对于各跨长短跨度差不超过 30% 的多跨连续墙梁和框支墙梁

$$a_M = \Psi_M\left(2.7\frac{h_b}{l_{0i}} - 0.08\right) \tag{7.10}$$

$$\Psi_M = 3.8 - 8\frac{a_i}{l_{0i}} \tag{7.11}$$

$$\eta_N = 0.8 + 2.6\frac{h_w}{l_{0i}} \tag{7.12}$$

式中,$\boldsymbol{M}_{1i}$ 为在荷载设计值 $\boldsymbol{Q}_1$、$\boldsymbol{F}_1$ 作用下的简支梁跨中弯矩按连续梁或框架结构分析的托梁第 i 跨跨中最大弯矩;$\boldsymbol{M}_{2i}$ 为在荷载设计值 $\boldsymbol{Q}_2$ 作用下的简支梁跨中弯矩或按连续梁或框架结构分析的托梁第 i 跨跨中弯矩中最大值;a_M 为考虑墙梁组合作用的托梁跨中弯矩系数,对自承重简支墙梁在公式计算值的基础上可乘以 0.8 调整系数;当式(7.7) 中 $h_b/l_0 > 1/6$ 时取 $h_b/l_0 = 1/6$,当式(7.10) 中 $h_b/l_0 > 7$ 时,取 $h_b/l_0 = 1/7$;η_N 为考虑墙梁组合作用的托梁跨中轴力系数,对自承重简支墙梁在公式计算值的基础上可乘以 0.8 调整系数;当式(7.9)、式(7.12) 中 $h_w/l_{0i} > 1$ 时,取 $h_w/l_{0i} = 1$;Ψ_M 为洞口对托梁弯矩的影响系数,对无洞口墙梁取 1.0;a_i 为洞口边至墙梁最近支座中心的距离,当 $a_i > 0.35l_{0i} > 1$ 时，取 $h/l_{0i} = 1$。

托梁支座截面弯矩

$$\boldsymbol{M}_{bj} = \boldsymbol{M}_{1j} + a_M\boldsymbol{M}_{2j} \tag{7.13}$$

$$a_M = 0.75 - \frac{a_i}{l_{0i}} \tag{7.14}$$

式中,$\boldsymbol{M}_{1j}$ 为在荷载设计值 $\boldsymbol{Q}_1$、$\boldsymbol{F}_1$ 作用下按连续梁或框架结构分析的托梁支座弯矩;$\boldsymbol{M}_{2j}$ 为在荷载设计值 $\boldsymbol{Q}_2$ 作用下按连续梁或框架结构分析的托梁支座弯矩;a_M 为考虑墙梁组合作用的托梁支座弯矩系数;对无洞口墙梁取 0.4,有洞口墙梁按公式(7.14) 计算,当支座两边均有洞口时，a_i 取较小值。

考虑大拱效应，多跨框支墙梁边柱轴压力对截面受力不利时，应乘以修正系数 1.2。

5. 墙梁中混凝土托梁斜截面承载力计算

考虑墙梁的组合作用，托梁的各支座剪力 V_{bj} 可按下列公式计算

$$V_{bj} = V_{1j} + \beta_V V_{2j} \tag{7.15}$$

式中，V_{1j} 为在荷载设计值 Q_1、F_1 作用下按简支梁、连续梁或框架结构分析的托梁支座边缘剪力；V_{2j} 为在荷载设计值 Q_2 作用下按简支梁、连续梁或框架结构分析的托梁支座边缘剪力；β_V 为考虑墙梁组合作用的托梁支座边缘剪力系数，对无洞口墙梁边支座取 0.6，中支座取 0.7，对有洞口墙梁边支座取 0.7，中支座取 0.8，对自承重简支墙梁，无洞口时取 0.45，有洞口时取 0.5。

6. 墙梁中墙体受剪承载力计算

考虑复合受力状态下砌体的抗剪强度和顶梁作用，墙体受剪承载力验算公式为

$$V_2 \leqslant \xi_1 \xi_2 \left(0.2 + \frac{h_b}{l_{0i}} + \frac{h_t}{l_{0i}}\right) f h h_w \tag{7.16}$$

式中，V_2 为在荷载 Q_2 作用下墙梁支座边缘剪力的最大值；ξ_1 为翼墙或构造柱影响系数，对单层墙梁取 1.0，对多层墙梁，当 $b_f/h = 3$ 时取 1.3，当 $b_f/h = 7$ 或设置构造柱时取 1.5，当 $3 < b_f/h < 7$ 时，按线性插入法取值；ξ_2 为洞口影响系数，无洞口墙梁取 1.0，多层有洞口墙梁取0.9，单层有洞口墙梁取 0.6；h_t 为墙梁顶面圈梁截面高度。

7. 托梁支座上部砌体局部受压承载力验算

$$Q_2 \leqslant \zeta f h \tag{7.17}$$

$$\zeta = 0.25 + 0.8\frac{b_f}{h} \tag{7.18}$$

式中，ζ 为局压系数，当 $\zeta > 0.81$ 时取 $\zeta = 0.81$。

当墙梁端部翼墙 $b_f/h \geqslant 5$ 或墙梁支座处设置落地构造柱时，可不验算墙体局部受压承载力。

8. 托梁施工阶段承载力验算

不能考虑墙梁组合作用，对托梁按普通混凝土受弯构件进行弯、剪承载力验算。

7.3.5　墙梁的构造要求

1. 一般规定构造要求

(1) 托梁的混凝土强度等级不应低于 C30。

(2) 墙梁结构中纵向受力钢筋宜采用 HRB335、HRB400 或 RRB400 级钢筋。

(3) 承重墙梁的块体强度等级不应低于 MU10，砂浆强度等级不应低于 M10，竖缝应填实。

(4) 墙梁计算高度范围内的墙体厚度，对砖砌体不应小于 240 mm，对混凝土砌块砌体不应小于 190 mm。

(5) 框支墙梁的上部砌体房屋以及设有承重的简支或连续墙梁的房屋应满足刚性方案房屋的要求；当墙梁跨度较大或荷载较大时，宜优先采用框支墙梁。

(6) 对承重墙梁，应按圈梁要求在墙梁计算高度顶面和每层纵横墙顶设现浇混凝土顶梁。

(7) 墙梁开洞时，应在洞口上方设置混凝土过梁，在洞口范围内不应施加集中荷载。

(8) 承重墙梁在支座处应设置翼墙，其厚度对砖砌体不应小于240 mm，对混凝土砌块砌体不应小于190 mm，翼墙宽度不应小于3倍墙梁的墙体厚度，墙梁与翼墙应同时砌筑。当不能设置翼墙时，应设置落地且上下贯通的混凝土构造柱。

(9) 当墙梁墙体在靠近支座1/3跨度范围内开洞时，支座处应设置落地且上下贯通的混凝土构造柱，并应保证构造柱与顶梁和每层圈梁可靠连接。

(10) 墙梁计算高度范围内的墙体，每天可砌筑高度不应超过1.5 m；承重墙梁的现浇托梁应在其混凝土达到设计强度后方可拆模；施工临时通道的洞口宜开设在跨中范围内；冬季施工时，托梁下应设临时支撑。

(11) 墙梁房屋应采用现浇混凝土楼盖，楼盖厚度不宜小于120 mm。楼板上应少开洞。

(12) 托梁底部的纵向受力钢筋应通长设置，应采用机械锚固或焊接的连接方式。

(13) 托梁跨中截面纵向受力钢筋总配筋率不应小于0.6%。

(14) 托梁距边支座 $l_{0i}/4$ 范围内，上部纵向钢筋用量不应少于跨中下部钢筋的1/3。连续墙梁或多跨框支墙梁的托梁中支座的上部附加纵向钢筋从支座边算起每边延伸不应小于 $l_{0i}/4$。

(15) 承重墙梁的托梁在砌体墙、柱上的支承长度不应小于350 mm。

(16) 当托梁截面高度 $h_b \geq 500$ mm时，应沿梁高设置通长水平腰筋，直径不宜小于12 mm，间距不应大于200 mm。

(17) 偏开洞墙梁在洞口宽度和两侧各一个梁高 h_b 范围内直至靠近洞口的支座边的托梁箍筋直径不宜小于8 mm，间距不应大于100 mm。

(18) 框支墙梁的柱截面，对矩形柱不宜小于400 mm × 400 mm，对圆形柱其直径不宜小于450 mm。

2. 抗震设防地区框支墙梁结构构造要求

(1) 在抗震设防地区应优先选用框支墙梁结构。

(2) 框支墙梁上层承重墙应沿纵、横两个方向按底层框架和抗震墙的轴线位置布置，分布均匀，上下对齐。按国家《建筑抗震设计规范》(GB 50011—2001) 要求在框架柱上方纵横墙交接处设置混凝土构造柱，借以降低墙中应力提高墙体抗震能力；框支墙梁房屋纵横两个方向，第二层与底层侧向刚度比值，6、7度时不应大于2.5，8度时不应大于2.0，并且均不应小于1.0。

(3) 框支墙梁在侧向水平力作用下，底部框架柱反弯点距柱底为0.55倍柱的净高。

(4) 框支墙梁计算高度范围内墙体截面抗震承载力应在第8章普通墙体截面抗震承载力计算基础上乘以降低系数0.9。

(5) 框支墙梁的框架柱、托梁和底层抗震墙的混凝土强度不应低于C30，托梁上一层墙体砂浆强度等级不应低于M10，其余楼层墙体砂浆强度等级不应低于M5。

(6) 为保证托梁与墙体充分发挥组合作用满足结构抗震需要，框支墙梁中托梁截面宽度不宜小于300 mm，截面高度不应小于跨度的1/10并不宜大于1/4，当墙体在梁端附近有洞口时，托梁截面高度不宜小于跨度的1/8并不宜大于1/6。

【例7.3】　如图7.11所示，9跨自承重连续墙梁，等跨墙梁支承在400 mm × 400 mm的基础上。托梁顶面至纵墙顶面(包括顶梁) 高度为5 200 mm。纵墙每开间跨中开一个窗洞，窗洞尺寸 $b_h \times h_h$ = 1 800 mm × 2 400 mm，托梁截面为 $b_b \times h_b$ = 250 mm × 400 mm，采用C30混凝土。托梁上砖墙采用MU10标准砖和M10混合砂浆砌筑，厚度 h = 240 mm。混凝土容重标准值取25 kN/m^3，砖墙(双面粉刷20 mm) 和砂浆容重标准值取18 kN/m^3，试设计此连续墙梁。

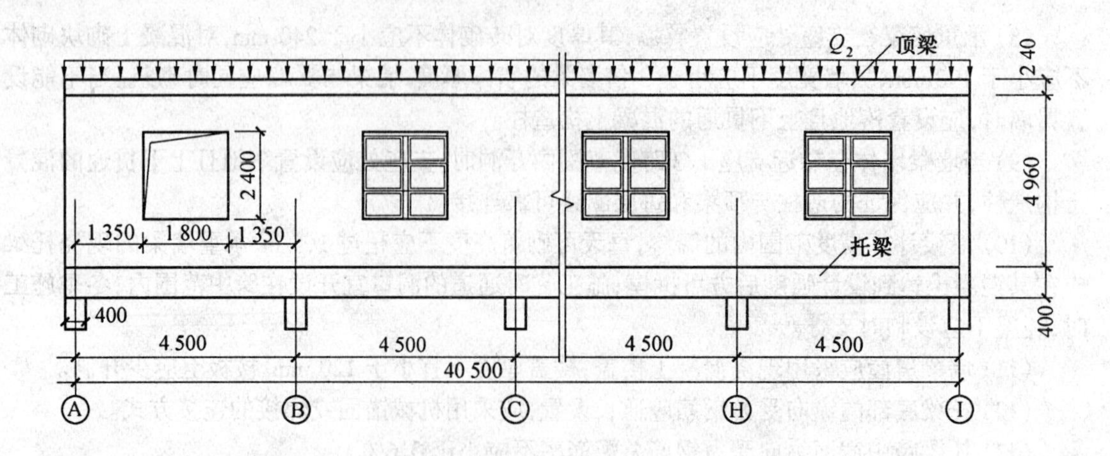

图 7.11 例 7.3 附图(单位:mm)

【解】

1.荷载计算

对自承重墙梁,竖向荷载仅考虑托梁和砖墙自重 Q_2 作用在墙梁顶面

$$Q_2 = 1.35 \times [25\ \mathrm{kN/m^3} \times 0.25\ \mathrm{m} \times 0.4\ \mathrm{m} + 18\ \mathrm{kN/m^3} \times (0.24\ \mathrm{m} + 0.02\ \mathrm{m} \times 2) \times 5.2\ \mathrm{m}] = 38.76\ \mathrm{kN/m}$$

2.连续梁内力计算

由于9跨纵梁跨数超过5跨,因此按照5跨连续梁计算 Q_2 作用下托梁各跨最大内力。为简化设计,托梁通长采用相同配筋,故只要计算有关最大的内力即可。

边跨跨中

$$M_{2A} = 0.078 Q_2 l_0^2 = 0.078 \times 38.76\ \mathrm{kN/m} \times (4.5\ \mathrm{m})^2 = 61.22\ \mathrm{kN \cdot m}$$

内支座 B

$$M_{2B} = -0.105 Q_2 l_0^2 = -0.105 \times 38.76\ \mathrm{kN/m} \times (4.5\ \mathrm{m})^2 = -82.41\ \mathrm{kN \cdot m}$$

边支座

$$V_{2A} = 0.294 Q_2 l_n = 0.394 \times 38.76\ \mathrm{kN/m} \times 4.1\ \mathrm{m} = 62.16\ \mathrm{kN}$$

B 支座左侧

$$V_{2B}^{l} = -0.606 Q_2 l_n = -0.606 \times 38.76\ \mathrm{kN/m} \times 4.1\ \mathrm{m} = -96.30\ \mathrm{kN}$$

3.考虑墙梁组合作用计算托梁各截面内力并设计截面

由于托梁上墙体(包括顶梁)高度 $h > l_0$,因此取 $h_w = 4.5\ \mathrm{m}$、$H_0 = 0.5h_b + h_w = 0.5 \times 0.4\ \mathrm{m} + 4.5\ \mathrm{m} = 4.7\ \mathrm{m}$

$$a_i = (4.5\ \mathrm{m} - 1.8\ \mathrm{m})/2 = 1.35\ \mathrm{m}$$

(1) 托梁跨中截面

由于

$$\Psi_M = 3.8 - 8a_i/l_{0i} = 3.8 - 8 \times \frac{1.35\ \mathrm{m}}{4.5\ \mathrm{m}} = 1.40$$

$$a_M = \Psi_M(2.7h_b/l_{0i} - 0.08) = 1.4 \times (2.7 \times \frac{0.4\ \mathrm{m}}{4.5\ \mathrm{m}} - 0.08) = 0.224$$

$$\eta_N = 0.8 + 2.6h_w/l_{0i} = 0.8 + 0.26 \times \frac{4.5\ \mathrm{m}}{4.5\ \mathrm{m}} = 3.40$$

所以 $M_{bi} = M_{1i} + a_M M_{2i} = 0\ \text{kN}\cdot\text{m} + 0.224 \times 61.22\ \text{kN}\cdot\text{m} = 13.71\ \text{kN}\cdot\text{m}$

$$N_{bti} = \eta_N M_{2i}/H_0 = 3.40 \times \frac{61.22\ \text{kN}\cdot\text{m}}{4.7\ \text{m}} = 44.29\ \text{kN}$$

$$e_0 = M_{bi}/N_{bti} = \frac{13.71\ \text{kN}\cdot\text{m}}{44.29\ \text{kN}} = 0.3096\ \text{m} > 0.5h_b - a_s = 0.20\ \text{m} - 0.035\ \text{m} = 0.165\ \text{m}$$

所以此混凝土托梁为大偏心受拉,采用对称配筋,C30 混凝土。

经计算(略)$A_s = 205.5\ \text{mm}^2$ 截面上下层纵筋都取 2 Φ 12。

(2) 托梁中支座截面

由于托梁第一内支座 B 是负弯矩最大截面,故连续托梁支座一律按其内力进行配筋。

考虑组合作用,按式(7.14) 连续托梁中支座弯矩系数和剪力系数分别取为

$$a_M = 0.75 - a_i/l_{0i} = 0.75 - \frac{1.35\ \text{m}}{4.5\ \text{m}} = 0.45$$

$$\beta_V = 0.8$$

$$M_{bB} = M_{1B} + a_M M_{2B} = 0\ \text{kN}\cdot\text{m} - 0.45 \times 82.41\ \text{kN}\cdot\text{m} = 37.08\ \text{kN}\cdot\text{m}$$

$$V_{bB}^{L} = V_{1B}^{L} + \beta_V V_{2B}^{L} = 0\ \text{kN} - 0.8 \times 96.30\ \text{kN} = 77.40\ \text{kN}$$

托梁支座截面配筋经计算(略)$A_s = 339.5\ \text{mm}^2$ 纵筋取 2 Φ 16、箍筋取 2 Φ 6@200。

为便于施工,托梁通长配筋,250 mm × 400 mm 截面顶部纵筋取 2 Φ 16、底部纵筋取 2 Φ 12、箍筋一律取双肢箍 2 Φ 6@200 。

(3) 托梁边支座截面

因为托梁边支座剪力系数 $\beta_V = 0.7$

所以 $V_{bA} = V_{1A} + \beta_V V_{2A} = 0\ \text{kN} + 0.7 \times 62.61\ \text{kN} = 43.83\ \text{kN}$

故托梁箍筋也取双肢箍 2 Φ 6@200 。

4. 墙体抗剪验算

对于单层跨中开洞墙梁,翼墙或构造柱影响系数 $\zeta_1 = 1.0$,洞口影响系数 $\zeta_2 = 0.7$

取 $f = 1.89$, $h = 4\,500$ mm,根据式(7.16) 有

因为墙梁支座边缘剪力的最大值 $V_2 = 96.30$ kN

$$V_2 = 96.30\ \text{kN} < \zeta_1\zeta_2(0.2 + h_b/l_{0i} + h_t/l_{0i})fh_h =$$

$$1.0 \times 0.6 \times (0.2 + \frac{0.4\ \text{m}}{4.5\ \text{m}} + \frac{0.24\ \text{m}}{4.5\ \text{m}}) \times 1.89\ \text{N/mm}^2 \times 240\ \text{mm} \times 4\,500\ \text{mm} = 419.13\ \text{kN}$$

墙体抗剪满足要求。

5. 托梁支座上部砌体局部受压承载力验算

由于纵墙上未设构造柱,支座处局压系数

$$\zeta = 0.25 + 0.08b_f/h = 0.25 + 0.08 \times \frac{240\ \text{mm}}{240\ \text{mm}} = 0.33$$

因为 $Q_2 = 38.76\ \text{kN/m} < \zeta fh = 0.33 \times 1.89\ \text{N/mm}^2 \times 240\ \text{mm} = 149.69\ \text{kN/m}$

所以托梁支座上部砌体局部受压安全。

6. 托梁施工阶段验算(略)

由于纵墙上设构造柱,因此支座处局压承载力按要求可不作验算。

【例 7.4】　某五层商住楼中一榀双跨无洞口框支墙梁如图 7.12 所示,底层框架柱距 4.2 m,框架柱净高为 3.6 m,框架梁 $b_b \times h_b = 300\ \text{mm} \times 600\ \text{mm}$,框架柱 $b_c \times h_c = 400\ \text{mm} \times$

400 mm,托梁上墙体厚度 h = 240 mm,框架采用 C35 混凝土,墙体采用 MU10 黏土砖和 M10 砂浆砌筑而成。已知墙体自重(包括顶梁、构造柱)设计值 g_w 为 7.07 kN/m²,由二层楼盖传来的均布荷载设计值 q_1 为 37.4 kN/m,由三、四、五层楼盖传来的均布荷载设计值 q_2 为 32.3 kN/m,由屋盖传来的均布荷载设计值 q_3 为 27.3 kN/m,由纵墙传来集中力设计值 $\boldsymbol{P}$ 为 89 kN,试设计此框支墙梁。

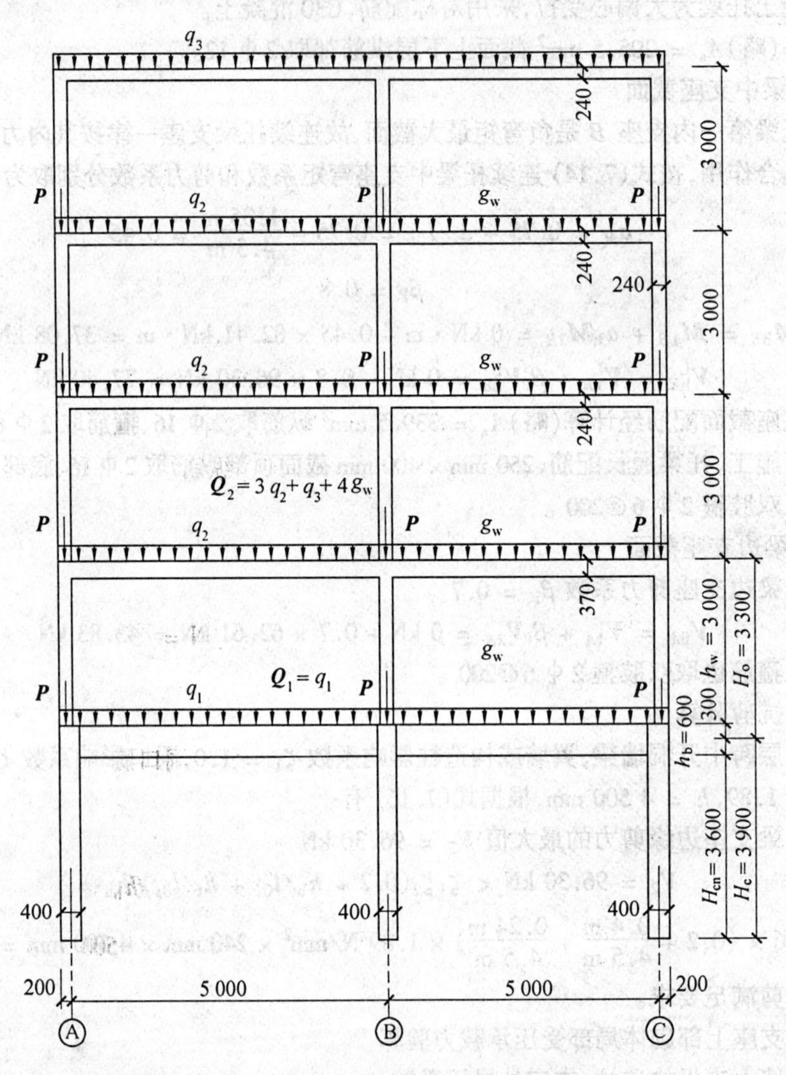

图 7.12　例 7.4 附图(单位:mm)

【解】

1. 荷载计算

作用托梁顶面荷载 $\boldsymbol{Q}_1$ 包括托梁自重和二层楼盖传来的均布荷载 q_1

$$Q_1 = 1.35 \times 25\ \text{kN/m}^3 \times 0.3\ \text{m} \times 0.6\ \text{m} + 37.4\ \text{kN/m} = 43.5\ \text{kN/m}$$

作用在墙梁顶面的荷载应考虑三、四、五层楼盖和屋盖传来的均布荷载 q_2、q_3 以及墙体自重 g_w,即

$$Q_2 = 32.3\ \text{kN/m} \times 3 + 27.3\ \text{kN/m} + 7.07\ \text{kN/m} \times 3.0 \times 4 = 209.0\ \text{kN/m}$$

2. 框架内力计算

(1) 在 $Q_1 = 43.5$ kN/m 作用下，考虑框架柱自重，框架各截面内力示于图 7.13 中的弯矩 M_1 图、轴力 N_1 图、剪力 V_1 图。

(2) 在 $Q_2 = 209.0$ kN/m作用下，框架各截面内力示于图7.13中的弯矩 M_2 图、轴力 N_2 图、剪力 V_2 图。

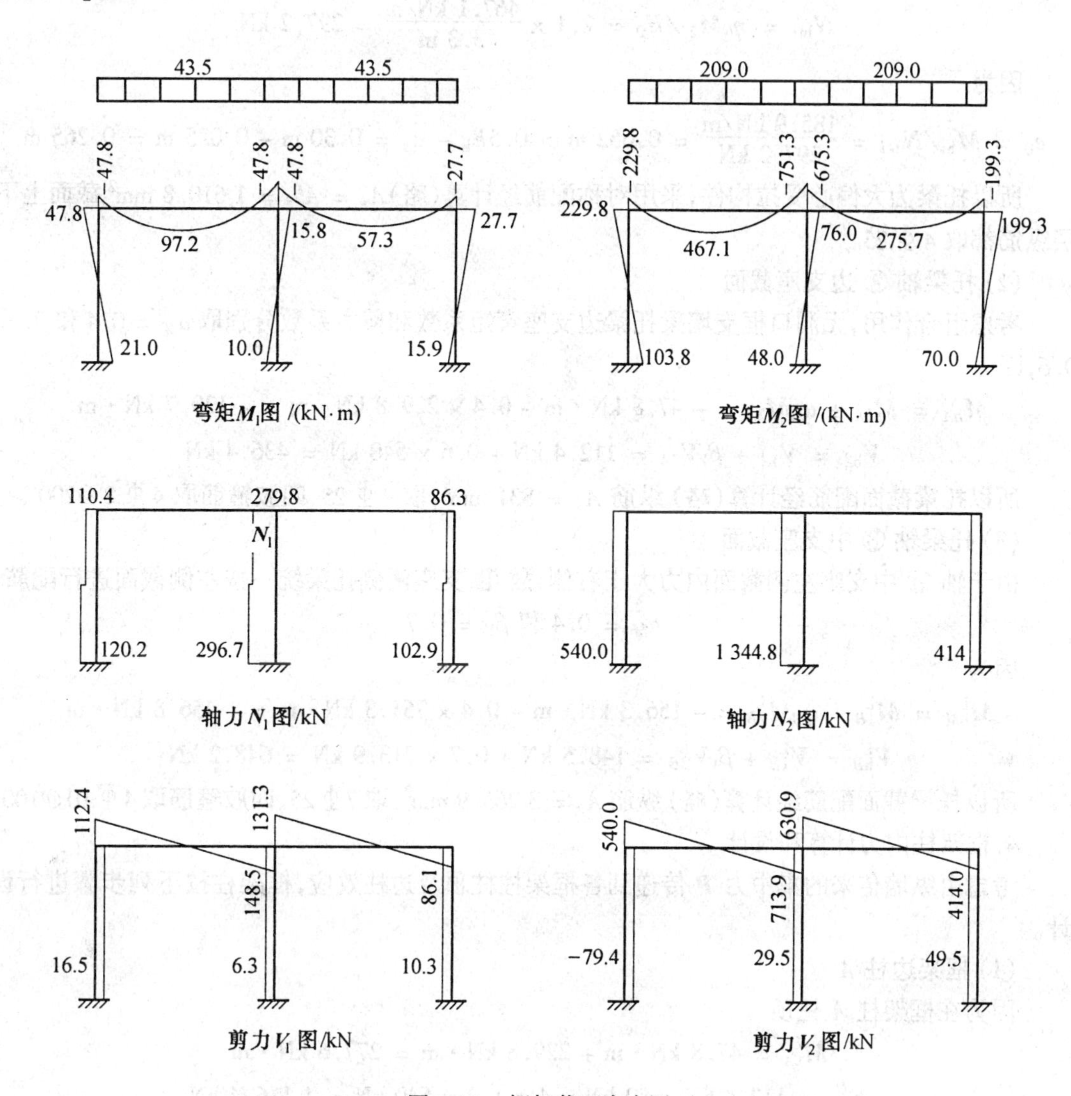

图 7.13　框架截面内力图

3. 托梁各截面内力计算和截面设计

考虑墙梁组合作用，计算时取

$$h_w = 3.0 \text{ m}、H_0 = 0.5h_b + h_w = 0.5 \times 0.6 \text{ m} + 3.0 \text{ m} = 3.3 \text{ m}$$

(1) 托梁跨中截面

双跨托梁统一取 6 m 大跨跨中截面进行设计。

因为无洞口墙梁 $\Psi_M = 1.0$

$$\alpha_M = \Psi_M(2.7h_b/l_{0i} - 0.08) = 1.0 \times (2.7 \times \frac{0.6\ m}{6.0\ m} - 0.08) = 0.19$$

$$\eta_N = 0.8 + 2.6h_w/l_{0i} = 0.8 + 2.6 \times \frac{3\ m}{6\ m} = 2.1$$

所以 $\boldsymbol{M}_{bi} = \boldsymbol{M}_{1i} + \alpha_M \boldsymbol{M}_{2i} = 97.2\ kN/m + 0.19 \times 467.1\ kN/m = 185.9\ kN \cdot m$

$$\boldsymbol{N}_{bti} = \eta_N \boldsymbol{M}_{2i}/H_0 = 2.1 \times \frac{467.1\ kN/m}{3.3\ m} = 297.2\ kN$$

因为

$$e_0 = \boldsymbol{M}_{bi}/\boldsymbol{N}_{bti} = \frac{185.9\ kN/m}{297.2\ kN} = 0.652\ m > 0.5h_b - a_s = 0.30\ m - 0.035\ m = 0.265\ m$$

所以托梁为大偏心受拉构件，采用对称配筋经计算（略）$A_s = A'_s = 1\ 610.8\ mm^2$ 截面上下层纵筋都取 4 Φ 25。

(2) 托梁轴 Ⓐ 边支座截面

考虑组合作用，无洞口框支墙梁托梁边支座弯矩系数和剪力系数分别取 $\alpha_M = 0.4$ 和 $\beta_V = 0.6$，因为

$$\boldsymbol{M}_{bA} = \boldsymbol{M}_{1A} + \alpha_M \boldsymbol{M}_{2A} = -47.8\ kN \cdot m - 0.4 \times 229.8\ kN \cdot m = -139.7\ kN \cdot m$$

$$\boldsymbol{V}_{bA} = \boldsymbol{V}_{1A} + \beta_V \boldsymbol{V}_{2A} = 112.4\ kN + 0.6 \times 540\ kN = 436.4\ kN$$

所以托梁截面配筋经计算（略）纵筋 $A_s = 831\ mm^2$，取 2 Φ 25、四肢箍筋取 4 φ 8@200 。

(3) 托梁轴 Ⓑ 中支座截面

由于轴 Ⓑ 中支座左侧截面内力大于右侧，故 Ⓑ 支座两侧托梁统一按左侧截面进行配筋

$$\alpha_M = 0.4 \text{ 和 } \beta_V = 0.7$$

因为

$$\boldsymbol{M}_{bM}^{L} = \boldsymbol{M}_{1B}^{L} + \alpha_M \boldsymbol{M}_{2B}^{L} = -156.3\ kN \cdot m - 0.4 \times 751.3\ kN \cdot m = -456.8\ kN \cdot m$$

$$\boldsymbol{V}_{bB}^{L} = \boldsymbol{V}_{1B}^{L} + \beta_V \boldsymbol{V}_{2B}^{L} = 148.5\ kN + 0.7 \times 713.9\ kN = 648.2\ kN$$

所以托梁截面配筋经计算（略）纵筋 $A_s = 3\ 265.9\ mm^2$，取 7 Φ 25、四肢箍筋取 4 φ 10@100。

4. 框架柱内力计算和设计

考虑由纵墙传来的集中力 $\boldsymbol{P}$ 传递到各框架柱柱顶及边柱效应，框架柱按下列步骤进行设计。

(1) 框架边柱 A

因为在框架柱 A 柱顶

$$M_{CA}^{U} = 47.8\ kN \cdot m + 229.8\ kN \cdot m = 277.6\ kN \cdot m$$

$$N_{CA}^{U} = 112.4\ kN + 89\ kN \times 4 + 1.2 \times 540\ kN = 1\ 116.4\ kN$$

所以对称配筋的大偏心受压柱纵筋经计算 $A_s = A'_s = 1\ 645.1\ mm^2$

因为在框架柱 A 柱底

$$M_{CA}^{D} = 21.6\ kN \cdot m + 103.8\ kN \cdot m = 125.4\ kN \cdot m$$

$$N_{CA}^{D} = 129.2\ kN + 89\ kN \times 4 + 1.2 \times 540\ kN = 1\ 133.2\ kN$$

所以对称配筋的大偏心受压柱纵筋经计算 $A_s = A'_s = 154.6\ mm^2$

因为 $V_{CA} = 16.5\ kN + 79.4\ kN = 95.9\ kN < 0.07f_c bh_0 = 178.9\ kN$

所以框架柱纵筋在柱两侧对称配置 4 Φ 25，箍筋采用 φ 8@100(200)。

(2) 框架中柱 B

因为在框架柱 B 柱顶

$$M_{CB}^{U} = 15.8\ \text{kN}\cdot\text{m} + 76.0\ \text{kN}\cdot\text{m} = 91.8\ \text{kN}\cdot\text{m}$$

$$N_{BC}^{U} = 279.8\ \text{kN} + 89\ \text{kN} \times 4 + 1\ 344.8\ \text{kN} = 1\ 980.6\ \text{kN}$$

所以对称配筋的小偏心受压柱纵筋经计算应按最小配筋率取

$$A_s = A'_s = 0.002 \times 400\ \text{mm} \times 400\ \text{mm} = 320\ \text{mm}^2$$

因为在框架柱 B 柱底

$$M_{CB}^{D} = 10.0\ \text{kN}\cdot\text{m} + 48.1\ \text{kN}\cdot\text{m} = 58.1\ \text{kN}\cdot\text{m}$$

$$N_{CB}^{D} = 296.6\ \text{kN} + 89\ \text{kN} \times 4 + 1.0 \times 1\ 344.8\ \text{kN} = 1\ 997.4\ \text{kN}$$

所以对称配筋的小偏心受压柱纵筋经计算应按最小配筋率取 $A_s = A'_s = 320\ \text{mm}^2$

因为　$V_{CB} = 6.1\ \text{kN} + 29.5\ \text{kN} = 35.6\ \text{kN} < 0.07 f_c b h_0$

所以框架柱纵筋在柱两侧对称配置 2 Φ 16，箍筋采用φ 8 @100(200)。

(3) 框架边柱 C

因为在框架柱 C 柱顶

$$M_{CC}^{U} = 27.7\ \text{kN}\cdot\text{m} + 133.3\ \text{kN}\cdot\text{m} = 161.0\ \text{kN}\cdot\text{m}$$

$$N_{CC}^{U} = 86.1\ \text{kN} + 89\ \text{kN} \times 4 + 1.2 \times 414\ \text{kN} = 938.9\ \text{kN}$$

所以对称配筋的大偏心受压柱纵筋经计算 $A_s = A'_s = 568.6\ \text{mm}^2$

因为在框架柱 C 柱底

$$M_{CC}^{D} = 76.2\ \text{kN}\cdot\text{m} + 15.8\ \text{kN}\cdot\text{m} = 92.0\ \text{kN}\cdot\text{m}$$

$$N_{CC}^{D} = 102.9\ \text{kN} + 89\ \text{kN} \times 4 + 1.2 \times 414\ \text{kN} = 955.7\ \text{kN}$$

所以对称配筋的大偏心受压柱纵筋经计算应按最小配筋率取 $A_s = A'_s = 320\ \text{mm}^2$

因为　$V_{CC} = 10.3\ \text{kN} + 49.9\ \text{kN} = 60.2\ \text{kN} < 0.07 f_c b h_0$

所以框架柱纵筋在柱两侧对称配置 2 Φ 25，箍筋采用φ 8 @100(200)。

5. 墙体抗剪验算

对于多层框支墙梁，构造柱影响系数 $\xi_1 = 1.5$；由于无洞口，影响系数 $\xi_2 = 1.0$，根据式(7.16)得

$$V_2 = V_{2B}^{L} = 713.9\ \text{kN} \leqslant \xi_1 \xi_2 (0.2 + h_b/l_0 + h_t/l_0) f h =$$

$$1.5 \times 1.0 \times \left(0.2 + \frac{0.6\ \text{m}}{6.0\ \text{m}} + \frac{0.37\ \text{m}}{6.0\ \text{m}}\right) \times 1.89\ \text{N/mm}^2 \times 240\ \text{mm} \times 3\ 000\ \text{mm} = 738.2\ \text{kN}$$

所以墙体抗剪满足要求。

6. 托梁支座上部砌体局部受压承载力验算

由于纵墙上设构造柱，因此支座处局压承载力按要求可不作验算。

7.4　挑　　梁

挑梁是埋置于砌体中的悬挑受力构件，是砌体建筑房屋中经常遇到的构件，主要用于房屋、雨篷和悬挑楼梯等部位。由于挑梁实际上是与砌体共同工作的，因此，其受力性质特殊，设计时要考虑抗倾覆验算、砌体局部受压承载力验算以及悬挑构件本身的承载力计算等问题。

1. 挑梁的受力特征及破坏形态

挑梁试验表明，在挑梁自身承载力有保证的前提下，在悬挑端集中力 F 及由上部砌体传来的竖向均布荷载的作用下，从其加载到破坏，挑梁将经历弹性工作、界面水平裂缝发展及破坏 3 个受力阶段。

(1) 弹性工作阶段

挑梁在受外荷载作用下，其与砌体的上、下界面分别产生拉、压应力，随着荷载的增加，应力值亦随之增大。一旦砌体上界面的拉应力达到砌体的通缝弯曲抗拉强度，挑梁与砌体的上界面就将出现水平裂缝(图 7.14 ① 处)。此时外荷载 F 约为倾覆破坏荷载的 20% ~ 30%。在水平裂缝出现前，挑梁下砌体的变形基本呈直线分布，砌体的压应力值亦远小于其抗压强度。所以，一般认为这时挑梁下砌体处于弹性工作阶段。

(2) 界面水平裂缝发展阶段

当外荷载 F 继续增加，挑梁上界面的水平裂缝向砌体内部发展，其埋入端下部砌体也出现水平裂缝(图 7.4② 处)。同时梁前端下砌体受压区长度逐渐减小，压应力值逐渐增大，梁下砌体变形显示塑性特征。当外荷载继续增加，挑梁在图 7.4B 处(挑梁尾部剪切强度弱处)将出现斜向裂缝。此裂缝随荷载的增加将向后上方向发展，与挑梁尾部垂直线成 α 角。试验证明，α 角以上砌体及埋入墙内挑梁上部的砌体能共同抵抗倾覆荷载。在设计计算挑梁时应考虑挑梁上砌体整体的作用，一般认为梁尾出现斜裂缝时的荷载约为破坏荷载的 80% 左右。

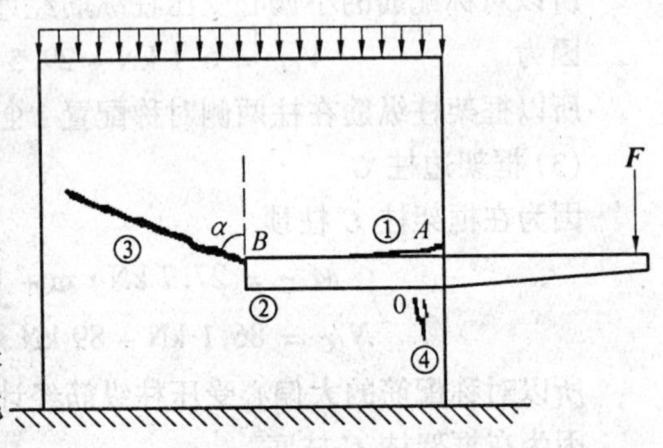

图 7.14　挑梁破坏形态图

(3) 破坏阶段

一般认为挑梁尾部一旦出现斜向裂缝，挑梁的倾覆破坏随即开始。这是因为，当挑梁尾部出现斜裂缝后，若砌体强度较高、挑梁嵌入墙内较长、梁上砌体较高时，斜裂缝的发展比较缓慢。否则，荷载稍微增加，裂缝就很快向后发展，以致使全墙通裂而发生倾覆破坏。

在裂缝发展的同时，界面水平裂缝也在延伸，挑梁下砌体受压区长度进一步减小，砌体压应力值继续增大。若此压应力值超过了砌体的局部抗压强度，则挑梁下砌体就会发生局部受压破坏。

从上述挑梁受力特征，可以得出以下结论：若挑梁本身承载力得到保证，则钢筋混凝土挑梁在砌体中可能发生两种破坏形态：

① 倾覆破坏；

② 挑梁下砌体局部受压破坏。

2. 挑梁抗倾覆验算

在挑梁抗倾覆验算中，斜裂缝与挑梁尾部垂直线所成 α 角一般取 45°。这是因为试验测得 α 角往往大于 45°，取 $\alpha = 45°$ 则较为安全。另外，考虑若砌体结构房屋层高较高，挑梁嵌入墙内的长度 l_1 又较小，当斜裂缝裂通整个墙高时，挑梁变形可能过大，为安全考虑，斜裂缝的水平长度应加以限制，当 $l_3 > l_1$ 时取 $l_3 = l_1$，如图 7.15 所示。

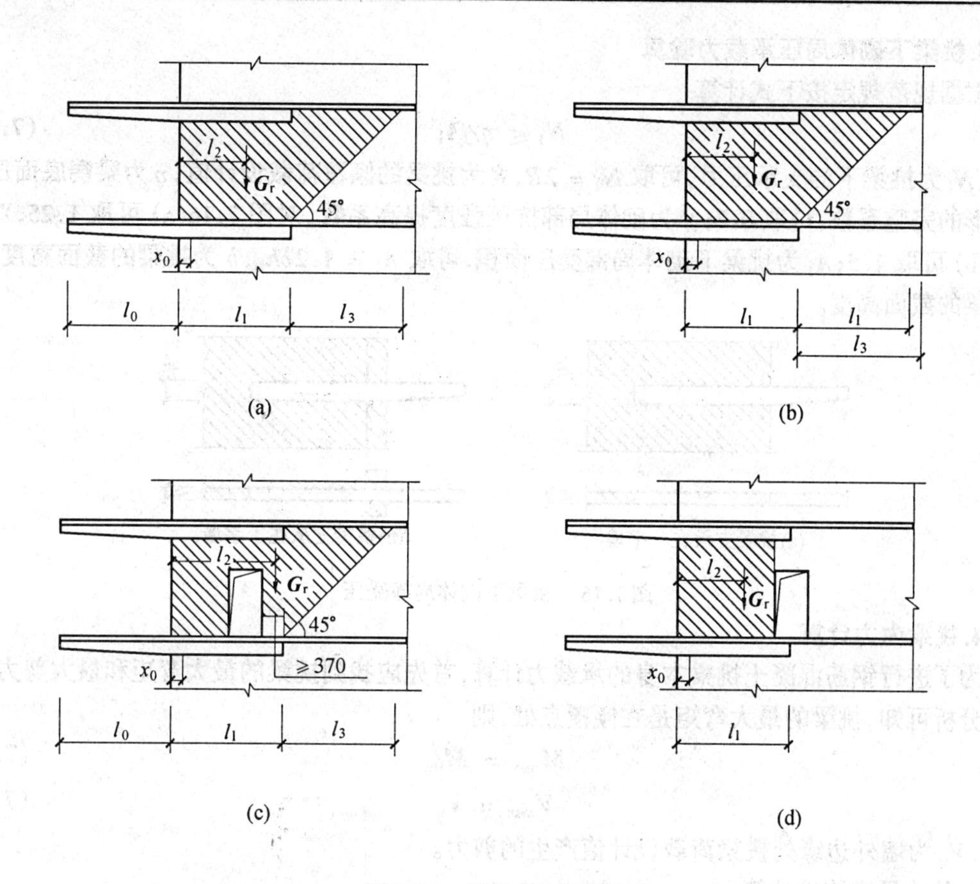

图7.15　挑梁的抗倾覆荷载

挑梁倾覆点距边缘的距离 x_0 按如下取

当 $l_1 \geqslant 2.2h_b$ 时

$$x_0 = 1.25\sqrt[4]{h_b^3} \tag{7.19}$$

式中，l_1 为挑梁埋入砌体的长度，mm；x_0 为计算倾覆点至墙外边缘的距离；h_b 为混凝土挑梁的截面高度，mm。

对常用挑梁可近似采用

$$x_0 = 0.3h_b \tag{7.20}$$

并且

$$x_0 \leqslant 0.13l_1$$

当 $l_1 < 2.2h_b$ 时

$$x_0 = 0.13l_1 \tag{7.21}$$

这样，挑梁不发生倾覆的表达式可写成

$$\boldsymbol{M}_{0v} \leqslant \boldsymbol{M}_r \tag{7.22}$$

$$\boldsymbol{M}_r = 0.8\boldsymbol{G}_r(l_2 - x_0) \tag{7.23}$$

式中，$\boldsymbol{M}_{0v}$ 为挑梁的荷载设计值对计算倾覆点产生的倾覆力矩；$\boldsymbol{M}_r$ 为挑梁的抗倾覆力矩设计值，可按式(7.23)计算；$\boldsymbol{G}_r$ 为挑梁的抗倾覆荷载，为挑梁尾端上部45°扩展角的阴影范围(其水平长度为 l_3)内本层的砌体与楼面恒荷载标准值之和(图7.15)；t_2 为 $\boldsymbol{G}_r$ 作用点至墙外边缘的距离；0.8为考虑保证抗倾覆的安全系数。

3.挑梁下砌体局压承载力验算

根据规范规定按下式计算

$$N_l \leqslant \eta\gamma f A_l \tag{7.24}$$

式中,N_l为挑梁下的支承压力,可取$N_l = 2R$,R为挑梁的倾覆荷载设计值;η为梁端底面压应力图形的完整系数,可取0.7;γ为砌体局部抗压强度提高系数,对图7.16(a)可取1.25,对图7.16(b)可取1.5;A_l为挑梁下砌体局部受压面积,可取$A_l = 1.2bh_b$,b为挑梁的截面宽度,h_b为挑梁的截面高度。

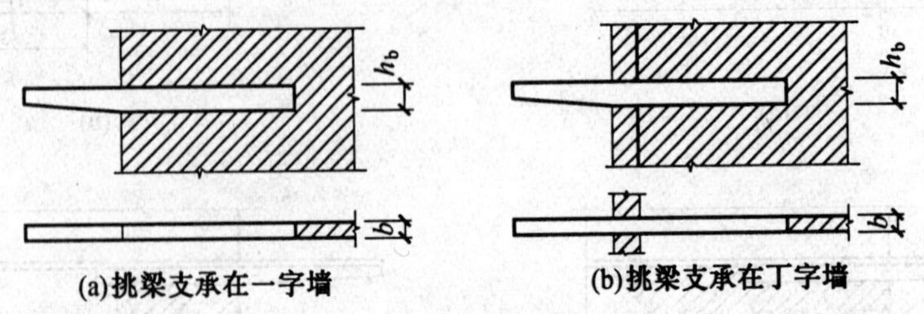

图7.16　挑梁下砌体局部受压

4.挑梁内力计算

为了进行钢筋混凝土挑梁本身的承载力计算,首先应找到挑梁的最大弯矩和最大剪力。由前面分析可知,挑梁的最大弯矩是在倾覆点处,则

$$M_{max} = M_{0v} \tag{7.25}$$

$$V_{max} = V_0 \tag{7.26}$$

式中,V_0为墙外边缘处挑梁荷载设计值产生的剪力。

5.其他悬挑构件计算

根据钢筋混凝土雨篷的抗倾覆试验,在雨篷梁长以外的一部分砌体能和雨篷梁上面的砌体共同抵抗雨篷的倾覆力矩。雨篷倾覆破坏时,梁上砌体并不是沿雨篷梁的两端垂直剪断,而是在梁端砌体中出现与垂直方向成角度的斜裂缝而破坏,这和挑梁情况类似,说明抗倾覆荷载应考虑雨篷梁上砌体的整体作用。因此规范规定计算雨篷的抗倾覆荷载时,可取雨篷梁端按与垂直方向夹角为45°范围内的砌体自重。但是斜线的水平投影长l_3同样要加以限制,$l_3 \leqslant \frac{1}{2}l_n$,$l_n$为雨篷梁的净跨,如图7.17所示。

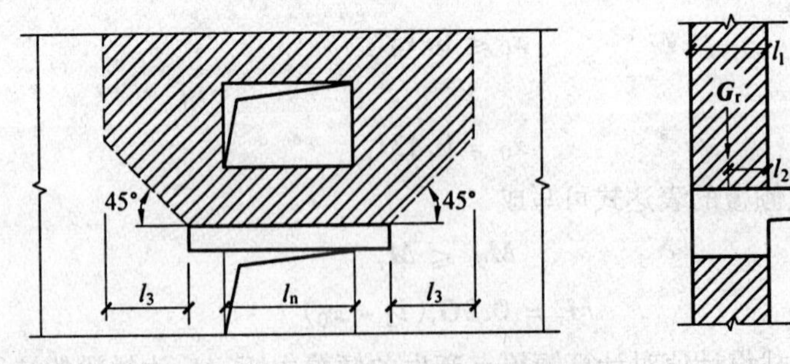

图7.17　雨篷的抗倾覆荷载

雨篷梁的倾覆点位置按式(7.21)计算

$$x_0 = 0.13l_1$$

式中，l_1 为雨篷梁的宽度(或墙厚)。

【例7.5】　某建筑物阳台采用钢筋混凝土挑梁如图7.18所示。挑梁挑出墙面长度 l = 1 500 mm，埋入“T”形截面横墙内的长度 l_1 = 2 000 mm，挑梁截面尺寸 $b \times h_b$ = 240 mm × 350 mm，房屋层高为3 000 mm，墙体采用MU10标准砖和M5混合砂浆砌筑，双面粉刷的墙体厚度为240 mm。挑梁自重标准值为2.23 kN/m，墙体自重标准值为5.15 kN/m²；阳台挑梁上荷载：$\boldsymbol{F}_{1k}$ = 3 kN，g_{1k} = 9 kN/m，p_{1k} = 5 kN/m；本层楼面荷载：g_{2k} = 7 kN/m，p_{2k} = 4 kN/m；上层楼面荷载 g_{3k} = 11 kN/m，p_{3k} = 6 kN/m。试验算挑梁的抗倾覆和承载力。

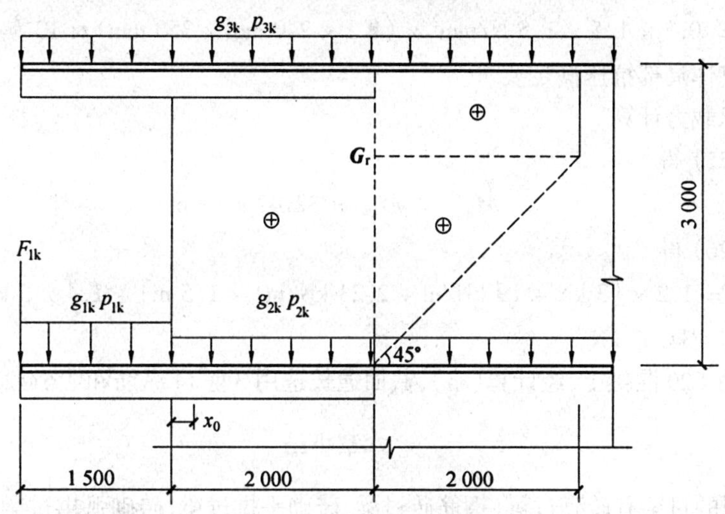

图7.18　例7.5附图(单位:mm)

【解】

1.抗倾覆验算

(1) 计算倾覆点

挑梁埋入墙体长度 l_1 = 2 000 mm > 2.2 h_b = 2.2 × 350 mm = 770 mm，由式(7.19)得倾覆点距墙边距离

$$x_0 = 0.3h_b \times 350\ \text{mm} = 105\ \text{mm}$$

(2) 计算倾覆力矩

倾覆力矩由阳台上荷载 $\boldsymbol{F}_{1k}$、g_{1k}、p_{1k} 和挑梁自重产生

$$\boldsymbol{M}_{0v} = 1.35 \times [3\ \text{kN} \times (1.50\ \text{m} + 0.105\ \text{m}) + (9\ \text{kN/m} + 2.23\ \text{kN/m}) \times (1.5\ \text{m} + 0.105\ \text{m})^2/2] + 1.0 \times 5\ \text{kN/m} \times (1.50\ \text{m} + 0.105\ \text{m})^2/2 = 32.47\ \text{kN} \cdot \text{m}$$

(3) 计算抗倾覆力矩

由式(7.23)得

$$\begin{aligned}\boldsymbol{M}_r = {} & 0.8\boldsymbol{G}_r(l_2 - x_0) = \\ & 0.8 \times [(7\ \text{kN/m} + 2.23\ \text{kN/m}) \times (2.0\ \text{m} - 0.105\ \text{m})^2/2 + \\ & 5.24\ \text{kN/m} \times 2 \times 3\ \text{m} \times (1\ \text{m} - 0.105\ \text{m}) + 5.24\ \text{kN/m} \times 2 \times (3\ \text{m} - 2\ \text{m}) \times \\ & (1\ \text{m} + 2\ \text{m} - 0.105\ \text{m}) + 5.24\ \text{kN/m} \times (2\ \text{m})^2/2] \times (2\ \text{m}/3 + 2\ \text{m} - 0.105\ \text{m}) = \\ & 0.8 \times (16.57 + 28.14 + 30.34 + 10.48 \times 2.56) = \\ & 81.5\ \text{kN} \cdot \text{m}\end{aligned}$$

(4) 抗倾覆验算

由(2)、(3) 计算结果可知 $M_r > M_{0r}$,挑梁抗倾覆安全。

2. 挑梁下砌体局部受压验算

由式(7.24) 得

$$N_1 = 2R = 2 \times \{1.2 \times [3\ \text{kN} + (9\ \text{kN/m} + 2.23\ \text{kN/m}) \times (1.5\ \text{m} + 0.105\ \text{m})] + 1.4 \times 5\ \text{kN/m} \times (1.5\ \text{m} + 0.105\ \text{m})\} = 72.92\ \text{kN}$$

挑梁验算取 $\eta = 0.7, \gamma = 1.5\ \text{N/mm}^2, f = 1.5\ \text{N/mm}^2$,

$$A_1 = 1.2bh_0 = 0.7 \times 1.5 \times 1.5\ \text{N/mm}^2 \times (1.2 \times 240\ \text{mm} \times 350\ \text{mm}) \times 10^{-3} = 158.76\ \text{kN} \geqslant N_1$$

挑梁下砌体局部抗压满足要求。

3. 挑梁承载力计算

由式(7.25) 得

$$M_{\max} = M_{0v} = 32.47\ \text{kN} \cdot \text{m}$$

由式(7.26) 得

$$V_{\max} = V_0 = 1.2 \times [3\ \text{kN} + (9\ \text{kN/m} + 2.23\ \text{kN/m}) \times 1.5\ \text{m}] + 1.4 \times 5\ \text{kN/m} \times 1.5\ \text{m} = 34.32\ \text{kN}$$

挑梁采用 C20 混凝土,经计算(略),截面通长选用 3 Φ 14 纵筋和Φ 6@200 双肢箍筋。

本章小结

(1) 常用的过梁有砖砌过梁(钢筋砖过梁、砖砌平拱过梁、砖砌弧拱过梁)和钢筋混凝土过梁两类。作用在过梁上的荷载有墙体荷载和过梁计算范围内的梁板荷载。根据过梁的工作性能和破坏形态(跨中截面受弯破坏、支座附近受剪破坏、过梁支座滑动破坏),砖砌过梁应进行跨中正截面和支座斜截面承载力计算;钢筋混凝土过梁应进行跨中正截面和支座斜截面承载力计算以及过梁下砌体局部受压承载力验算。

(2) 在砌体结构房屋中设置圈梁可以增强房屋的整体性和空间刚度,防止由于地基不均匀沉降或较大振动荷载等对房屋造成不利影响。因此,在各类砌体房屋中均应按规定设置圈梁。对圈梁的构造要求是为了保证圈梁作用的发挥。

(3) 墙梁按承受荷载可分为承重墙梁和非承重墙梁;按支撑条件可分为简支墙梁、框支墙梁和连续墙梁。墙梁设计时应满足一般规定的要求以及对材料、墙体、托梁、开洞等方面的构造要求。

(4) 影响墙梁破坏形态的主要因素有墙体的高跨比、托梁高跨比、砌体和混凝土强度、托梁纵筋配筋率、剪跨比、墙体开洞情况、支承情况以及有无翼墙等。由于这些因素的不同,墙梁将会发生弯曲破坏、斜拉破坏、斜压破坏、局压破坏等几种破坏形态。因此,墙梁应分别进行使用阶段正截面和斜截面承载力计算、墙体受剪承载力和托梁支座上部砌体局部受压承载力计算以及施工阶段托梁承载力验算。自承重墙梁可不验算墙体受剪承载力和砌体局部受压承载力。

(5) 无洞口墙梁的破坏性态包括弯曲破坏、剪切破坏(墙体斜拉破坏、墙体斜压破坏、托梁剪切破坏、局部受压破坏);有洞口墙梁的破坏性态包括弯曲破坏、剪切破坏、局部受压破坏。

(6) 挑梁从其加载到破坏将经历弹性、界面水平裂缝发展及破坏 3 个受力阶段。

(7)针对挑梁的受力特点和破坏形态,挑梁应进行抗倾覆验算、承载力计算和挑梁下砌体局部受压承载力验算,其中抗倾覆验算应作为重点。雨篷等悬挑构件的抗倾覆验算可参照挑梁的有关公式进行。

思考题

7.1 过梁有哪几种类型?各自的应用范围如何?

7.2 在非抗震地区的混合结构房屋中,圈梁的作用是什么?应如何合理布置圈梁?

7.3 墙梁有哪几种类型?设计时,承重墙梁必须满足哪些基本条件?

7.4 墙梁应进行哪些方面的承载力计算?

7.5 如何确定挑梁的计算倾覆点?

习 题

7.1 某住宅顶层有一根钢筋混凝土过梁,过梁净跨 $l_n = 2\ 100$ mm,截面尺寸为 240 mm × 200 mm,住宅外墙厚度 $h = 240$ mm,采用 MU10 黏土砖和 M2.5 混合砂浆砌筑而成。过梁上墙体高度为 900 mm,在过梁上方 300 mm 处,由屋面板传来的均布竖向荷载设计值为 10 kN/m,砖墙自重取 4.2 kN/m^2,C20 混凝土梁容重取 25 kN/m^3。试设计该混凝土过梁。

7.2 某三层生产车间的东、西外墙采用 3 跨连续承重墙梁,等跨无洞口墙梁支承在 500 mm × 500 mm 的基础上。包括顶梁(其截面为 240 mm × 240 mm)在内,托梁顶面至二层楼面高度为 3 300 mm,由上部楼面和砖墙传至墙梁顶面的均布荷载设计值为 100 kN/m^2,跨度6 m 的托梁截面尺寸 $b_b \times h_b = 300$ mm × 450 mm,采用 C30 混凝土,托梁上砖墙采用 MU10 标准砖和 M10 混合砂浆砌筑,墙体厚度 $h = 240$ mm。试设计此连续墙梁。

7.3 某雨篷板悬挑长度 $l = 1\ 200$ mm,雨篷梁截面为 240 mm × 240 mm。包括两端搁置长度各 240 mm 在内,雨篷梁总长 2 700 mm,墙体厚度 240 mm。雨篷板承受均布荷载设计值为 6 kN/m^2(包括自重),如仅靠上部墙体自重(标准值取 4.56 kN/m^2)抵抗倾覆,试求从雨篷梁顶算起的满足安全使用的最小墙高。

第 8 章　砌体结构抗震设计

8.1　震害概况

多层砌体房屋是我国目前民用建筑的主要结构类型之一,应用广泛,数量众多。这类房屋的墙体由具有脆性性质的块体和砂浆砌筑而成,其抗拉、抗弯及抗剪能力很低,在未经合理的抗震设计时,抵抗地震灾害的能力较差。

国内外的历次地震已经证明:砌体结构在强烈地震时的破坏是极其严重的。如我国 1966 年的邢台地震,1976 年的唐山地震等数十次大地震,都造成巨大的人员和财产损失。在国外砌体结构在地震中的破坏同样严重,如 1923 年的日本关东大地震,印度、墨西哥、希腊、俄罗斯等国发生的地震,都使砌体结构大量破坏倒塌。

虽然砌体结构房屋地震时的破坏较为严重,但地震震害调查结果也表明:凡是通过合理的抗震设计,采取恰当的抗震构造措施,保证砌体材料和施工的质量,在 9 度及以下地震区建造的砌体房屋仍然具有较强的抗震能力,安全是可以得到保证的。

地震时,首先到达地面的是纵波,表现为房屋的上下颠簸,房屋受到竖向地震作用;随之而来的是横波和面波,表现为房屋的水平摇晃,房屋受到水平地震作用。震中区附近,竖向地震作用明显,房屋先受颠簸使结构松散,接着在受到水平地震作用时就更容易破坏和倒塌。离震中较远地区,竖向地震作用往往可以忽略,房屋损坏的主要原因是水平地震作用。

水平地震作用下的砌体结构房屋震害有以下几类:

1.墙体交叉裂缝

典型的墙体交叉裂缝见图 8.1。这种裂缝的产生主要是由于地震时施加于墙体的往复水平地震剪力与墙体本身所受竖向压力引起的主拉应力过大,超过砌体的抗拉强度而产生的剪切裂缝。由于裂缝起因于主拉应力过大,故呈倾斜阶梯状;又由于地震水平剪力是往复的,故成交叉状。墙体开裂后,裂缝两侧砌体间由于存在摩擦力仍能吸收地震能量,并在砌体间滑移错位的变形过程中逐渐消耗地震能量。若这时砌体破碎过多,墙体将丧失承载力而倒塌。通常则是在墙体开裂后刚度减小,房屋周期加长,导致水平地震作用减小,因而更多地表现为墙体上具有很宽的交叉裂缝而房屋却并不倒塌。

图 8.1　交叉裂缝

2.转角墙及内外墙连接处的破损

如图 8.2 ~ 8.4 所示,这种破坏往往表现为内外墙连接处的竖向裂缝、房屋四周转角处三角形或菱形墙体崩落、外纵墙大面积倒塌等。这主要是由于内外墙连接处和房屋四周转角处刚度较大,分担较多的地震作用,以及当房屋质量中心与刚度中心偏离引起扭转而产生过大复合应力的缘故。这类破损的规律是:纵墙承重房屋比横墙承重房屋严重;墙体平面布置不规则、不对称时比规则、对称时严重;内外墙不设置圈梁时比设置时严重;房屋四角开有较大洞口,设置空旷房间或楼梯间时更严重;砌体施工质量差尤其是内外墙拉结差时严重。

图 8.2　竖向裂缝

图 8.3　转角裂缝

3.空旷空间墙体的开裂

典型的开裂情况如图 8.5 所示。开间大的外墙和房屋顶层大房间的墙体,往往受弯剪或水平弯曲而使墙体发生通长水平裂缝。这是由于房间大,抗震墙体相距较远,地震剪力不能通过楼(屋)盖直接传给这些墙体,部分或大部分水平地震作用要由垂直于水平地震作用方向的墙体承担,而这些墙体平面外的刚度小,砌体的抗弯强度低。这种开裂在 7、8 度地震区的砌体结构空旷房屋中时有发生。它大体有以下规律:空旷房间的外纵墙或山墙开裂严重;楼(屋)盖错层、房屋平面凹凸变化处、墙体在门窗洞口过分被削弱处开裂严重。

图 8.4　外纵墙倒塌

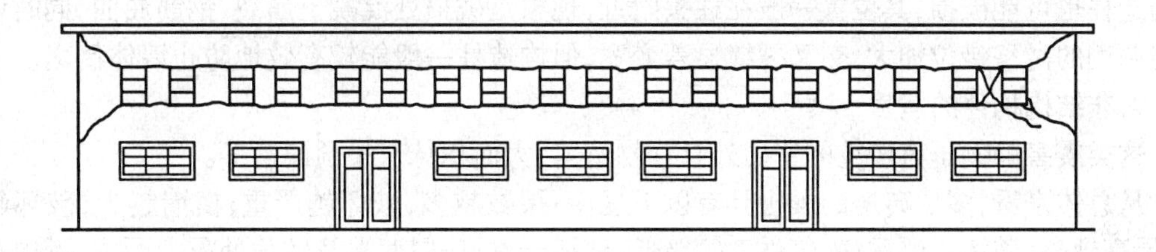

图 8.5　通长水平裂缝

4.碰撞损坏

无论是伸缩缝还是沉降缝,当缝未满足防震缝宽度要求时,变形缝两侧房屋因振动特性和振幅不同会引起互相碰撞,导致两侧房屋发生局部挤压损坏,如图 8.6 所示。

5.突出屋面楼梯间、电梯间、附墙烟囱、女儿墙等附属结构的损坏

由于地震的动力作用,使得在房屋突出部分产生“鞭鞘效应”,使水平地震剪力放大而引起上述震害。破损的严重程度与突出屋面结构面积的大小有关,突出部分的面积相对于下层面积愈小,破损愈严重。如图 8.7 所示。

图 8.6　碰撞损坏

图 8.7　突出部位震害

6.砌体结构房屋楼盖的破损

由于板、梁在墙体上的支承长度不够以及拉结不妥等而引起此类震害。在横墙承重房屋中,预制板与外纵墙无可靠拉结,一旦在横向水平地震作用下外纵墙被甩出,就可能带动靠外纵墙的部分横墙和楼板一起跌落引起房屋局部倒塌。震害调查还表明,设置在楼盖标高处的钢筋混凝土或配筋砖圈梁在保证墙体与预制板、梁的连接方面起重要作用。无圈梁砌体结构房屋在地震时的损坏程度,远比有圈梁的相应房屋严重得多。另外,现浇钢筋混凝土楼盖的抗震性能大大优于预制楼盖。

7.门窗过梁的损坏

砖砌平拱、弧拱过梁对变形极为敏感,在地震时易形成端头的倒八字裂缝和跨中的竖向裂缝,甚至引起局部倒塌;而在一般情况下,钢筋混凝土过梁优于钢筋砖过梁,钢筋砖过梁又优于砖砌平拱及弧拱过梁。各种过梁,凡位于房屋尽端处的过梁损坏都非常严重。

8.设有钢筋混凝土构造柱时墙体的损坏

现浇钢筋混凝土构造柱与圈梁一起构成墙体的边框,形成砖墙和“隐形”钢筋混凝土框架的组合结构,具有很大的抗变形能力。在往复的水平地震作用下,这类墙体通常还可能产生交叉裂缝,但由于构造柱的存在,墙体裂缝的宽度不会很大。当水平地震剪力很大时,钢筋混凝土构造柱也可能破损,其位置一般在柱头附近,现象是破损处混凝土崩裂、钢筋屈曲,同时墙体裂缝两侧的滑移错位加大,交叉裂缝显著变宽,但构造柱一般能较有效地防止墙体倒塌。

9.非结构构件的震害

这类震害的例子有较重的室内外悬挂物坠落、大面积抹灰吊顶脱落等。

从总体来看,多层砖房的震害具有以下规律:层数越多,破坏越严重;横墙越少,破坏越严重;层高越高,破坏越严重;砂浆强度等级低,破坏严重;房屋两端及转角处震害严重;下层比上层破坏严重;预制楼板砖房比整体现浇楼板砖房破坏严重;横墙比纵墙破坏严重;墙肢布置不均匀时破坏严重。

8.2　混合结构房屋

8.2.1　多层砌体结构房屋抗震计算要求

1.计算简图和地震作用

地震时,多层砌体房屋的破坏主要是由水平地震作用而引起的。因此,对于多层砌体房屋的抗震计算,一般只考虑水平地震作用的影响,而不考虑竖向地震作用的影响。

多层砌体房屋的高度不超过 40 m,质量和刚度沿高度分布比较均匀,水平振动时以剪切变形为主,因此,在进行结构的抗震计算时,宜采用底部剪力法等简化方法。

当多层砌体房屋的高宽比不大于表 8.1 规定时,由整体弯曲而产生的附加应力不大。因此,可不做整体弯曲验算,而只验算房屋在横向和纵向水平地震作用影响下,横墙和纵墙在其自身平面内的抗剪能力。

(1) 计算简图

多层砌体房屋,可视为嵌固于基础顶面竖立的悬臂梁,并将各层质量集中于各层楼盖处。计算简图如图 8.8所示。

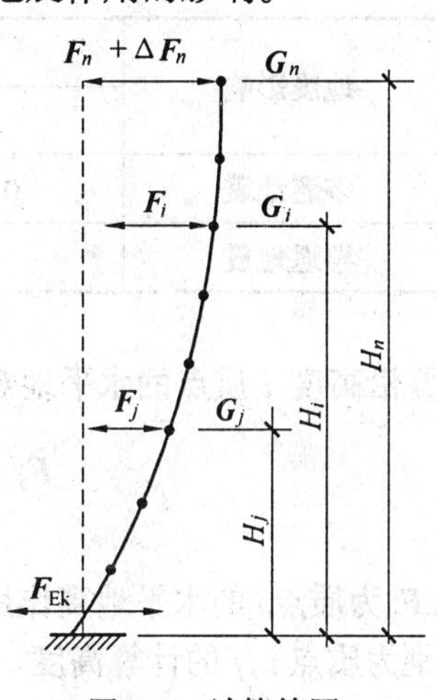

图 8.8　计算简图

集中在 i 层楼盖处的重力荷载 G_i 包括:i 层楼盖自重和作用在该层楼面上的可变荷载以及该楼层上下层墙体自重的一半。

计算地震作用时,建筑的重力荷载代表值应取结构和构配件自重标准值和各可变荷载组合值之和。各可变荷载的组合值系数应按表 8.1 采用。

表 8.1　可变荷载组合值系数

可变荷载种类		组合值系数
雪荷载		0.5
屋面积灰荷载		0.5
屋面活荷载		不考虑
按实际情况考虑的楼面活荷载		1.0
按等效均布荷载考虑的楼面活荷载	藏书库、档案库	0.8
	其他民用建筑	0.5
吊车悬吊物重力	硬钩吊车	0.3
	软钩吊车	不考虑

注:硬钩吊车的吊重较大时,组合系数宜按实际情况采用。

(2) 地震作用

①总水平地震作用标准值

结构总水平地震作用标准值应按下列公式确定

$$F_{EK} = \alpha_1 G_{eq} \tag{8.1}$$

式中，F_{EK} 为结构总水平地震作用标准值；α_1 为相当于结构基本自振周期的水平地震影响系数，多层砌体房屋可取水平地震影响系数最大值 α_{max}，α_{max} 按表 8.2 采用；G_{eq} 为结构等效总重力荷载，单质点应取总重力荷载代表值，多质点可取总重力荷载代表值的 85%。

表 8.2　水平地震影响系数最大值(阻尼比 0.05)

地震影响	设防烈度			
	6	7	8	9
多遇地震	0.04	0.08	0.16	0.32
罕遇地震	—	0.05	0.90	1.40

② 沿高度 i 质点的水平地震作用

$$F_i = \frac{G_i H_i}{\sum_{j=1}^{n} G_j H_j} F_{EK} \quad (i = 1,2,\cdots,n) \tag{8.2}$$

式中，F_i 为质点 i 的水平地震作用标准值；G_i，G_j 分别为集中于质点 i，j 的重力荷载代表值；H_i，H_j 分别为质点 i，j 的计算高度。

对于突出屋面的屋顶间、女儿墙、烟囱等的地震作用效应，宜乘以增大系数 3，此增大部分不应往下传递，但与该突出部分相连的构件应予计入。

③ 各楼层水平地震剪力标准值

$$V_{EKi} = \sum_{j=1}^{n} F_i (i = 1,2,\cdots,n) > \lambda \sum_{j=1}^{n} G_j \tag{8.3}$$

式中，V_{EKi} 为第 i 层的楼层水平地震剪力标准值；λ 为剪力系数，7 度时为 0.012，8 度时为 0.024，9 度时为 0.040；G_j 第 j 层的重力荷载代表值。

2. 水平地震的剪力分配

在多层砌体房屋中，屋盖和楼盖如同水平隔板一样，将作用在房屋上的水平地震剪力传给各抗侧力构件。因此，随着楼、屋盖水平刚度的不同和抗侧力构件刚度的不同，分配给各抗侧力构件的水平地震力也不同，集中在各楼层墙体顶部的水平地震剪力应根据楼盖水平刚度的不同，分别按下列原则分配。

(1) 横向水平地震剪力的分配

① 刚性楼盖

现浇和装配整体式钢筋混凝土楼、屋盖等刚性楼盖建筑，其各抗侧力构件所承担的水平地震作用效应与其抗侧力刚度成正比。因此，宜按抗侧力构件等效刚度的比例分配。由此可得到第 i 层楼第 m 道墙所承担的水平地震剪力为

$$V_{im} = \frac{D_{im}}{\sum_{m=1}^{k} D_{im}} V_{EKi} \tag{8.4}$$

式中，D_{im} 为第 i 层第 m 道墙砌体的剪切模量。

② 柔性楼盖

对于木楼盖、木屋盖等柔性楼盖建筑，可将楼、屋盖视为多跨简支梁，则各抗侧力构件所承担的水平地震剪力将按该抗侧力构件两侧相邻的抗侧力构件之间一半面积上的重力荷载代表值的比例分配，即

$$V_{im} = \frac{F_{im}}{\sum_{m=1}^{k} F_{im}} V_{\mathrm{EK}i} \tag{8.5}$$

式中，F_{im} 为第 i 层第 m 道墙承担的重力荷载代表值。

③ 中等刚性楼盖

对于采用普通预制板的装配式钢筋混凝土等半刚性楼、屋盖的建筑，可采取上诉两种分配结构的平均值，即

$$V_{im} = \frac{1}{2}\left[\frac{D_{im}}{\sum_{i=1}^{m} D_{im}} + \frac{F_{im}}{\sum_{i=1}^{m} F_{im}}\right] V_{\mathrm{EK}i} \tag{8.6}$$

(2) 纵向水平地震剪力的分配

当对纵向水平地震剪力进行计算时，由于楼盖沿纵向的水平刚度比横向的水平刚度大得多，故可将纵向水平地震剪力按墙体刚度比例分配给各纵墙，即

$$V_{im} = \frac{D_{im}}{\sum_{m=1}^{k} D_{im}} V_{\mathrm{EK}i} \tag{8.7}$$

(3) 地震剪力分配和截面验算

进行地震剪力分配和截面验算时，砌体墙段的层间抗侧力等效刚度应按下列原则确定：

① 刚度的计算应考虑高宽比的影响。高宽比小于 1 时，可只考虑剪切变形；高宽比大于 4 且不小于 1 时，应同时考虑弯曲和剪切变形；高宽比大于 4 时，可不考虑刚度。

注：墙段的高宽比指层高与墙长之比，对门窗洞边的小墙段指洞净高与洞侧墙宽之比。

② 墙段宜按门窗洞口划分，对小开口墙段按毛墙面计算的刚度，可根据开洞率乘以表 8.3 的洞口影响系数。

表 8.3　墙段洞口影响系数

开洞率	0.10	0.20	0.30
影响系数	0.98	0.94	0.88

注：开洞率为洞口面积与墙段毛面积之比，窗洞高度大于层高 50% 时，按门洞对待。

3. 墙体抗震承载力的验算

根据《建筑抗震设计规范》(GB 50011—2001) 的规定，墙体截面抗震验算的设计表达式为

$$S \leqslant R/\gamma_{\mathrm{RE}} \tag{8.8}$$

式中，S 为结构构件内力组合的设计值，包括组合弯距、轴向力和剪力设计值；R 为结构构件承载力设计值；γ_{RE} 为承载力抗震调整系数，应按表 8.4 采用。

表 8.4　砌体承载力抗震调整系数

结构构件类别	受力状态	γ_{RE}
无筋、网状配筋和水平配筋砖砌体剪力墙	受剪	1.0
两端均设构造柱、芯柱的砌体剪力墙	受剪	0.9
组合砖墙、配筋砌块砌体剪力墙	偏心受压、受拉和受剪	0.85
自承重墙	受剪	0.75
无筋砖柱	偏心受压	0.90
组合砖柱	偏心受压	0.85

(1) 砌体沿阶梯形截面破坏的抗震抗剪强度

根据《建筑抗震设计规范》(GB 50011—2001) 的规定,各类砌体沿阶梯形截面破坏的抗震抗剪强度设计值。应按下式确定

$$f_{VE} = \zeta_N f_V \tag{8.9}$$

式中,f_{VE} 为砌体沿阶梯形截面破坏的抗震抗剪强度设计值;f_V 为非抗震设计的砌体抗剪强度设计值,应按第 2 章表 2.7 采用;ζ_N 为砌体抗震抗剪强度的正应力影响系数,可按表 8.5 采用。

表 8.5　砌体抗震抗剪强度的正应力影响系数

砌体类别	σ_0/f_V							
	0.0	1.0	3.0	5.0	7.0	10.0	15.0	20.0
黏土砖、多孔砖	0.80	1.00	1.28	1.50	1.70	1.95	2.32	—
混凝土砌块	—	1.25	1.75	2.25	2.60	3.10	3.95	4.80

注:σ_0 为对应于重力荷载代表值的砌体截面平均压应力。

(2) 普通砖、多孔砖墙体的截面抗震抗剪承载力,应按下列规定验算。

① 一般情况下应按下式验算

$$V \leqslant f_{VE}A/\gamma_{RE} \tag{8.10}$$

式中,V 为墙体剪力设计值;f_{VE} 为砖砌体沿阶梯形截面破坏的抗震抗剪强度设计值;A 为墙体横截面面积,多孔砖取毛截面面积;γ_{RE} 为承载力抗震调整系数。

② 当按(8.10) 式验算不满足要求时,可计入设置于墙段中部,截面不小于 240 mm × 240 mm且间距不大于4 m、纵向钢筋配筋率不小于0.6% 的构造柱对受剪承载力的提高作用按下列方法验算

$$V \leqslant \frac{1}{\gamma_{RE}}[\eta_c f_{VE}(A - A_c) + \zeta f_t A_c + 0.08 f_y A_s] \tag{8.11}$$

式中,A_c 为中部构造柱的横截面总面积(对横墙和内纵墙,$A_c > 0.15A$ 时,取 $0.15A$,对外纵墙,$A_c > 0.25A$ 时,取 $0.25A$);f_t 为中部构造柱的混凝土轴心抗拉强度设计值;A_s 为中部构造柱的纵向钢筋截面总面积(配筋率大于1.4% 时取1.4%);f_y 为钢筋抗拉强度设计值;ζ 为中部构造柱参与工作系数,居中设一根时取 0.5,多于一根时取 0.4;η_c 为墙体约束修正系数,一般情况取 1.0,构造柱间距不大于 2.8 m时取 1.1。

(3) 混凝土小型空心砌块砌体的截面抗震承载力,应按下式验算

$$V \leqslant \frac{1}{\gamma_{RE}}[f_{VE}A + (0.3f_tA_c + 0.05f_yA_s)\zeta_c] \tag{8.12}$$

式中,f_t 为芯柱混凝轴心抗拉强度设计值;A_c 为芯柱截面总面积;A_s 为芯柱钢筋截面总面积;ζ_c 为芯柱参与工作系数,可按表8.6采用。

表8.6　芯柱参与工作系数

填孔率 ρ	$\rho < 0.15$	$0.15 \leqslant \rho < 0.25$	$0.25 \leqslant \rho < 0.5$	$\rho \geqslant 0.5$
ζ_c	0	1.0	1.10	1.15

注:填孔率指芯柱根数(含构造柱和填实孔洞数量)与孔洞总数之比。

需要说的是,当同时设置芯柱和钢筋混凝土构造柱时,构造柱截面可作为芯柱截面,构造柱钢筋可作为芯柱钢筋。

(4) 配筋砖砌体

① 水平配筋普通砖、多孔砖墙的截面抗震抗剪承载力,应按下式验算

$$V \leqslant \frac{1}{\gamma_{RE}}(f_{VE} + \zeta_s f_y \rho_V)A \tag{8.13}$$

式中,ζ_s 为钢筋参与工作系数,可按表8.7采用;f_y 为钢筋的抗拉强度设计值;ρ_V 为层间墙体竖向截面计算水平钢筋面积配筋率,应不小于0.07%且不宜大于0.17%;A 为墙体截面面积,多孔砖取毛截面面积。

表8.7　钢筋参与工作系数

墙体宽高比	0.4	0.6	0.8	1.0	1.2
ζ_s	0.10	0.12	0.14	0.15	0.12

② 砖砌体和钢筋混凝土构造柱组合墙的截面抗震承载力应按式(8.11)计算

③ 组合砖柱的抗震承载力,应按相应的规定计算,承载力抗震调整系数应按表8.4采用。

8.2.2　多层砌体结构房屋抗震结构措施

1. 多层砖房构造措施

(1) 构造柱的设置和构造

钢筋混凝土构造柱是唐山大地震以来采用的一项重要抗震构造措施。近年来的震害调查表明,在砖砌体交接处设置钢筋混凝土构造柱后,墙体的刚度增大不多,而抗剪能力可提高10%～20%,变形能力可大大提高,延性可提高3～4倍。当墙体周边设有钢筋混凝土构造柱的约束时,使破碎墙体中的碎块不易散落,从而能保持一定的承载力,以支撑楼盖而不致发生突然倒塌。由此可见,在墙体中设置钢筋混凝土构造柱对提高砌体房屋的抗震能力有着重要的作用。

1) 构造柱的设置

① 多层普通砖、多孔砖房屋构造柱设置部位一般情况下应符合表8.8的要求。

② 外廊式和单面走廊式的多层房屋,应根据房屋增加一层后的层数,按表8.8的要求设置个构造柱,且单面走廊两侧的纵墙均应按外墙处理。

③ 教学楼、医院等横墙较少的房屋,应根据房屋增加一层后的层数,按表8.8的要求设置

构造柱。当教学楼、医院等横墙较少的房屋为外廊式时,应按上款要求设置构造柱,但6度不超过四层、7度不超过三层和8度不超过二层时,应按增加二层后的层数考虑。

表8.8 砖房构造柱设置要求

<table>
<tr><th colspan="4">房屋层数</th><th colspan="2" rowspan="2">设置部位</th></tr>
<tr><th>6度</th><th>7度</th><th>8度</th><th>9度</th></tr>
<tr><td>四、五</td><td>三、四</td><td>二、三</td><td></td><td rowspan="3">外墙四角,错层部位横墙与外纵墙交接处
较大洞口两侧,大房间内外墙交接处</td><td>7、8度时,楼、电梯间的四角,每隔15 m左右的横墙与外墙交接处</td></tr>
<tr><td>六、七</td><td>五</td><td>四</td><td>二</td><td>隔开间横墙(轴线)与外墙交接处,山墙与内纵墙交接处,7～9度时,楼、电梯间的四角</td></tr>
<tr><td>八</td><td>六、七</td><td>五、七</td><td>三、四</td><td>内墙(轴线)与外墙交接处,内墙的局部较小墙垛处,7～9度时,楼、电梯间的四角,9度时内纵墙与横墙(轴线)交接处</td></tr>
</table>

④ 蒸压灰砂砖、蒸压粉煤灰砖砌体房屋构造柱的设置部位应符合表8.9的要求。

表8.9 蒸压灰砂砖、蒸压粉煤灰砖房屋构造柱设置要求

房屋层数			设置部位
6度	7度	8度	
四～五	三～四	二～三	外墙四角、楼(电)梯间四角,较大洞口两侧、大房屋间内外、墙交接处
六	五	四	外墙四角、楼(电)梯间四角,较大洞口两侧、大房屋间内外、墙交接处,山墙与内纵墙交接处,隔开间横墙(轴线)与外纵墙交接处
七	六	五	外墙四角、楼(电)梯间四角,较大洞口两侧、大房屋间内外、墙交接处,各内墙(轴线)与外墙交接处,8度时,内纵墙与横墙(轴线)交接处
八	七	六	较大洞口两侧,所有纵横墙交接处,且构造柱间距不宜大于4.8 m

注:房屋的层高不宜超过3 m。

2) 构造柱的构造要求

① 构造柱最小截面可采用240 mm × 180 mm,纵向钢筋宜采用4 ф 12,箍筋间距不宜大于250 mm,且在柱上下端宜适当加密。7度时超过六层、8度时超过五层和9度时,构造柱纵向钢筋宜采用4 ф 14,箍筋间距不应大于200 mm,房屋四角的构造柱可适当加大截面及配筋。

② 构造柱与墙连接处应砌成马牙槎,并应沿墙高每隔500 mm设2 ф 6拉结钢筋,每边伸入墙内不宜小于1 m。构造柱与圈梁连接处,构造柱的纵筋应穿过圈梁,保证构造柱纵筋上下贯通。

③ 构造柱可不单独设置基础,但应伸入室外地面下500 mm,或与埋深小于500 mm的基础圈梁相连。

④ 房屋高度和层数接近表8.10的限值时,纵、横墙内构造柱的间距尚应符合下列要求:

横墙内的构造柱间距不宜大于层高的 2 倍,下部 1/3 楼层的构造柱间距适当减小;当外纵墙开间大于 3.9 m 时,应另设加强措施。内纵墙的构造柱间距不宜大于 4.2 m。

(2) 圈梁的设置和构造

圈梁可加强墙体间以及与楼盖间的连接,在水平方向将装配式楼(屋)盖连成整体,因而增强了房屋的整体性和空间刚度。根据试验资料分析,当钢筋混凝土预制板周围加设圈梁和楼板留有齿槽或键时,楼盖水平刚度可提高 15 ~ 20 倍。因而,设置圈梁是提高房屋抗震能力,减轻震害的有效措施。震害调查表明,凡合理设置圈梁的房屋,其震害都较轻;否则,震害要重得多。

1) 多层黏土砖、多孔砖房屋的现浇钢筋混凝土圈梁设置,应符合下列要求

①装配式钢筋混凝土楼、屋盖或木楼、屋盖的砖房,横墙承重时应按表 8.10 的要求设置圈梁;纵墙承重时每层均应设置圈梁,且抗震墙上的圈梁间距应比表内要求适当加密。

表 8.10　砖房现浇钢筋混凝土圈梁设置要求

墙类	烈度		
	6、7 度	8 度	9 度
外墙和内纵墙	屋盖处及每层楼盖处	屋盖处及每层楼盖处	屋盖处及每层楼盖处
内横墙	同上;屋盖处间距不应大于 7 m,楼盖处间距不应大于 15 m;构造柱对应部位	同上;屋盖处沿所有横墙,且间距不应大于 7 m;楼盖处间距不应大于 7 m;构造柱对应部位	同上;各层所有横墙

②现浇或装配整体式钢筋混凝土楼、屋盖与墙体有可靠连接的房屋可不另设圈梁,但楼板沿墙体周边应加强配筋并应以相应的构造柱钢筋可靠连接。

2) 多层普通砖、多孔砖房的现浇钢筋混凝土圈梁构造,应符合下列要求

①圈梁应闭合,遇有洞口圈梁应上下搭接。圈梁宜与预制板设在同一标高处。

②圈梁在表 8.10 中要求的间距内无横墙时,应利用梁或板缝中配筋替代圈梁。

③圈梁的截面高度不应小于 120 mm,配筋应符合表 8.11 的要求。基础圈梁的截面高度不应小于 180 mm,配筋不应少于 4 ϕ 12。砖拱楼屋盖房屋的圈梁应按计算确定,但配筋不应少于 4 ϕ 10。

表 8.11　圈梁配筋要求

配筋	6、7 度	8 度	9 度
最小纵筋	4 ϕ 10	4 ϕ 12	4 ϕ 14
最大箍筋间距/mm	250	200	150

④ 蒸压灰砂砖、蒸压粉煤灰砖砌体房屋的设置要求

当 6 度八层、7 度七层和 8 度五层时,应在所有楼(屋)盖处的纵横墙上设置混凝土圈梁,圈梁的截面尺寸不小于 240 mm × 180 mm,圈梁主筋不少于 4 ϕ 12,箍筋 ϕ 6@200。其他情况下圈梁的设置和构造要求应符合多层普通砖、多孔砖房屋的有关规定。

(3) 楼梯间的设置

楼梯间的刚度一般较大,受到的地震作用往往比其他部位大。同时,其顶层的层高又较大,且墙体往往受嵌入墙内的楼梯段的削弱,所以楼梯间的震害往往比其他部位严重。因此,楼梯间不宜布置在房屋端部的第一开间及转角处,也不宜突出,不易开设过大的窗洞,以免将楼层圈梁切断。同时,应特别注意楼梯间顶层墙的稳定性。

楼梯间的设计应符合下列要求:

①8 度和 9 度时,顶层楼梯间横墙和外墙宜沿墙高每隔 500 mm 设 2 ф 6 通长钢筋,9 度时其他各层楼梯间墙体可在休息平台或楼层半高处设置 60 mm 厚的钢筋混凝土带或配筋砖带,砂浆强度等级不应低于 M7.5,钢筋不宜少于 2 ф 10。

②8 度和 9 度时,楼梯间及门厅内墙阳角处的大梁支承长度不应小于 500 mm,并应与圈梁连接。

③装配式楼梯段应与平台板的梁可靠连接,不应采用墙中悬挑式踏步或踏步竖肋插入墙体的楼梯,不应采用无筋砖砌栏板。

④突出屋顶的楼、电梯间,构造柱应伸到顶部,并与顶部圈梁连接,内外墙交接处应沿墙高每隔 500 mm 设 2 ф 6 拉结钢筋,且每边伸入墙内不应小于 1 m。

(4) 其他构造要求

1)多层普通砖、多孔砖房屋的楼、屋盖应符合下列要求

①现浇钢筋混凝土楼板或屋面板伸进纵、横墙内的长度,均不应小于 120 mm。

②装配式钢筋混凝土楼板或屋内面板,当圈梁未设在板的同一标高时,板端伸进外墙的长度不应小于 120 mm,伸进内墙的长度不应小于 100 mm,在梁上不应小于 80 mm。

③当板的跨度大于 4.8 m,并与外墙平行时,靠外墙的预制板侧边应与墙或圈梁拉结。

④房屋端部大房间的楼盖,8 度时房屋的屋盖和 9 度时房屋的楼、屋盖,当圈梁设在底板时,钢筋混凝土预制板应相互拉结,并与梁、墙或圈梁拉结。

2) 楼、屋盖的钢筋混凝土梁或屋架应与墙、柱(包括构造柱)或圈梁可靠连接,梁与砖柱的连接不应削弱柱截面,各层独立砖柱顶部应在两个方向均有可靠连接。

3) 坡屋顶房屋的屋架应与顶层圈梁可靠连接,檩条或屋面板应与墙及屋架可靠连接,房屋出入口处的檐口瓦应与屋面构件锚固。8 度和 9 度时,顶层内纵墙顶宜增砌支承的踏步式墙垛。

4) 预制阳台应与圈梁和楼板的现浇板带可靠连接。

5) 后砌的非承重隔墙应沿墙高每隔 500 mm 配置 2 ф 6 拉结钢筋与承重墙或柱拉结,每边伸入墙内不少于 500 mm。8 度和 9 度时,长度大于 5m 的后砌隔墙墙顶应与楼板或梁拉结。

6) 门窗洞口处不应采用无筋砖过梁,过梁支撑长度:6 ~ 8 度时不小于 240 mm,9 度时不小于 360 mm。

(5) 配筋砖砌体的材料和构造要求

1)水平配筋砖墙和组合砖墙的房屋除应满足以上内容的规定外,其材料和构造还应符合下列要求。

①水平配筋砖墙砂浆的强度等级不宜低于 M7.5,水平钢筋宜采用 HPB235、HRB335 钢筋,亦可采用冷轧带肋钢筋。

②水平钢筋的配筋率不宜小于 0.07%,且不宜大于 0.17%,水平钢筋沿高度方向的间距

不应超过 5 皮砖,并不应大于 400 mm,分布钢筋间距不宜大于 300 mm。

③水平钢筋端部伸入垂直墙体中的锚固长度不宜小于 300 mm,伸入构造柱的锚固长度不宜小于 180 mm。

2) 组合砖墙中构造柱的混凝土强度等级不应低于 C20。构造柱的纵向钢筋,对于构造柱不少于 4 ф 12;对边柱、角柱不少于 4 ф 14。构造柱与砖砌体的拉结钢筋每边伸入墙内不小于 1 m。

2.多层砌块房屋构造措施

(1)多层混凝土小型空心砌块房屋芯柱、构造柱的设置要求和构造

1) 混凝土小型空心砌块房屋,应按相应要求设置钢筋混凝土芯柱,对医院、教学楼等横墙较少的房屋,应根据房屋增加一层后的层数,按表 8.12 的要求设置芯柱。

表 8.12　混凝土小型空心砌块房屋芯柱设置要求

<table>
<tr><th colspan="4">房屋层数</th><th rowspan="2">设置部位</th><th rowspan="2">设置数量</th></tr>
<tr><th>6 度</th><th>7 度</th><th>8 度</th><th>9 度</th></tr>
<tr><td>四、五</td><td>三、四</td><td>二、三</td><td></td><td>外墙转角;楼梯间四角;大房间内、外墙交接处;隔 15 m 或单元横墙与外纵墙交接处</td><td rowspan="2">外墙转角,灌实 3 个孔,内、外墙交接处,灌实 4 个孔</td></tr>
<tr><td>六</td><td>五</td><td>四</td><td>二</td><td>外墙转角;楼梯间四角;大房间内、外墙交接处;山墙与内纵墙交接处;隔开间横墙(轴线)与外纵墙交接处</td></tr>
<tr><td>七</td><td>六</td><td>五</td><td>三</td><td>外墙转角;楼梯间四角;各内墙(轴线)与外纵墙交接处;8、9 度时,内纵墙与横墙(轴线)交接处和洞口两侧</td><td>外墙转角,灌实 5 个孔,内、外墙交接处,灌实 4 个孔,内墙交接处,灌实 4~5 个孔,洞口两侧各灌实 1 个孔</td></tr>
<tr><td></td><td>七</td><td>六</td><td>四</td><td>同上,横墙内芯柱间距不宜大于 2 m</td><td>外墙转角,灌实 7 个孔,内、外墙交接处,灌实 5 个孔,内墙交接处,灌实 4~5 个孔,洞口两侧各灌实 1 个孔</td></tr>
</table>

注:外墙转角,内、外墙交接处,楼、电梯间四角等部位,可采用钢筋混凝土构造柱代替部分芯柱。

2) 砌块房屋的芯柱应符合下列构造要求

①芯柱截面不宜小于 120 mm × 120 mm。

②芯柱混凝土强度等级不应低于 C20。

③芯柱的竖向插筋应贯通墙身且与圈梁连接,插筋不应小 1 ф 12,7 度时超过五层、8 度时超过四层和 9 度时,插筋不应小于 1 ф 14。

④芯柱应伸入室外地面下 500 mm 或锚入深度小于 500 mm 的基础圈梁内。

⑤为提高墙体抗震承载力而设置的芯柱,宜在墙体内均匀布置,最大净距不宜大于 2.0m。

3) 砌块房屋中替代芯柱的钢筋混凝土构造柱,应符合下列要求。

①构造柱最小截面尺寸可采用 190 mm × 190 mm,纵向钢筋宜采用 4 ф 12,箍筋间距不宜大于 250 mm,且在柱上下端宜适当加密。7 度时超过五层、8 度时超过四层和 9 度时,构造柱纵向钢筋宜采用 4 ф 14,箍筋间距不应大于 200 mm,房屋四角的构造柱可适当加大截面及配

筋。

②构造柱与砌块墙连接处应砌成马牙槎,与构造柱相邻的砌块孔洞应填实,沿墙高每隔600 mm应设拉结钢筋网片,每边伸入墙内不宜小于1 m。

③构造柱与圈梁连接处,构造柱的纵筋应穿过圈梁,保证构造柱纵筋上下贯通。

④构造柱可不单独设置基础,但应伸入室外地面下500 mm,或锚入深度小于500 mm的基础圈梁内。

(2) 圈梁的设置

砌块房屋现浇钢筋混凝土圈梁应按表8.13的要求设置,圈梁宽度不应小于190 mm,配筋不应少于4 φ 12,箍筋间距不应大于200 mm。

(3) 其他构造措施

① 砌块房屋墙体交接处或芯柱与墙体连接处应设置拉结钢筋网片,网片可采用φ 4钢筋点焊而成,沿墙高每隔600 mm设置,每边伸入墙内不宜小于1 m。

② 砌块房屋,6度超过七层时、7度超过五层时、8度超过四层时和9度时,在底层和顶层的窗台标高处,沿纵横墙应设置通长的水平现浇钢筋混凝土带,其截面高度不小于60 mm,纵筋不少于2 φ 10,并应有分布拉结钢筋。其混凝土强度等级不应低于C20。

③ 砌块房屋的其他构造措施同多层砖房。

表8.13　现浇钢筋混凝土圈梁设置要求

墙体类别	设防烈度	
	6、7度	8、9度
外墙及内纵墙	屋盖处及每层楼盖处	屋盖处及每层楼盖处
内横墙	同上;屋盖处沿所有横墙;楼盖处间距不应大于7 m;构造柱对应部位	同上;各层所有横墙

8.2.3　设计实例

【例8.1】 有一四层砌体结构教学楼,平面图如图8.9所示,底层层高3.6 m,其他层层高3.3 m。采用纵横墙混合承重方案,砖为MU10,砂浆为M5混合砂浆,采用装配式钢筋混凝土预制短向圆孔板。抗震设防烈度为7度Ⅱ类场地。试进行抗震承载力计算。

门窗洞口尺寸:C－1,1 000 mm×1 800 mm;C－2,1 200 mm×900 mm;M－1,1 000 mm×2 700 mm。

墙体厚度:外墙、纵墙370 mm;内横墙240 mm。

各层重力荷载代表值: G_1 = 10 920 kN; G_2 = G_3 = 10 530 kN; G_4 = 10 100 kN。

【解】 1.水平地震作用计算

(1) 各层重力荷载代表值

$$G_4 = 10\ 100\ \text{kN},\quad G_2 = G_3 = 10\ 530\ \text{kN},\quad G_1 = 10\ 920\ \text{kN}$$

$$\sum G_i = 10\ 100\ \text{kN} + 2\times 10\ 530\ \text{kN} + 10\ 920\ \text{kN} = 42\ 080\ \text{kN}$$

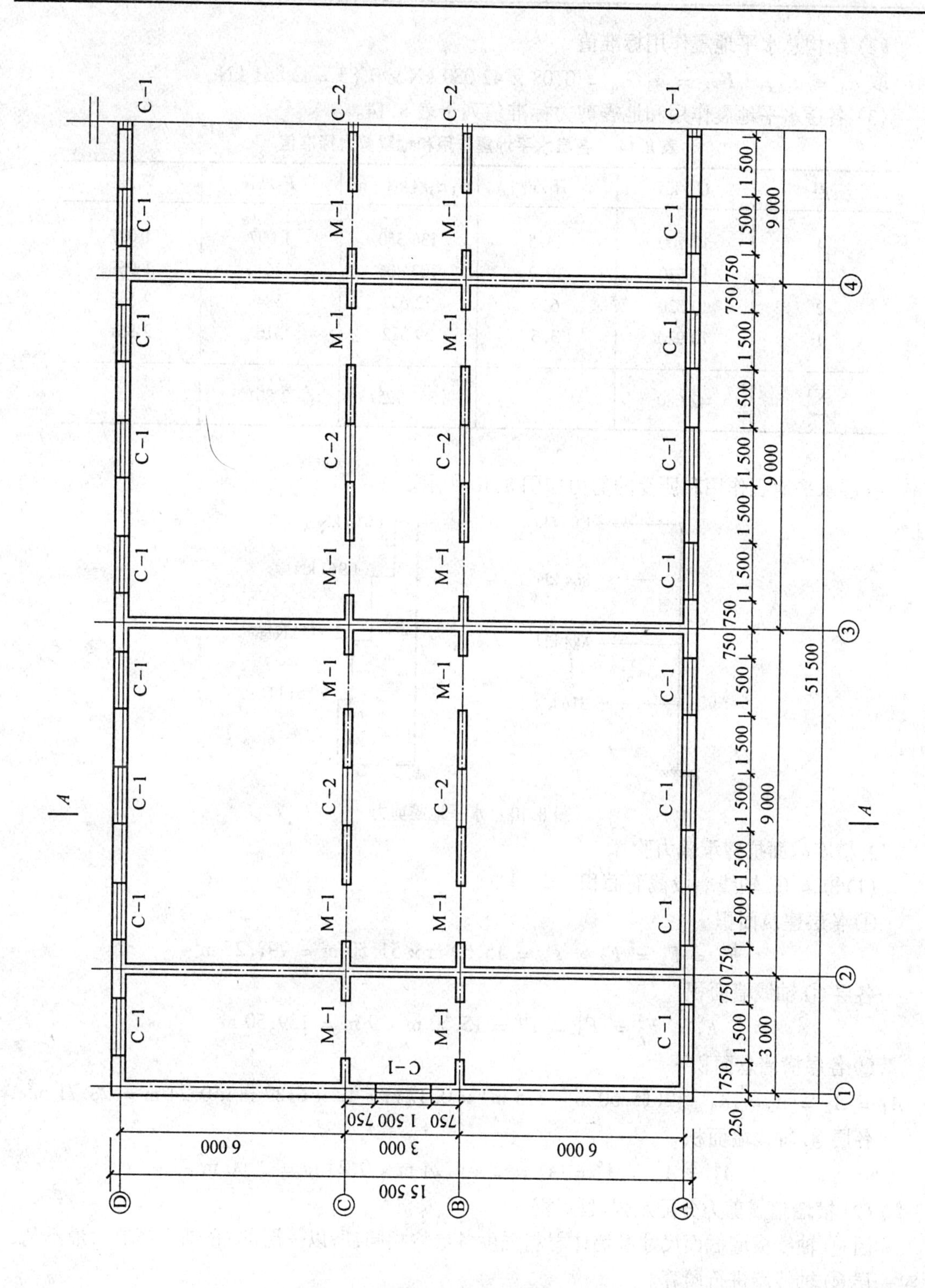

图 8.9　砌体结构教学楼平面图(单位:mm)

(2) 结构总水平地震作用标准值

取 $\alpha_1 = \alpha_{max}$，$\boldsymbol{F}_{EK} = \alpha_1 \boldsymbol{G}_{eq} = 0.08 \times 42\ 080\ \text{kN} \times 0.85 = 2\ 861\ \text{kN}$

(3) 各层水平地震作用和地震剪力标准值列于表 8.14。

表 8.14　各层水平地震作用和地震剪力标准值

层	G_1/kN	H_1/m	G_1H_1/(kN · m)	F_1/kN	V_1/kN
4	10 100	13.5	136 350	1 097	1 097
3	10 530	10.2	107 406	864	1 961
2	10 530	6.9	72 657	584	2 545
1	10 920	3.6	39 312	316	2 861
$\sum$	42 080		355 725	2 861	

各层水平地震作用和所受的剪力如图 8.10 所示。

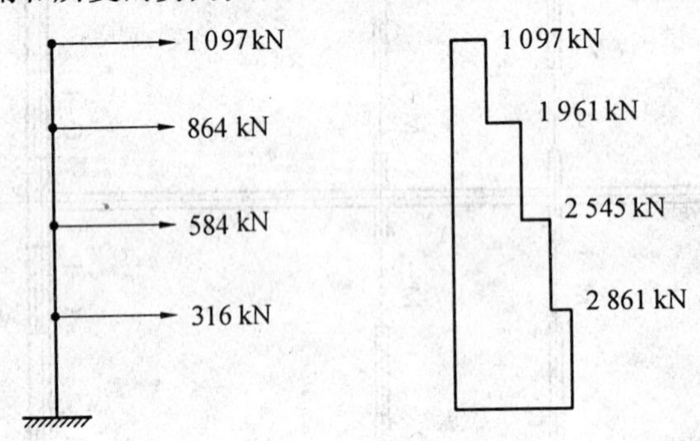

图 8.10　水平地震剪力

2. 横墙截面抗剪承载力验算

(1)③ ~ ⑥ 轴线墙段截面面积

① 各层建筑面积

$$F_1 = F_2 = F_3 = F_4 = 15.50\ \text{m} \times 51.50\ \text{m} = 798.25\ \text{m}^2$$

各层 ④ 轴线墙面积

$$F_1^4 = F_2^4 = F_3^4 = F_4^4 = 15.50\ \text{m} \times 9\ \text{m} = 139.50\ \text{m}^2$$

② 各层横墙总面积

$$A_1 = A_2 = A_3 = A_4 = 2(15.50\ \text{m} - 1.5\ \text{m}) \times 0.37\ \text{m} + 12 \times 6.37\ \text{m} \times 0.24\ \text{m} = 28.71\ \text{m}^2$$

各层 ④ 轴线墙面积

$$A_1^4 = A_2^4 = A_3^4 = A_4^4 = 2 \times 6.24\ \text{m} \times 0.24\ \text{m} = 3.00\ \text{m}^2$$

(2) 横墙地震剪力分配及强度验算

因 ④ 轴线横墙截面尺寸及墙体材料强度各层均相同，所以一层的 ④ 轴线横墙为最不利，对一层 ④ 轴线墙进行验算。

$$\boldsymbol{V}_1^4 = \frac{1}{2}\left(\frac{A_1^4}{A_1} + \frac{F_1^4}{F_1}\right)\gamma_{EH}\boldsymbol{V}_{1k} = \frac{1}{2} \times \left(\frac{3\ \text{m}^2}{28.71\ \text{m}^2} + \frac{139.5\ \text{m}^2}{798.25\ \text{m}^2}\right) \times 1.3 \times 2\ 861\ \text{kN} = 519.32\ \text{kN}$$

砖 MU10，砂浆 M5，$f_V = 0.11\ \text{N/mm}^2$

④ 轴线墙每米长度上承担的竖向荷载为

$$N = (5.7\ \text{kN/m} + 6\ \text{kN/m}^2 \times 3\ \text{m}) \times 3\ \text{m} + 5.24\ \text{kN/m}^2 \times (3.3\ \text{m} \times 3\ \text{m} + \frac{4}{2}\ \text{m}^2) = 133.456\ \text{kN}$$

$$\sigma_0 = \frac{133\ 456\ \text{N}}{240\ \text{mm} \times 1\ 000\ \text{mm}} = 0.556\ \text{N/mm}^2$$

$$\sigma_0/f_V = \frac{0.556\ \text{N/mm}^2}{0.11\ \text{N/mm}^2} = 5.06 \quad \zeta_N = 1.51$$

$$\frac{1}{\gamma_{\text{RE}}}\zeta_N f_V A_1^4 = \frac{1}{1.0} \times 1.51 \times 0.11\ \text{N/mm}^2 \times 3\ \text{m}^2 \times 10^6 \times 10^{-3} = 498.30\ \text{kN} < 519.32\ \text{kN}$$

在横墙两端设构造柱,则 $\gamma_{\text{RE}} = 0.9$

$$\frac{1}{\gamma_{\text{RE}}}\zeta_N f_V A_1^4 = \frac{1}{0.9} \times 1.51 \times 0.11\ \text{N/mm}^2 \times 3\ \text{m}^2 \times 10^6 \times 10^{-3} = 553.67\ \text{kN} < 519.32\ \text{kN}$$,满足要求。

3.纵墙截面抗剪承载力验算

(1) 各层纵墙截面面积

Ⓐ、Ⓓ 轴为　$(51.5\ \text{m} - 1.5\ \text{m} \times 17) \times 0.37\ \text{m} = 9.62\ \text{m}^2$

Ⓑ、Ⓒ 轴为　$(51.5\ \text{m} - 1.0\ \text{m} \times 12 - 1.2\ \text{m} \times 5) \times 0.37\ \text{m} = 12.40\ \text{m}^2$

各层纵墙总面积

$$A_1 = A_2 = A_3 = A_4 = 2\ \text{m} \times 9.62\ \text{m} + 2\ \text{m} \times 12.40\ \text{m} = 44.04\ \text{m}^2$$

(2) 各纵墙地震力分配

纵墙的各墙肢比较均匀,各轴线纵墙的刚度比可近似用其墙截面面积比代替。

Ⓐ 轴线纵墙

$$\boldsymbol{V}_A^4 = \frac{D_4^A}{D_4}\gamma_{\text{EH}}\boldsymbol{V}_{4\text{k}} = \frac{9.62}{44.04} \times 1.3 \times 1\ 097\ \text{kN} = 311.51\ \text{kN}$$

$$\boldsymbol{V}_A^3 = \frac{D_3^A}{D_3}\gamma_{\text{EH}}\boldsymbol{V}_{3\text{k}} = \frac{9.62}{44.04} \times 1.3 \times 1\ 961\ \text{kN} = 556.86\ \text{kN}$$

$$\boldsymbol{V}_A^2 = \frac{D_2^A}{D_2}\gamma_{\text{EH}}\boldsymbol{V}_{2\text{k}} = \frac{9.62}{44.04} \times 1.3 \times 2\ 545\ \text{kN} = 722.70\ \text{kN}$$

$$\boldsymbol{V}_A^1 = \frac{D_1^A}{D_1}\gamma_{\text{EH}}\boldsymbol{V}_{1\text{k}} = \frac{9.62}{44.04} \times 1.3 \times 2\ 861\ \text{kN} = 812.44\ \text{kN}$$

(3) 不利墙段地震剪力分配

外纵墙的窗间墙为不利墙段,取 Ⓐ 轴线墙段进行验算,各墙段的高宽度比为

尽端墙段　$\rho = h/b = \frac{1.8\ \text{m}}{1.0\ \text{m}} = 1.8$

中间墙段　$\rho = h/b = \frac{1.8\ \text{m}}{1.5\ \text{m}} = 1.2$

$$\boldsymbol{V}_j = \frac{D_j}{\sum D_j}\boldsymbol{V}_A = \left[\frac{\dfrac{1}{\rho_j^3 + 3\rho_j}}{\sum \dfrac{1}{\rho_j^3 + 3\rho_j}}\right]\boldsymbol{V}_A$$

计算结果列于表 8.15 中。

表 8.15　各层纵墙墙段地震剪力设计值

类别	h /m	b /m	个数	ρ^3	3ρ	$\rho^3+3\rho$	V_j^i/kN			
							一层	二层	三层	四层
1	1.8	1.0	2	5.832	5.4	11.232	22.70	20.19	15.56	8.70
2	1.8	1.5	16	1.728	3.6	5.328	47.94	42.65	32.86	18.38

验算第一层:砖 MU10,砂浆 M5,$f_V = 0.11\ \text{N/mm}^2$

$$A_1 = 1.0\ \text{m} \times 0.37\ \text{m} = 0.37\ \text{m}^2(\text{尽端墙段})$$

$$A_2 = 1.5\ \text{m} \times 0.37\ \text{m} = 0.555\ \text{m}^2(\text{中间墙段})$$

A_1 墙段仅承受墙体的自重为

$$N = 7.62\ \text{kN/m}^2 \times (3.3\ \text{m} \times 3\ \text{m} + \frac{4}{2}\ \text{m}^2) \times 1 = 90.678\ \text{kN}$$

$$\sigma_0 = \frac{90.678\ \text{kN}}{370\ \text{mm} \times 1\ 000\ \text{mm}} \times 10^3 = 0.245\ \text{N/mm}^2 \quad \sigma_0/f_V = \frac{0.245\ \text{N/mm}^2}{0.11\ \text{N/mm}^2} = 2.23 \quad \zeta_N = 1.172$$

$$\frac{1}{\gamma_{RE}}\zeta_N f_V A_2 = \frac{1}{0.75} \times 1.172 \times 0.11\ \text{N/mm}^2 \times 0.37\ \text{m}^2 \times 10^6 \times 10^{-3} = 63.60\ \text{kN} > 22.70\ \text{kN},$$

满足要求。

②、⑦ 轴线处 A_2 墙段仅承受墙体的自重为

$$N = 7.62\ \text{kN/m}^2 \times (3.3\ \text{m} \times 3\ \text{m} + \frac{4}{2}\ \text{m}^2) \times 1.5 = 136.02\ \text{kN}$$

$$\sigma_0 = \frac{136.02\ \text{kN}}{370\ \text{mm} \times 1\ 500\ \text{mm}} \times 10^3 = 0.245\ \text{N/mm}^2 \quad \sigma_0/f_V = \frac{0.245\ \text{N/mm}^2}{0.11\ \text{N/mm}^2} = 2.23 \quad \zeta_N = 1.172$$

$$\frac{1}{\gamma_{RE}}\zeta_N f_V A_2 = \frac{1}{0.75} \times 1.172 \times 0.11\ \text{N/mm}^2 \times 0.555\ \text{m}^2 \times 10^6 \times 10^{-3} = 95.40\ \text{kN} > 47.94\ \text{kN},$$

满足要求。

其他轴线处 A_2 墙段仅承受的竖向荷载为

$$N = (5.7\ \text{kN/m} + 6\ \text{kN/m}^2 \times 3\ \text{m}) \times 3\ \text{m} \times 3 + 7.62\ \text{kN/m}^2 \times (3.3\ \text{m} \times 3\ \text{m} + \frac{4}{2}\ \text{m}^2) \times 1.5 = 349.32\ \text{kN}$$

$$\sigma_0 = \frac{349.32\ \text{kN}}{370\ \text{mm} \times 1\ 500\ \text{mm}} \times 10^3 = 0.629\ \text{N/mm}^2 \quad \sigma_0/f_V = \frac{0.629\ \text{N/mm}^2}{0.11\ \text{N/mm}^2} = 5.72 \quad \zeta_N = 1.572$$

$$\frac{1}{\gamma_{RE}}\zeta_N f_V A_2 = \frac{1}{1.0} \times 1.572 \times 0.11\ \text{N/mm}^2 \times 0.555\ \text{m}^2 \times 10^6 \times 10^{-3} = 95.97\ \text{kN} > 47.94\ \text{kN},$$

满足要求。

8.3　底部框架 - 抗震墙房屋

底部框架 - 抗震墙房屋是指底部和上部是由两种不同的承重和抗侧力体系组成。底部一层或二层为框架 - 抗震墙结构,上部各层为砌体结构承重的房屋。此种结构由于上下部的材料和结构均不相同,结构的自振特性差异较大,因此其抗震性能较差。

此类结构的抗震设计特点是上下不同结构分别按相应结构进行设计、计算，然后按照整体结构进行抗震验算和采取构造措施。

8.3.1　抗震设计的基本要求

1.房屋的总高度和层数限制

由于砌体材料存在脆性破坏可能，在地震作用中造成的危害是相当严重的，所以我们首先要在房屋层数和高度上加以限制，如表 8.16 所示。

表 8.16　房屋的总高度和层数限值

房屋类别	最小墙厚/mm	烈度					
		6		7		8	
		高度/m	层数	高度/m	层数	高度/m	层数
底部框架－抗震墙	240	22	7	22	7	19	6

注：① 房屋的总高度指室外地面到主要屋面板板顶或檐口的高度，半地下室从地下室室内地面算起，全地下室和嵌固条件好的半地下室应允许从室外地面算起，对带阁楼的坡屋面应算到山尖墙的 1/2 高度处；

② 室内外高差大于 0.6 m 时，房屋总高度应允许比表中数据适当增加，但不应多于 1 m；

③ 本表小砌块砌体房屋不包括配筋混凝土小型空心砌块砌体房屋。

2.房屋最大高宽比

为了避免结构出现弯曲破坏，甚至整体倾覆的现象，对房屋高宽比进行控制是必要的。底部框架－抗震墙房屋总高度和总宽度的比值，应符合表 8.17 的要求。

表 8.17　房屋最大高宽比

烈度	6	7	8
最大高宽比	2.5	2.5	2.0

3.抗震横墙的最大间距

表 8.18　底部框架－抗震墙的最大间距　m

房屋类别		烈度		
		6	7	8
上部多层砌块	现浇或装配整体式钢筋混凝土楼、屋盖	18	18	15
	装配式钢筋混凝土楼、屋盖	15	15	11
	木楼、屋盖	11	11	7
底层或底部二层		21	18	15

可以看出，在相同变形限制条件下，底部框架－抗震墙房屋底部抗震墙的间距要比框架－抗震墙房屋小。主要是因为地震作用要通过底层或二层的楼盖传至底部框架－抗震墙部分，楼盖产生的水平变形比一般框架－抗震墙房屋分层传递地震作用时楼盖的水平变形要大。

4.底部框架－抗震墙房屋的结构布置

(1) 房屋底部抗震墙布置

房屋的底部应沿纵横两方向设置一定数量的抗震墙，抗震墙应均匀对称布置或基本均匀对称布置。底层抗震墙的布置除了考虑底层的均匀对称外，还需要考虑上部几层的质心位置，使房屋底部纵向和横向的刚心尽可能与整个房屋的质心重合。抗震墙之间宜保持一定的距离，最好布置在外围或靠近外墙处，纵横向抗震墙宜连为一体，组成“L”形、“T”形、“Π”形等。底部框架-抗震墙房屋的抗震墙应设置条形基础、筏式基础或桩基。

(2) 底部框架-抗震墙房屋侧向刚度的控制

弹塑性动力分析结果表明，各层侧向刚度均匀的房屋，在水平地震作用下，弹塑性层间位移也比较均匀，房屋具有较强的整体抗震能力。如果底层的侧向刚度比上部几层小得多，地震时房屋的弹塑性层间位移就会集中在底层，随着第二层与底层侧向刚度比的增大，突出表现在底层弹塑性位移的增大，而且对层间剪力的分布、薄弱楼层的位置和弹塑性变形集中都有很大的影响，如果房屋底层的抗震墙设置过多，也会由于底层过强使房屋的薄弱层转移到上部砌体结构部分，对房屋同样带来不利影响。

为了避免底部框架-抗震墙房屋由于上部与底部侧向刚度的差异对抗震的不利影响，必须在底部框架间合理地设置一定数量的钢筋混凝土或砌体抗震墙，使底部的侧向刚度尽可能与上部各层的层间侧向刚度接近。

因此对于底层框架-抗震墙房屋的纵横两个方向，第二层与底层侧向刚度的比值，6、7度时不应大于2.5，8度时不应大于2.0，且均不应小于1.0；对于底部两层框架-抗震墙房屋的纵横两个方向，底层与底部第二层侧向刚度应接近，第三层与底部第二层侧向刚度的比值，6、7度时不应大于2.0，8度时不应大于1.5，且均不应小于1.0。

(3) 底部框架-抗震墙与上部砌体墙的关系

底部框架-抗震墙房屋底部开间较大，上部开间较小，墙体的布置有一定的差别，因而底部框架的轴网也不相同。上部的砌体抗震墙与底部的框架梁或抗震墙应对齐或基本对齐，即平面对齐，上下连续；内纵墙宜贯通，对纵墙应严格控制开洞率，6度和7度区开洞率不宜大于55%，8度区不宜大于50%。

底部两层框架-抗震墙房屋和8、9度时的框架-抗震墙房屋，底部应采用带边框的钢筋混凝土抗震墙。6、7度且总层数不超过五层的底层框架-抗震墙房屋，应允许采用嵌砌于框架之间的砌体抗震墙，但应计入砌体墙对框架的附加轴力和附加剪力；其余情况应采用钢筋混凝土抗震墙。

(4) 适当提高过渡楼层的抗震能力

底部框架-抗震墙房屋的过渡层受力比较复杂，一旦过渡楼层的墙体开裂，其破坏状态要比底部更为严重。因此，设计时应提高过渡楼层的抗震能力。

5. 抗震等级

底部框架-抗震墙房屋的框架和抗震墙的抗震等级，6、7、8度可分别按三、二、一级采用。

8.3.2 抗震承载力验算

1. 计算方法

(1) 对于质量和刚度沿高度分布比较均匀的底部框架-抗震墙房屋，可采用底部剪力法，并根据弹塑性分析结果进行作用效应的调整。

(2) 对于质量和刚度沿高度分布不均匀的底部框架-抗震墙房屋，可采用考虑水平地震作用扭转影响的振型分解反应谱法。

2. 计算简图

底部框架 - 抗震墙房屋的计算简图如图 8.11 所示。

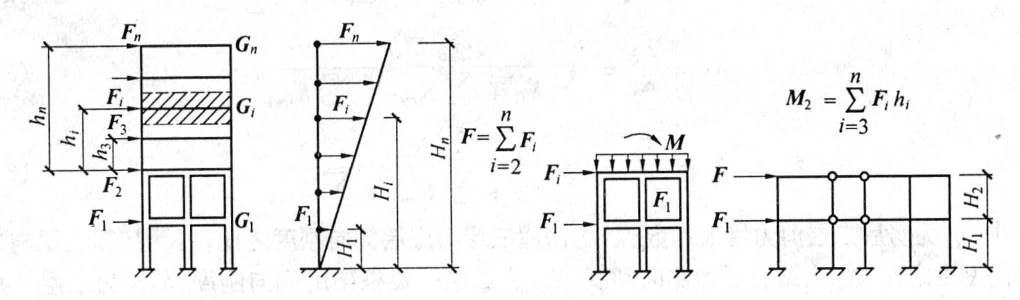

图 8.11　计算简图

3. 水平地震作用的计算

结构总水平地震作用标准值 $\boldsymbol{F}_{\mathrm{EK}}$ 的计算式为

$$\boldsymbol{F}_{\mathrm{EK}} = \alpha_{\max}\boldsymbol{G}_{\mathrm{eq}} \tag{8.14}$$

楼层地震作用标准值 $\boldsymbol{F}_i$ 的计算式为

$$\boldsymbol{F}_i = \frac{\boldsymbol{G}_i\boldsymbol{H}_i}{\sum_{j=1}^{n}\boldsymbol{G}_j\boldsymbol{H}_j}\boldsymbol{F}_{\mathrm{Ek}} \tag{8.15}$$

4. 楼层地震剪力的计算

(1) 上部楼层地震剪力的计算

上部楼层地震剪力的计算与多层砌体房屋相同,其计算式为

$$\boldsymbol{V}_i = \sum_{j=1}^{n}\boldsymbol{F}_j \tag{8.16}$$

(2) 底部地震剪力的计算

由于底部框架 - 抗震墙房屋的底部相对薄弱,因此应考虑弹塑性变形集中的影响。对于底部框架 - 抗震墙所在层,其纵向和横向的地震剪力设计值应乘以增大系数,其值应允许根据侧向刚度比在 1.2 ~ 1.5 范围内选用。

① 底部一层框架 - 抗震墙房屋

$$\boldsymbol{V}'_1 = \eta_1\boldsymbol{V}_1 = \eta_1\boldsymbol{F}_{\mathrm{EK}} \tag{8.17}$$

$$\eta_1 = \sqrt{\lambda_1}$$

$$\lambda_1 = \frac{K_2}{K_1} = \frac{\sum K_{\mathrm{bw2}}}{\sum K_{\mathrm{c1}} + \sum K_{\mathrm{cw1}} + \sum K_{\mathrm{bw1}}} \tag{8.18}$$

式中,η_1 为房屋底层剪力增大系数;λ_1 为房屋二层与底层侧向刚度之比;K_1 为底层的侧向刚度;K_2 为第二层的侧向刚度;K_{c1} 为底层一榀框架的侧向刚度;K_{cw1} 为底层一片钢筋混凝土抗震墙的侧向刚度;K_{bw1} 为底层一片砌体抗震墙的侧向刚度;K_{bw2} 为二层一片砌体抗震墙的侧向刚度。

② 底部两层框架 - 抗震墙房屋

$$\boldsymbol{V}'_1 = \eta_1\boldsymbol{V}_1 \tag{8.19}$$

$$\boldsymbol{V}'_2 = \eta_2\boldsymbol{V}_2 \tag{8.20}$$

$$\eta_1 = \sqrt{\lambda_1} \tag{8.21}$$

$$\eta_2 = \sqrt{\lambda_2} \tag{8.22}$$

$$\lambda_1 = \frac{K_3}{K_1} = \frac{\sum K_{bw3}}{\sum K_{f1} + \sum K_{cw1} + \sum K_{bw1}} \tag{8.23}$$

$$\lambda_2 = \frac{K_3}{K_2} = \frac{\sum K_{bw3}}{\sum K_{f2} + \sum K_{cw2} + \sum K_{bw2}} \tag{8.24}$$

式中，η_2 为房屋二层剪力增大系数；λ_1 为房屋三层与底层侧向刚度之比；λ_2 为房屋三层与二层侧向刚度之比；K_3 为第三层的侧向刚度；K_{c2} 为二层一榀框架的侧向刚度；K_{cw2} 为二层一片钢筋混凝土抗震墙的侧向刚度；K_{bw2} 为二层一片砌体抗震墙的侧向刚度；K_{bw3} 为三层一片砌体抗震墙的侧向刚度。

(3) 楼层地震剪力的分配

上部砌体房屋楼层地震剪力的分配与多层砌体房屋相同。

在地震期间，抗震墙开裂前的侧向刚度远远大于框架的侧向刚度，为简化计算，底部楼层的纵向和横向地震剪力设计值应全部由该方向的抗震墙承担，并按各抗震墙侧向刚度比例分配。

① 抗震墙的地震剪力

一片钢筋混凝土抗震墙承担的水平地震剪力的计算式为

$$V_{cw} = \frac{K_{cw}}{\sum K_{cw} + \sum K_{bw}} V_i \quad (i = 1,2) \tag{8.25}$$

一片砖抗震墙承担的水平地震剪力的计算式为

$$V_{bw} = \frac{K_{bw}}{\sum K_{cw} + \sum K_{bw}} V_i \quad (i = 1,2) \tag{8.26}$$

式中，V_i 为房屋底部的横向和纵向地震剪力；K_{bw} 为一片砖抗震墙的侧向刚度；K_{cw} 为一片钢筋混凝土抗震墙的侧向刚度。

② 框架的地震剪力

计算底部框架柱承担的地震剪力时，各抗侧力构件应按有效侧向刚度比分配确定。对框架不折减，混凝土抗震墙的折减系数取 0.30，砌体抗震墙的折减系数取 0.20，故一榀框架承担的地震剪力设计值的计算式为

$$V_c = \frac{K_c}{0.3\sum K_{cw} + 0.2\sum K_{bw} + \sum K_c} V_i \quad (i = 1,2) \tag{8.27}$$

(4) 底部构件侧向刚度的计算

1) 框架的侧向刚度

框架的侧向刚度的计算式为

$$K_f = \frac{12E_c\sum I_c}{h^3} \tag{8.28}$$

式中，E_c 为混凝土的弹性模量；I_c 为柱的截面惯性矩；h 为柱的计算高度。

2) 混凝土抗震墙的侧向刚度

底部混凝土抗震墙侧向刚度的计算,可略去基础侧移的影响,仅考虑抗震墙剪切变形和弯曲变形的影响。

① 无洞抗震墙的侧向刚度,可按下式计算

$$K_{cw} = \frac{1}{\dfrac{1.2h}{G_c A_{cw}} + \dfrac{h^3}{3E_c I_{cw}}} = \frac{1}{\dfrac{3h}{E_c A_{cw}} + \dfrac{h^3}{3E_c I_{cw}}} \tag{8.29}$$

式中,G_c 为混凝土的剪切模量;A_{cw} 为抗震墙水平截面积,对工字形截面取轴线间腹板水平截面面积;h 为抗震墙的计算高度;I_{cw} 为抗震墙和柱的水平截面惯性矩。

② 小开口抗震墙侧向刚度应乘以开洞折减系数,并按下式计算

$$\beta_h = \left(1 - 1.2\sqrt{\frac{bd}{lh}}\right) \tag{8.30}$$

式中,β_h 为开洞折减系数;b 为洞口的高度;d 为洞口的宽度;h 为抗震墙的高度;l 为抗震墙的宽度。

3) 砌体抗震墙的侧向刚度

计算框架内嵌砌砌体抗震墙时,仅考虑剪切变形的影响,可不考虑抗震墙的弯曲变形。

① 无洞抗震墙的侧向刚度,可按下式计算

$$K_{mw} = \frac{E_m A_{mw}}{3h} \tag{8.31}$$

式中,A_{mw} 为抗震墙的水平毛截面面积;E_m 为砌体的弹性模量;h 为抗震墙的高度。

② 小开口抗震墙的侧向刚度,可根据开洞率乘以表 8.19 中的洞口影响系数计算。

表 8.19　洞口影响系数

开洞率	0.10	0.20	0.30	0.40
影响系数	0.98	0.94	0.88	0.76

注:① 开洞率为洞口面积与墙段毛面积之比;

② 窗洞高度大于层高的 50% 时,按门洞对待。

③ 当抗震墙受构造框架约束时,侧向刚度可近似按下式计算

$$K_{mw} = \varphi \frac{E_m A_{mc}}{3h} \tag{8.32}$$

$$A_{mc} = A_{mn} + \sum \eta_c \frac{E_c}{E_m} A_c \tag{8.33}$$

$$\varphi = \frac{1}{1 + \dfrac{A_{mc} h^2}{36 I_{mc}}} \tag{8.34}$$

式中,A_{mc} 为抗震墙换算截面面积;I_{mc} 为抗震墙换算截面惯性矩;A_{mn} 为抗震墙扣除洞口和混凝土柱面积后的砌体水平截面净面积;A_c 为构造柱截面面积;η_c 为构造柱参与工作系数,对于端柱和角柱取 0.30,墙中柱取 1.2,墙边柱取 1.5;φ 为弯曲变形影响系数,当 $h/L < 1$ 时,取 $\varphi = 1$,L 为抗震墙的长度,h 为抗震墙的高度。

5. 底部地震倾覆力矩的计算

按照《建筑抗震设计规范》(GB 50011—2001) 的设计方法,验算抗震承载力时,多层砌体房

屋可不考虑地震倾覆力矩对构件的影响,采用房屋的高宽比进行控制,而对多层钢筋混凝土房屋则需要考虑。因此,底层框架 - 抗震墙房屋的底部应考虑地震倾覆力矩的影响。

(1) 地震倾覆力矩的计算

底层框架 - 抗震墙房屋

$$\boldsymbol{M}_1 = \sum_{i=2}^{n} \boldsymbol{F}_i(H_i - H_1) \tag{8.35}$$

底部两层框架 - 抗震墙房屋

$$\boldsymbol{M}_2 = \sum_{i=3}^{n} \boldsymbol{F}_i(H_i - H_2) \tag{8.36}$$

(2) 地震倾覆力矩的分配

作用于房屋底部地震倾覆力矩按转动刚度的比例进行分配计算比较复杂。为简化计算,《建筑抗震设计规范》(GB 50011—2001) 规定,底部各轴线承受的地震倾覆力矩可近似按底部抗震墙和框架的侧向刚度的比例分配。

一榀框架承担的地震倾覆力矩

$$\boldsymbol{M}_{\mathrm{f}} = \frac{K_{\mathrm{f}}}{\sum K_{\mathrm{f}} + 0.3\sum K_{\mathrm{cw}} + 0.2\sum K_{\mathrm{mw}}}\boldsymbol{M}_1 \tag{8.37}$$

一片钢筋混凝土抗震墙承担的地震倾覆力矩

$$\boldsymbol{M}_{\mathrm{cw}} = \frac{K_{\mathrm{cw}}}{\sum K_{\mathrm{f}} + \sum K_{\mathrm{cw}} + \sum K_{\mathrm{mw}}}\boldsymbol{M}_1 \tag{8.38}$$

一片砌体抗震墙承担的地震倾覆力矩

$$\boldsymbol{M}_{\mathrm{mw}} = \frac{K_{\mathrm{mw}}}{\sum K_{\mathrm{c}} + \sum K_{\mathrm{cw}} + \sum K_{\mathrm{mw}}}\boldsymbol{M}_1 \tag{8.39}$$

6. 框架中嵌砌砖抗震墙时的抗震验算

(1) 框架柱的轴向力和剪力

底层框架 - 抗震墙房屋中嵌砌于框架之间的普通砖抗震墙,对底层框架柱产生附加轴向力和附加剪力,并下式计算

$$\boldsymbol{N}_{\mathrm{f}} = \boldsymbol{V}_{\mathrm{w}}H_{\mathrm{f}}/l \tag{8.40}$$

$$\boldsymbol{V}_{\mathrm{f}} = \boldsymbol{V}_{\mathrm{w}} \tag{8.41}$$

式中,$\boldsymbol{V}_{\mathrm{w}}$ 为墙体承担的剪力设计值,柱两侧有墙时可取二者的较大值;$\boldsymbol{N}_{\mathrm{f}}$ 为框架柱的附加轴压力设计值;$\boldsymbol{V}_{\mathrm{f}}$ 为框架柱的附加剪力设计值;H_{f}、l 分别为框架的层高和跨度。

(2) 受剪承载力

嵌砌于框架之间的普通砖抗震墙及两端框架柱,其抗震受剪承载力应按下式验算

$$\boldsymbol{V} \leqslant \frac{1}{\gamma_{\mathrm{REc}}}\sum(\boldsymbol{M}_{\mathrm{yc}}^{\mathrm{u}} + \boldsymbol{M}_{\mathrm{yc}}^{\mathrm{l}})/H_0 + \frac{1}{\gamma_{\mathrm{REw}}}\sum f_{\mathrm{vE}}A_{\mathrm{w0}} \tag{8.42}$$

式中,$\boldsymbol{V}$ 为嵌砌普通砖抗震墙及两端框架柱剪力设计值;A_{w0} 为砖墙水平截面的计算面积,无洞口时取实际截面的 1.25 倍,有洞口时取截面净面积,但不计入宽度小于洞口高度 1/4 的墙肢截面面积;$\boldsymbol{M}_{\mathrm{yc}}^{\mathrm{u}}$、$\boldsymbol{M}_{\mathrm{yc}}^{\mathrm{l}}$ 分别为底层框架柱上下端的正截面受弯承载力设计值,可按现行国家标准《混凝土结构设计规范》(GB 50010—2002) 非抗震设计的有关公式取等号计算;H_0 为底层框架柱的计算高度,两侧均有砖墙时取柱净高的 2/3,其余情况取柱净高;γ_{REc} 为底层框架柱承载

力抗震调整系数,可采用 0.8;γ_{REw} 为嵌砌普通砖抗震墙承载力抗震调整系数,可采用 0.9。

8.3.3　抗震构造措施

1.上部砌体结构部分

(1)钢筋混凝土构造柱的设置

① 一般楼层钢筋混凝土构造柱的布置与配筋,应根据房屋的总层数按多层砌体房屋设置;过渡层尚应在底部框架柱对应位置处设置构造柱;

② 构造柱的截面,不宜小于 240 mm×240 mm;

③ 构造柱的纵向钢筋不宜少于 4 ϕ 14,箍筋间距不宜大于 200 mm;

④ 过渡层构造柱的纵向钢筋,7 度时不宜少于 4 ϕ 16,8 度时不宜少于 6 ϕ 16。一般情况下,纵向钢筋应锚入下部的框架柱内;当纵向钢筋锚固在框架梁内时,框架梁的相应位置应加强;

⑤构造柱应与每层圈梁连接,或与现浇楼板可靠拉结。

(2)上部抗震墙的中心线宜同底部的框架梁、抗震墙的轴线相重合;构造柱宜与框架柱上下贯通。

2.底部框架－抗震墙部分

(1)底部框架－抗震墙房屋的楼盖应符合下列要求。

①过渡层的底板应采用现浇钢筋混凝土板,板厚不应小于 120 mm,并应少开洞、开小洞,当洞口尺寸大于 800 mm 时,洞口周边应设置边梁;

②其他楼层,采用装配式钢筋混凝土楼板时均应设现浇圈梁,采用现浇钢筋混凝土楼板时应允许不另设圈梁,但楼板沿墙体周边应加强配筋并应与相应的构造柱可靠连接。

(2)底部框架－抗震墙房屋的钢筋混凝土托墙梁,其截面和构造应符合下列要求。

①梁的截面宽度不应小于 300 mm,梁的截面高度不应小于跨度的 1/10;

②箍筋的直径不应小于 8 mm,间距不应大于 200 mm;梁端在 1.5 倍梁高且不小于 1/5 梁净跨范围内,以及上部墙体的洞口处和洞口两侧各 500 mm 且不小于梁高的范围内,箍筋间距不应大于 100 mm;

③沿梁高应设腰筋,数量不应少于 2 ϕ 14,间距不应大于 200 mm;

④梁的主筋和腰筋应按受拉钢筋的要求锚固在柱内,且支座上部的纵向钢筋在柱内的锚固长度应符合钢筋混凝土框支梁的有关要求。

(3)底部的钢筋混凝土抗震墙,其截面和构造应符合下列要求。

①抗震墙周边应设置梁(或暗梁)和边框柱(或框架柱)组成的边框,边框梁的截面宽度不宜小于墙板厚度的 1.5 倍,截面高度不宜小于墙板厚度的 2.5 倍,边框柱的截面高度不宜小于墙板厚度的 2 倍;

②抗震墙墙板的厚度不宜小于 160 mm,且不应小于墙板净高的 1/20,抗震墙宜开设洞口形成若干墙段,各墙段的高宽比不宜小于 2;

③抗震墙的竖向和横向分布钢筋配筋率均不应小于 0.25%,并应采用双排布置,双排分布钢筋间拉筋的间距不应大于 600 mm,直径不应小于 6 mm;

④抗震墙的边缘构件可按建筑抗震规范的第 6.4.6～6.4.8 相关规定设置。

(4)底部采用普通砖抗震墙时,其构造应符合下列要求。

①墙厚不应小于 240 mm,砌筑砂浆强度等级不应低于 M10,应先砌墙后浇框架;

②沿框架柱每隔 500 mm 配置 2 φ 6 拉结钢筋,并沿砖墙全长设置,在墙体半高处尚应设置与框架柱相连的钢筋混凝土水平连系梁;

③墙长大于 5m 时,应在墙内增设钢筋混凝土构造柱。

(5)底部框架 - 抗震墙房屋的材料强度等级,应符合下列要求。

①框架柱、抗震墙和托墙梁的混凝土强度等级,不应低于 C30;

②过渡层墙体的砌筑砂浆强度等级,不应低于 M7.5。

3.其他抗震构造措施

底部框架 - 抗震墙房屋的其他抗震构造措施,应符合多层砌体房屋的相关要求。

8.3.4 设计实例

【例 8.2】 某四层建筑,底层为商场,层高 4 200 mm,上部三层为住宅,层高 3 000 mm,平面图如图 8.12 所示。底层钢筋混凝土柱截面为 400 mm × 400 mm,梁截面为 500 mm × 240 mm,采用 C30 混凝土及 HPB235 级钢筋;二至四层纵横墙厚度为 240 mm,采用 MU10 砖,二层采用 M7.5 混合砂浆,三、四层采用 M5 混合砂浆;③轴线二层 1/2 高度处墙体平均压应力 $\sigma_0 = 0.35$ MPa,底层砖抗震墙厚度为 370 mm,采用 MU10 砖、M10 混合砂浆砌筑。抗震设防烈度为 8 度,设计地震分组为二组,场地类别为Ⅱ类。

【解】 1.结构等效总重力荷载代表值

集中在各楼层、屋盖标高处的重力荷载代表值为

$$G_4 = 1\,440\ \text{kN}, G_3 = G_2 = 2\,150\ \text{kN}, G_1 = 2\,270\ \text{kN}$$

$$G_{eq} = 0.85\sum_{i=1}^{4} G_i = 0.85 \times (1\,440\ \text{kN} + 2 \times 2\,150\ \text{kN} + 2\,270\ \text{kN}) = 6\,808.5\ \text{kN}$$

2.水平地震作用及楼层地震剪力

(1) 结构总水平地震作用标准值

$$F_{EK} = \alpha_{max} G_{eq} = 0.16 \times 6\,808.5\ \text{kN} = 1\,089.36\ \text{kN}$$

(2) 各质点水平地震作用标准值及楼层地震剪力见表 8.20 及图 8.13

表 8.20　各质点水平地震作用标准值及楼层地震剪力

楼层	G_i/kN	H_i/m	G_iH_i	$\dfrac{G_iH_i}{\sum G_jH_j}$	$F_i = \dfrac{G_iH_i}{\sum G_jH_j}F_{EK}$	$V_i = \sum_{j=i}^{5} F_j$
4	1 440	13.7	19 728	0.282	307.20	307.20
3	2 150	10.7	23 005	0.329	358.40	665.60
2	2 150	7.7	16 555	0.237	258.18	923.78
1	2 270	4.7	10 669	0.152	165.58	1 089.36
$\sum$			69 957	1.000	1 089.36	

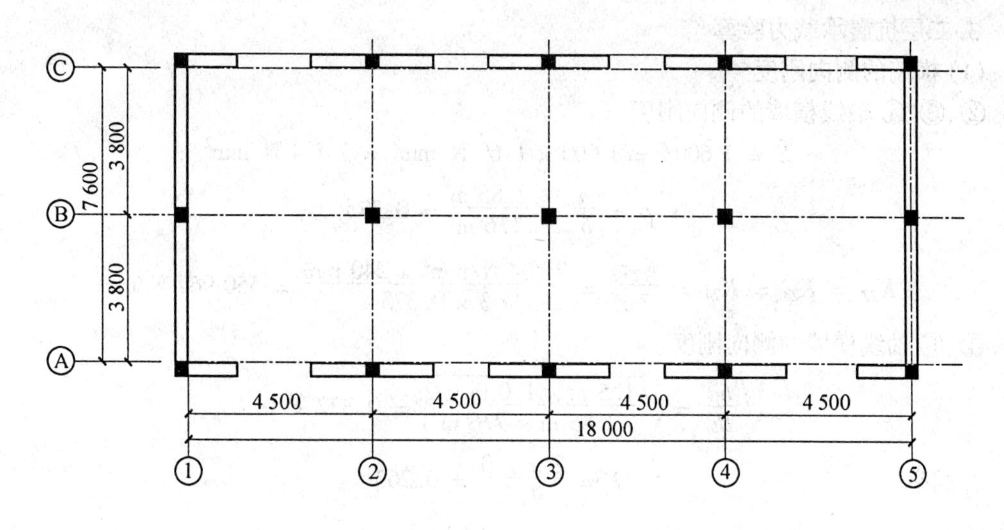

(a)底层框架房屋平面图

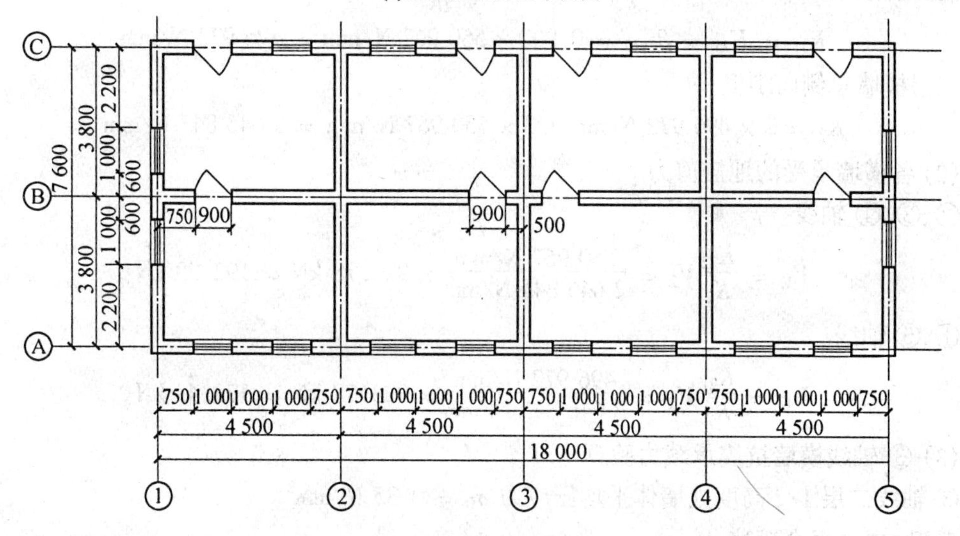

(b)二～四层混合结构房屋平面图

图 8.12　设计实例房屋平面图(单位:mm)

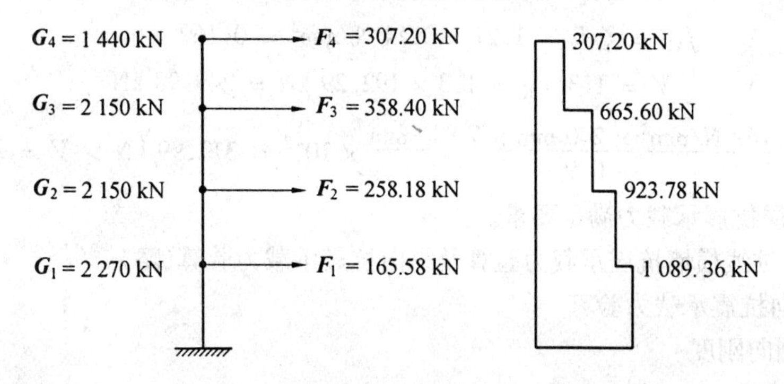

图 8.13　地震作用标准值及地震剪力

3. 二层抗震承载力验算

(1) 横墙的侧向刚度

②、③、④ 轴线横墙的侧向刚度

$$E = 1\,600f = 1\,600 \times 1.69\ \text{N/mm}^2 = 2\,704\ \text{N/mm}^2$$

$$\rho = \frac{h}{b} = \frac{2.85\ \text{m}}{7.6\ \text{m}} = 0.375$$

$$K_{22} = K_{23} = K_{24} = \frac{E_2 t_2}{3\rho} = \frac{2\,704\ \text{N/mm}^2 \times 240\ \text{mm}}{3 \times 0.375} = 550\,967\ \text{N/mm}$$

①、⑤ 轴线横墙的侧向刚度

$$\sqrt{\frac{bd}{lh}} = \sqrt{\frac{1.5\ \text{m} \times 1.0\ \text{m} \times 2}{2.85\ \text{m} \times 7.6\ \text{m}}} = 0.372 < 0.4$$

开洞率 $$\lambda = \frac{2 \times 1.0}{7.6} = 0.263$$

洞口折减系数 $$\beta_h = 1 - 1.2\sqrt{\frac{bd}{lh}} = 0.902$$

$$K_{21} = K_{25} = \beta K_{22} = 0.902 \times 550\,967\ \text{N/mm} = 496\,972\ \text{N/mm}$$

二层横墙总侧向刚度

$$K_2 = 2 \times 496\,972\ \text{N/mm} + 3 \times 550\,967\ \text{N/mm} = 2\,646\,845\ \text{N/mm}$$

(2) 各横墙承受的地震剪力

②、③、④ 轴线

$$\boldsymbol{V}_K = \frac{K_{22}}{K_2}\boldsymbol{V}_2 = \frac{550\,967\ \text{N/mm}}{2\,646\,845\ \text{N/mm}} \times 923.78\ \text{kN} = 192.29\ \text{kN}$$

①、⑤ 轴线

$$\boldsymbol{V}_K = \frac{K_{21}}{K_2}\boldsymbol{V}_2 = \frac{496\,972\ \text{N/mm}}{2\,646\,845\ \text{N/mm}} \times 923.78\ \text{kN} = 173.45\ \text{kN}$$

(3) ③ 轴线横墙抗震承载力验算

③ 轴线二层 1/2 高度处墙体平均压应力 $\sigma_0 = 0.35\ \text{N/mm}^2$

采用 M7.5 混合砂浆 $$f_v = 0.14\ \text{N/mm}^2$$

$$\frac{\sigma_0}{f_v} = \frac{0.35\ \text{N/mm}^2}{0.14\ \text{N/mm}^2} = 2.5, \zeta_N = 1.21$$

$$f_{VE} = \zeta_N f_v = 1.21 \times 0.14\ \text{N/mm}^2 = 0.169\ \text{N/mm}^2$$

$$\boldsymbol{V} = 1.3\ \boldsymbol{V}_K = 1.3 \times 192.29\ \text{kN} = 249.98\ \text{kN}$$

$$\frac{f_{VE}A}{\gamma_{RE}} = \frac{0.169\ \text{N/mm}^2 \times 240\ \text{mm} \times 7\,840\ \text{mm}}{0.9} \times 10^{-3} = 317.99\ \text{kN} > \boldsymbol{V} = 249.98\ \text{kN}$$

③ 轴线二层抗震承载力满足要求。

(4) ①、⑤ 轴线横墙抗震承载力验算及纵向抗震承载力验算(略)

4. 底层横向抗震承载力验算

(1) 底层侧向刚度

一片抗震横墙

$$E_1 = 1\,600f = 1\,600 \times 1.89\ \text{N/mm}^2 = 3\,024\ \text{N/mm}^2$$

$$\rho = \frac{4.7\ \text{m} - 0.5\ \text{m}}{3.8\ \text{m} - 0.4\ \text{m}} = 1.235$$

$$K_{bw} = \frac{E_1 t_1}{3\rho} = \frac{3\ 024\ \text{N/mm}^2 \times 370\ \text{mm}}{3 \times 1.235} = 301\ 992\ \text{N/mm}$$

一根框架柱

$$E_c = 300\ 000\ \text{N/mm}^2$$

$$K_c = \frac{12 E_c I_c}{H^3} = \frac{12 \times 30\ 000\ \text{N/mm}^2 \times \frac{1}{12} \times 400\ \text{mm} \times (400\ \text{mm})^3}{(4\ 700\ \text{mm})^3} = 7\ 397\ \text{N/mm}$$

底层总侧移刚度

$$K_1 = 4K_{bw} + 15K_c = 4 \times 301\ 992\ \text{N/mm} + 15 \times 7\ 397\ \text{N/mm} = 1\ 318\ 919\ \text{N/mm}$$

(2) 底层横向地震剪力增大系数

$$\lambda = \frac{K_2}{K_1} = \frac{2\ 646\ 845\ \text{N/mm}}{1\ 318\ 919\ \text{N/mm}} = 2$$

$$\eta = \sqrt{\lambda} = \sqrt{2} = 1.414$$

(3) 底层地震剪力设计值

$$V_1 = 1\ 089.36\ \text{kN} \times 1.414 \times 1.3 = 2\ 002\ \text{kN}$$

(4) 底层地震剪力在各抗侧力构件之间的分配一片抗震墙

$$V_{bw} = \frac{1}{4} V_1 = \frac{1}{4} \times 2\ 002\ \text{kN} = 500.5\ \text{kN}$$

一根框架柱

$$V_c = \frac{K_c}{0.2 \sum K_{bw} + \sum K_c} V_1 = \frac{7\ 397\ \text{N/mm}}{0.2 \times 4 \times 301\ 991\ \text{N/mm} + 15 \times 7\ 397\ \text{N/mm}} \times 2\ 002\ \text{kN} = 42\ \text{kN}$$

(5) 框架的内力

柱的杆端弯矩

$$M = \pm V_c \times 0.5H = \pm 0.5 \times 42\ \text{kN} \times 4.7\ \text{m} = \pm 98.7\ \text{kN} \cdot \text{m}$$

梁的杆端弯矩(图8.14)

$$M_{AB} = M_{CB} = \pm 98.7\ \text{kN} \cdot \text{m}$$

$$M_{BA} = M_{BC} = \pm \frac{M}{2} = \pm 49.35\ \text{kN} \cdot \text{m}$$

梁的杆端剪力

$$V_{AB} = \pm \frac{98.7\ \text{kN} \cdot \text{m} + 49.35\ \text{kN} \cdot \text{m}}{3.8\ \text{m}} = \pm 38.96\ \text{kN}$$

$$V_{BA} = \mp 38.96\ \text{kN}$$

$$V_{BC} = \pm 38.96\ \text{kN}$$

$$V_{CB} = \mp 38.96\ \text{kN}$$

(6) 底层横向抗震承载力验算(略)

5.底层地震倾覆力矩及框架柱的附加轴力

(1) 底层地震倾覆力矩

由二层以上各层水平地震作用在房屋底层引起的倾覆力矩为

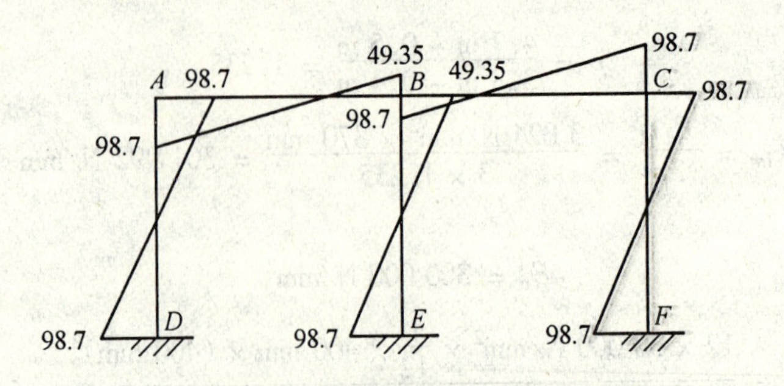

图 8.14 框架弯矩图(单位:kN · m)

$$M_1 = \sum_{i=2}^{n} F_i(H_i - H_1) = 258.18\ \text{kN} \times 3\ \text{m} + 358.4\ \text{kN} \times 6\ \text{m} + 307.20\ \text{kN} \times 9\ \text{m} = 5\ 689.74\ \text{kN} \cdot \text{m}$$

(2) 底层地震倾覆力矩的分配

底层各轴线承受的地震倾覆力矩,按底部抗震墙和框架的侧向刚度的比例分配。

① 一榀横向框架的侧向刚度

框架梁 240 mm × 500 mm,框架柱 400 mm × 400 mm,$E_c = 30\ 000\ \text{N/mm}^2$

框架梁 $K_L = \frac{1}{12} \times 240 \times 500^3 \times \frac{1}{3\ 800} E_c = 657\ 895 E_c$

框架柱 $K_Z = \frac{1}{12} \times 400 \times 400^3 \times \frac{1}{4\ 700} E_c = 453\ 900 E_c$

相对刚度 $i = \frac{K_L}{K_E} = \frac{657\ 895 E_c}{453\ 900\ E_c} = 1.45$

一榀框架中柱的 D 值为

$$D_B = \alpha_i \frac{12}{h^2} = \frac{0.5 + 1.45 \times 2}{2 + 1.45} \times \frac{\frac{1}{12} \times 400\ \text{mm} \times (400\ \text{mm})^3 \times 30\ 000\ \text{N/mm}^2}{4\ 700\ \text{mm}} \times \frac{12}{4\ 700^2\ \text{mm}^2} = 7\ 290\ \text{N/mm}$$

一榀框架边柱的 D 值为

$$D_A = D_c = \alpha_i \frac{12}{h^2} = \frac{0.5 + 1.45}{2 + 1.45} \times \frac{\frac{1}{12} \times 400\ \text{mm} \times (400\ \text{mm})^3 \times 30\ 000\ \text{N/mm}^2}{4\ 700\ \text{mm}} \times \frac{12}{4\ 700^2\ \text{mm}^2} = 4\ 181\ \text{N/mm}$$

一榀框架的 D 值为

$$D_f = 4\ 181\ \text{N/mm} \times 2 + 7\ 290\ \text{N/mm} = 15\ 652\ \text{N/mm}$$

② 抗震横墙和框架承担的地震倾覆力矩

一片抗震墙承担的地震倾覆力矩为

$$M_{bw} = \frac{301\ 991\ \text{N/mm}}{5 \times 15\ 652\ \text{N/mm} + 4 \times 301\ 991\ \text{N/mm}} \times 5\ 689.74\ \text{kN} \cdot \text{m} = 1\ 335.89\ \text{kN} \cdot \text{m}$$

一木品框架承担的地震倾覆力矩为

$$M_f = \frac{15\ 652\ \text{N/mm}}{5 \times 15\ 652\ \text{N/mm} + 0.2 \times 4 \times 301\ 991\ \text{N/mm}} \times 5\ 689.74\ \text{kN} \cdot \text{m} = 278.43\ \text{kN} \cdot \text{m}$$

(3) 框架柱承担的附加轴力

$$N_A = N_c = \frac{M_f}{B} = \frac{278.43\ \text{kN} \cdot \text{m}}{7.6\ \text{m}} = 36.64\ \text{kN}$$

$$N_B = 0\ \text{kN}$$

6.底层结构构件的截面抗震承载力验算(略)

7.底层纵向抗震承载力验算(略)

8.4　配筋砌块砌体剪力墙房屋

8.4.1　抗震设计的基本要求

1.房屋适用的最大高度

配筋砌块砌体结构与无筋砌体相比,具有较高的强度和较好的延性。与混凝土剪力墙结构相比,由于砌体的弹性模量低,刚度小,地震作用相对较小;砌块砌体剪力墙中有缝隙存在,其变形能力相对较大。根据国内外对配筋砌块砌体剪力墙结构的试验研究和建造实际,从经济安全,配套材料,施工质量等方面综合考虑,配筋砌块砌体剪力墙房屋适用的最大高度应符合表 8.21 的规定。

表 8.21　配筋砌块砌体剪力墙房屋适用的最大高度　m

最小墙厚	6 度	7 度	8 度
190 mm	54	45	30

注:①房屋高度指室外地面至檐口的高度;

②房屋的高度超过表内高度时应根据专门的研究,采取有效的加强措施。

应当指出的是,我国对配筋砌块砌体剪力墙房屋适用的最大高度的规定是非常严格的,主要是考虑到该类房屋在我国的工程的实践还不够多,目前还处在推广应用阶段,在近一步科学研究和工程实践的基础上,配筋砌块砌体剪力墙房屋适用的最大高度会有所提高。在目前,当房屋的最大高度超过表 8.21 的限值时,要进行专门的研究,在有可靠的研究成果及充分论证的基础上,采用必要的结构加强措施,通过一定的审批手续,房屋的高度可以适当增加。

2.房屋的最大高宽比

配筋砌块砌体剪力墙房屋高宽比的限制,是为了保证房屋的整体稳定性,防止房屋发生整体弯曲破坏。高宽比的限值是根据该类房屋的整体抗震性能与抗弯性能,与多层砌体房屋和高层混凝土房屋相比较后给出的。房屋最大高宽比应符合表 8.22 的规定,此时房屋的稳定已满足要求,可不进行房屋的整体弯曲验算。

表 8.22　配筋砌块砌体剪力墙适用的最大高宽比

烈度	6 度	7 度	8 度
最大高宽比	5	4	3

3.抗震横墙的最大间距

配筋砌块砌体房屋抗震横墙最大间距的要求是保证楼屋盖具有足够的传递水平地震作用

给横墙的水平刚度。由于目前配筋砌块砌体剪力墙房屋主要为多高层住宅,间距一般不会很大,该类房屋抗震横墙最大间距的限制,既保证了屋盖传递水平地震作用所需的刚度要求,也能满足抗震横墙布置的设计要求和房屋灵活划分的使用要求,抗震横墙的最大间距应符合表8.23的要求。对于纵墙承重的房屋,其抗震横墙的间距仍然要满足规定的要求,以保证横向抗震验算时的水平地震作用能够有效地传递到横墙上。

表8.23　配筋砌块砌体剪力墙的最大间距

烈度	6度	7度	8度
最大间距/m	15	15	11

4.抗震等级的划分

配筋砌块砌体剪力墙房屋抗震等级的划分,参照了钢筋混凝土抗震房屋的要求。根据建筑重要性、设防烈度、房屋高度等因素来划分不同抗震等级,以此在抗震验算和构造措施上加以区别对待。根据配筋混凝土砌块砌体剪力墙房屋的抗震性能,在确定其抗震等级时,对房屋的高度的规定比钢筋混凝土抗震墙结构更加严格。配筋砌块砌体剪力墙丙类建筑的抗震等级应符合表8.24的规定,其他类别的建筑采用配筋砌块砌体剪力墙结构时,应通过专门的试验研究来确定抗震等级,保证房屋的使用安全。

表8.24　配筋砌块砌体剪力墙房屋的抗震等级

结构类型		设防烈度					
		6		7		8	
配筋砌块砌体剪力墙	高度/m	≤24	>24	≤24	>24	≤24	>24
	抗震等级	四	三	三	二	二	一

5.房屋的平面和立面布置

(1)房屋的平面形状宜规则、简单、对称,凹凸不宜过大。当平面有局部突出时,突出部分的长度不宜大于其宽度,且不宜大于其长度的30%,避免房屋产生扭转效应。

(2)房屋竖向布置宜规则、均匀,避免有过大的外挑和内收。当局部有内收时,内收的长度不宜大于该方向长度的25%。当剪力墙沿竖向高度发生变化时,变化层的刚度不应小于上下楼层的70%,且连续三层的总刚度的降低不应超过50%,避免产生弹塑性变形集中和应力集中的薄弱部位。

(3)纵、横方向的剪力墙宜拉通对齐,对于较长的剪力墙,为了避免过大的地震剪力使其产生剪切破坏,可以采用楼板或连梁将其分为若干个独立的墙段,每个独立的墙段的总宽度与长度之比不宜小于2。剪力墙的门窗洞口宜上下对齐,成列布置。

(4)配筋砌块砌体剪力墙房屋的平、立面布置的规则性应比钢筋混凝土剪力墙房屋更加严格,当房屋的平、立面布置不规则,房屋有错层,各部分的刚度或质量截然不同时,可设置防震缝。当房屋高度不超过20 m时,防震缝的最小宽度为70 mm;超过20 m时,6、7、8度相应每增加6、5、4 m,防震缝的宽度增加不小于20 mm。

8.4.2　抗震承载力验算

1.结构分析方法

配筋砌块砌体剪力墙房屋的地震作用计算,可采用下列方法。

(1)对于平、立面规则的房屋,可采用底部剪力法或振型分解反应谱法;

(2)对于平面形状或竖向布置不规则房屋,应采用空间结构计算模型,考虑水平地震作用的扭转影响。

2.内力的调整

(1)底部剪力设计值的调整

配筋砌块砌体房屋的底部,其弯矩和剪力较大,是房屋抗震的薄弱环节。为了保证配筋砌块剪力墙在弯曲破坏之前出现剪切破坏,确保剪力墙为强剪弱弯型,形成延性的破坏机制,应根据计算分析结果,对底部剪力墙的剪力设计值进行调整,以使房屋的最不利截面得到加强。

需要加强的房屋底部高度为房屋总高度的1/6,且不小于二层楼的高度。底部加强部位的截面组合剪力设计值,应按下列规定进行调整。

一级抗震等级

$$V_w = 1.6V \tag{8.43}$$

二级抗震等级

$$V_w = 1.4V \tag{8.44}$$

三级抗震等级

$$V_w = 1.2V \tag{8.45}$$

四级抗震等级

$$V_w = 1.0V \tag{8.46}$$

式中,V为考虑地震作用组合的剪力墙计算截面的剪力设计值。

(2) 连梁剪力设计值的调整

配筋砌块砌体剪力墙连梁的破坏应先于剪力墙,而且连梁本身的斜截面抗剪能力应高于正截面抗剪能力,实现强剪弱弯。连梁的剪力设计值,抗震等级为一、二、三级时,应按下列规定进行调整,四级时可不调整。

$$V_b = \eta_V \frac{M_b^l + M_b^r}{l_n} + V_{Gb} \tag{8.47}$$

式中,V_b为连梁的剪力设计值;η_V为剪力增大系数,一级时取1.3,二级时取1.2,三级时取1.1;M_b^l、M_b^r分别为梁左、右端考虑地震作用组合的弯矩设计值;V_{Gb}为在重力荷载代表值作用下,按简支梁计算的截面剪力设计值;l_n为连梁净跨。

3.剪力墙和连梁截面的要求

配筋砌块砌体剪力墙和连梁的截面应符合规定的要求,以保证房屋在地震作用下具有较好的变形能力,不至于产生脆性破坏和剪切破坏。

(1) 剪力墙的截面应符合下列要求。

当剪跨比大于2时

$$V_w \leqslant \frac{1}{\gamma_{RE}}(0.2 f_g b h) \tag{8.48}$$

当剪跨比小于或等于2时

$$V_w \leqslant \frac{1}{\gamma_{RE}}(0.15f_g bh) \tag{8.49}$$

(2) 连梁截面应符合下列要求。

当跨高比大于 2.5 时

$$V_b \leqslant \frac{1}{\gamma_{RE}}(0.2f_g bh_0) \tag{8.50}$$

当跨高比小于或等于 2.5 时

$$V_b \leqslant \frac{1}{\gamma_{RE}}(0.15f_g bh_0) \tag{8.51}$$

4. 配筋砌块砌体剪力墙的承载力计算

(1) 基本假定

① 在荷载作用下，截面应变符合平截面假定，不考虑钢筋与混凝土砌体的相对滑移；不考虑混凝土的抗拉强度；混凝土砌体的极限压应变，对偏心受压和受弯构件取 0.003。

② 当构件处于大偏压受力状态时，不同位置的钢筋应变均由平截面假定计算，构件内竖向钢筋应力数值及性质由该处钢筋应变确定。当构件处于小偏压或轴心受压状态时，由于构件内分布钢筋对构件的承载能力贡献较小，可不考虑钢筋的作用。

③ 按极限状态设计时，受压区混凝土的应力图可简化为等效的矩形应力图，其高度 x 可取等于按平截面假定所确定的中和轴受压区高度 x_c 乘以 0.8，矩形应力图的应力取为配筋砌体弯曲抗压强度设计值 $f_{gm} = 1.05f_{gc}$。

(2) 正截面受弯承载力

配筋砌块砌体剪力墙的正截面受弯承载力可按校对法进行设计，先假定纵向钢筋的直径和间距，然后按平截面假定来计算截面的内力，确定钢筋尺寸和受压区高度，使内力与荷载达到平衡。

(3) 斜截面受剪承载力

偏心受压配筋混凝土砌块砌体剪力墙，其斜截面受剪承载力应按下式计算

$$V_w \leqslant \frac{1}{\gamma_{RE}}\left[\frac{1}{\lambda - 0.5}\left(0.48f_{vg}bh_0 + 0.1N\frac{A_w}{A}\right) + 0.72f_{yh}\frac{A_{sh}}{s}h_0\right] \tag{8.52}$$

$$\lambda = M/Vh_0 \tag{8.53}$$

式中，f_{vg} 为灌孔砌体的抗剪强度设计值，可按《砌体结构设计规范》(GB 50003—2001) 第 3.2.2 条的规定采用；M 为考虑地震作用组合的剪力墙计算截面的弯矩设计值；V 为考虑地震作用组合的剪力墙计算截面的剪力设计值；N 为考虑地震作用组合的剪力墙计算截面的轴向力设计值，$N > 0.2f_g bh$ 时，取 $N = 0.2f_g bh$；A 为剪力墙的截面面积，其中翼缘的有效面积，可按相关规定计算；A_w 为“T”形或“工”字形截面剪力墙腹板的截面面积，对于矩形截面取 $A_w = A$；λ 为计算截面的剪跨比，当 $\lambda \leqslant 1.5$ 时，取 $\lambda = 1.5$，当 $\lambda \geqslant 2.2$ 时，取 $\lambda = 2.2$；A_{sh} 为配置在同一截面内的水平分布钢筋的全部截面面积；f_{yh} 为水平钢筋的抗拉强度设计值；f_g 为灌孔砌体的抗压强度设计值；s 为水平分布钢筋的竖向间距；γ_{RE} 为承载力抗震调整系数。

偏心受拉配筋混凝土砌块砌体剪力墙，其斜截面受剪承载力的计算式为

$$V_w \leqslant \frac{1}{\gamma_{RE}}\left[\frac{1}{\lambda - 0.5}\left(0.48f_{vg}bh_0 - 0.17N\frac{A_w}{A}\right) + 0.72f_{yh}\frac{A_{sh}}{s}h_0\right] \tag{8.54}$$

注：当 $0.48f_{vg}bh_0 - 0.17NA_w/A < 0$ 时，取 $0.48f_{vg}bh_0 - 0.17NA_w/A = 0$。

5. 连梁的承载力计算

(1) 连梁正截面受弯承载力

连梁是保证房屋整体性的重要构件，为了保证连梁与剪力墙节点处在弯曲破坏前不会出现剪切破坏，对于跨高比大于 2.5 的连梁宜采用受力性能较好的钢筋混凝土连梁。考虑地震作用组合的连梁正截面受弯承载力可按现行国家标准《混凝土结构设计规范》(GB 50010—2002)有关受弯构件的规定进行计算。

当采用配筋砌块砌体连梁时，由于全部砌块均要求灌孔，其受力性能与钢筋混凝土连梁类似，考虑地震作用组合的连梁正截面受弯承载力仍可按钢筋混凝土受弯构件的有关规定计算，但应采用配筋砌块砌体相应的计算参数和指标。

由于地震作用的往复性，连梁设计时往往使截面上下纵筋对称配筋。连梁正截面受弯承载力计算时，应考虑承载力抗震调整系数。

(2) 连梁斜截面受剪承载力

当采用钢筋混凝土连梁时，斜截面受剪承载力可按现行国家标准《混凝土结构设计规范》(GB 50010—2002) 中有关剪力墙连梁斜截面抗震承载力规定计算。

当采用配筋砌块砌体连梁时，斜截面受剪承载力的计算公式为

当跨高比大于 2.5 时

$$V_b \leqslant \frac{1}{\gamma_{RE}}(0.64 f_{vg} b h_0 + 0.8 f_{yv} \frac{A_{sv}}{s} h_0) \tag{8.55}$$

当跨高比小于或等于 2.5 时

$$V_b \leqslant \frac{1}{\gamma_{RE}}(0.56 f_{vg} b h_0 + 0.7 f_{yv} \frac{A_{sv}}{s} h_0) \tag{8.56}$$

式中，A_{sv} 为配置在同一截面内的箍筋各肢的全部截面面积；f_{yv} 为箍筋的抗拉强度设计值。

6. 抗震变形验算

配筋砌块砌体剪力墙结构，应进行多遇地震作用下的抗震变形验算，其楼层内最大的层间弹性位移角不宜超过 1/1 000。

8.4.3　抗震构造措施

1. 配筋砌块砌体剪力墙

(1)剪力墙的厚度

一级抗震等级剪力墙厚度不应小于层高的 1/20，二、三、四级抗震等级剪力墙厚度不应小于层高的 1/25，且不应小于 190 mm。

(2)剪力墙水平和竖向分布钢筋

剪力墙中配置水平和竖向钢筋，提高了剪力墙的变形能力和承载能力。其中水平钢筋在通过的斜截面上直接受拉和受剪，在剪力墙开裂前水平钢筋受力很小，墙体开裂后水平钢筋直接参与受力，甚至可达到屈服。竖向钢筋主要通过销栓作用参与抗剪，墙体破坏时仅部分竖向钢筋可达到屈服。

剪力墙的水平和竖向钢筋除应满足计算要求外，还应满足下列要求：

①水平钢筋宜采用双排布置，竖向钢筋可以采用单排布置；

②水平和竖向钢筋的最小配筋率，最小直径和最大间距应符合表 8.25 和表 8.26 的要求。

表中的加强部位指剪力墙的顶层,剪力墙底部其高度不小于房屋高度的 1/6 且不小于两层的高度,楼电梯间的墙体。

表 8.25　剪力墙水平分布钢筋的配筋构造

抗震等级	最小配筋率/%		最大间距/mm	最小直径/mm
	一般部位	加强部位		
一级	0.13	0.13	400	ф 8
二级	0.11	0.13	600	ф 8
三级	0.11	0.11	600	ф 6
四级	0.07	0.10	600	ф 6

表 8.26　剪力墙竖向分布钢筋的配筋构造

抗震等级	最小配筋率/%		最大间距/mm	最小直径/mm
	一般部位	加强部位		
一级	0.13	0.13	400	ф 12
二级	0.11	0.13	600	ф 12
三级	0.11	0.11	600	ф 12
四级	0.07	0.10	600	ф 12

应当指出的是,配筋砌块砌体剪力墙的最小配筋率比现浇混凝土剪力墙小得多,这是因为现浇混凝土结构在塑性状态下浇筑,在水化过程中产生显著的收缩,因此要求有相当大的最小配筋率。而配筋砌块砌体剪力墙中,主要作用部分的块体砌筑时收缩已稳定,仅在砌筑时加入了塑性的砂浆和灌孔混凝土,配筋砌块砌体剪力墙的收缩要比钢筋混凝土剪力墙小,因此最小配筋率可以相应降低。

(3)边缘构件

配筋砌体剪力墙结构中的边缘构件,对于提高剪力墙的承载力和变形能力都是非常明显的。当配筋砌块砌体剪力墙的设计压应力大于 $0.5f_g$ 时,在墙端应设置长度不小于 3 倍墙厚的边缘构件或采用钢筋混凝土柱,其构造配筋应符合表 8.27 的要求。

表 8.27　剪力墙边缘构件构造配筋

抗震等级	底部加强区	其他部位	箍筋或拉筋直径和间距
一级	3 ф 20(4 ф 16)	3 ф 18(4 ф 16)	ф 8@200
二级	3 ф 18(4 ф 16)	3 ф 16(4 ф 14)	ф 8@200
三级	3 ф 14(4 ф 12)	3 ф 14(4 ф 12)	ф 6@200
四级	3 ф 12(4 ф 12)	3 ф 12(4 ф 12)	ф 6@200

注:表中括号中数字为采用混凝土柱时的配筋。

(4)剪力墙的轴压比

剪力墙的轴压比较大时,墙体的破坏表现出脆性特征,延性较差,因此应当控制剪力墙的轴压比。剪力墙的轴压比控制应符合下列要求。

① 一级剪力墙小墙肢的轴压比不宜大于 0.5，二、三级剪力墙的轴压比不宜大于 0.6；

② 单肢剪力墙和由弱连梁连接的剪力墙，在重力荷载作用下，墙体的平均轴压比 N/f_gA_w 不宜大于 0.5。

(5)钢筋的布置

剪力墙的水平分布钢筋宜沿墙长连续布置，其锚固和搭接要求除应符合第 6 章的规定外，尚应符合下列规定。

水平分布钢筋可绕端部主筋弯 180°弯钩，弯钩端部直段长度不宜小于 $12d$；该钢筋亦可垂直弯入端部灌孔混凝土中锚固，其弯折段长度，对一、二级抗震等级不应小于 250 mm，对三、四级抗震等级不应小于 200 mm。

当采用焊接网片作为剪力墙水平钢筋时，应在钢筋网片的弯折端部加焊两根直径与抗剪钢筋相同的横向钢筋，弯入灌孔混凝土的长度不应小于 150 mm。

2. 连梁

配筋砌块砌体剪力墙的连梁，是保证各段剪力墙共同工作的重要构件。当采用钢筋混凝土连梁时，除应符合第 6 章关于钢筋混凝土连梁的有关规定外，还应符合现行国家标准《混凝土结构设计规范》(GB 50010—2002)中关于地震区连梁的构造要求。当采用配筋砌块砌体连梁时，除应符合第 6 章有关规定外，还应符合下列要求。

(1)连梁上下水平钢筋锚入墙体内的长度，一、二级抗震等级不应小于 $1.1l_a$，三、四级抗震等级不应小于 l_a，且不应小于 600 mm；

(2)连梁的箍筋应沿梁长布置，并应符合表 8.28 的要求。

表 8.28　连梁箍筋的构造要求

抗震等级	箍筋加密区			箍筋非加密区	
	长度	箍筋间距/mm	直径	间距/mm	直径
一级	$2h$	100	Φ 10	200	Φ 10
二级	$1.5h$	200	Φ 8	200	Φ 8
三级	$1.5h$	200	Φ 8	200	Φ 8
四级	$1.5h$	200	Φ 8	200	Φ 8

注：h 为连梁截面高度；加密区长度不小于 600 mm。

(3)在顶层连梁伸入墙体的钢筋长度范围内，应设置间距不大于 200 mm 的构造箍筋，箍筋直径应与连梁的箍筋直径相同；

(4)跨高比小于 2.5 的连梁，在自梁底以下 200 mm 和梁顶以上 200 mm 范围内，每隔 200 mm增设水平分布钢筋，当一级抗震等级时，不应小于 2 Φ 12，二～四级抗震等级时可采用 2 Φ 10，水平分布钢筋伸入墙内的长度不小于 $30d$ 和 300 mm。

(5)连梁不宜开洞口。当需要开洞口时，应在跨中梁高 1/3 处预埋外径不大于 200 mm 的钢套管，洞口上下的有效高度不应小于 1/3 梁高，且不应小于 200 mm，洞口处应配补强钢筋并在洞周边浇注灌孔混凝土，被洞口削弱的截面应进行受剪承载力验算。

3. 配筋砌块砌体柱

配筋砌块砌体柱的构造，除应符合第 6 章的规定外，尚应符合下列要求。

(1)纵向钢筋直径不应小于 12 mm,全部纵向钢筋的配筋率不应小于 0.4%。

(2)箍筋直径不应小于 6 mm,且不应小于纵向钢筋直径的 1/4,箍筋的间距,应符合下列要求。

① 地震作用产生轴向力的柱,箍筋间距不宜大于 200 mm;

② 地震作用不产生轴向力的柱,在柱顶和柱底的 1/6 柱高、柱截面长边尺寸和 450 mm 三者较大值范围内,箍筋间距不宜大于 200 mm;

③ 其他部位不宜大于 16 倍纵向筋直径,48 倍箍筋直径和柱截面短边尺寸三者较小值;

④ 箍筋或拉结钢筋端部的弯钩不应小于 135°。

4.楼屋盖及圈梁

(1)配筋混凝土小型空心砌块房屋的楼、屋盖宜采用现浇钢筋混凝土板;抗震等级为四级时,也可采用装配整体式钢筋混凝土楼盖。

(2)各楼层均应设置现浇钢筋混凝土圈梁。其混凝土强度等级应为砌块强度等级的 2 倍;现浇楼板的圈梁截面高度不宜小于 200 mm,装配整体式楼板的板底圈梁截面高度不宜小于 120 mm;其纵向钢筋直径不应小于砌体的水平分布钢筋直径,箍筋直径不应小于 8 mm,其间距不应大于 200 mm。

5.剪力墙与基础的连接

配筋砌块砌体剪力墙房屋的基础与剪力墙结合处的受力钢筋,当房屋高度超过 50 m 或一级抗震等级时宜采用机械连接或焊接,其他情况可采用搭接。当采用搭接时,一、二级抗震等级时搭接长度不宜小于 $50d$,三、四级抗震等级时搭接长度不宜小于 $40d$(d 受力钢筋直径)。

8.4.4 设计实例

【例 8.3】 某建筑为配筋砌块砌体剪力墙高层住宅。总建筑面积 7 000 m^2,主体结构 14 层,局部 15 层,底层层高 4.2 m,其余各层层高 3.0 m,房屋总高度 45.5 m。所有承重墙体均为 190 mm厚灌孔配筋砌块砌体,砌块、砂浆和灌孔混凝土的强度等级见表 8.29。采用现浇钢筋混凝土楼、屋盖,沉管复打桩混凝土板式基础。该建筑的场地类别为Ⅲ类,抗震设防烈度为 7 度,设计地震分组为第一组。

【解】 (一)荷载计算

1.结构荷载

(1) 活载标准值

楼面　　　　　1.5 kN/m^2

屋面　　　　　0.7 kN/m^2

厨房、厕所　　　2.0 kN/m^2

走廊、楼梯、门厅　1.5 kN/m^2

挑出阳台　　　　2.5 kN/m^2

(2) 风荷载

地面粗糙度按 B 级考虑,基本风压(考虑高层建筑)为

$$\omega_0 = 1.1 \times 0.55\ \text{kN/m}^2 = 0.605\ \text{kN/m}^2$$

(3) 雪荷载

基本雪压　　　　$S_0 = 0.30\ \text{kN/m}^2$

(4) 墙体自重

砌块空心率按 46%计算。内墙采用 190 mm 厚不同灌孔率的墙体,双面抹灰 20 mm。外墙为 190 mm 厚砌块,内贴 150 mm 厚(05 级)加气混凝土保温层,内层抹灰,外部清水墙。墙体自重见表 8.30。

表 8.29　剪力墙材料及强度指标

楼层	砌块	砂浆	灌孔混凝土及灌孔率/%		砌体计算指标/MPa		
					抗压强度 f_g	弹性模量 1 700 f_g	抗剪强度 1 700 f_g
1~2	MU20	Mb20	Cb30	100	8.33	1.416×10^4	0.64
3~8	MU15	Mb15	Cb25	66	6.36	1.081×10^4	0.55
9~15	MU10	Mb10	Cb20	33(66)	3.66(4.54)	6.22×10^3(7.22×10^3)	0.41(0.50)

表 8.30　墙体自重　kN/m²

灌孔率	内墙	外墙
0	3.27	3.92
100%	5.46	6.11
50%	4.36	5.01
100%	5.46	6.11

(5) 楼盖与屋盖自重

楼板厚度为 80~100 mm,面层的荷载取值为:水磨石地面 3.5 kN/m²,卧室木地板为 3.7 kN/m²,卫生间为 5.0 kN/m²,屋面为 4.96 kN/m²。

(6) 阳台

梁式悬挑阳台 1.5 m,折算荷载 2.89 kN/m²,栏板及阳台塑钢窗 2.9 kN/m²。

(7) 地震作用计算参数

抗震设防烈度为 7 度,设计基本加速度为 $0.1g$,水平地震影响系数最大值为 0.08,设计地震分组为第一组,结构抗震等级按二级考虑。

2.每层结构重力荷载见表 8.31。

表 8.31　每层结构重力荷载　单位:kN

结构层	1	2	3	4~12	13	14	15
每层重量	11 907	9 400	8 930	9 400	9 370	5 251	1 937

(二) 结构受力分析

本工程采用高层建筑空间有限元分析与设计软件进行计算,内力分析考虑扭转耦联并取 9 个振型,连梁刚度系数取 0.55。

1.结构自振周期与振型见表 8.32。

表 8.32　结构自振周期与振型

方向		X			Y		
		1	2	3	1	2	3
周期 T		0.745 9	0.192 8	0.103 3	0.633 8	0.177 1	0.093 7
振型	15	0.017 55	−0.021 66	−0.041 47	0.017 00	−0.019 04	0.029 61
	14	0.016 01	−0.014 33	−0.011 55	0.015 69	−0.014 04	0.014 21
	13	0.014 56	−0.008 94	0.000 34	0.014 38	−0.009 38	0.003 21
	12	0.013 13	−0.004 43	0.005 88	0.013 07	−0.005 12	−0.003 81
	11	0.011 67	0.000 16	0.009 35	0.011 70	−0.000 62	−0.009 23
振型	10	0.010 19	0.004 39	0.009 82	0.010 28	0.003 67	−0.011 37
	9	0.008 71	0.007 85	0.007 17	0.008 85	0.007 30	−0.009 56
	8	0.007 26	0.010 19	0.002 21	0.007 42	0.009 92	−0.004 41
	7	0.006 00	0.011 24	−0.001 75	0.006 20	0.011 16	0.000 01
	6	0.004 79	0.011 43	−0.005 46	0.005 03	0.011 55	0.004 53
	5	0.003 67	0.107 8	−0.008 20	0.003 91	0.011 07	0.008 18
	4	0.002 65	0.009 37	−0.009 44	0.002 89	0.009 80	0.010 23
	3	0.001 76	0.007 35	−0.008 97	0.001 97	0.007 86	0.010 24
	2	0.001 02	0.004 97	−0.006 97	0.001 18	0.005 46	0.008 33
	1	0.000 48	0.002 81	−0.004 37	0.000 60	0.003 23	0.005 47

2.地震作用与风荷载产生的剪力见表 8.33。

表 8.33　地震作用与风荷载产生的剪力　kN

作用和荷载	地震作用产生的各层剪力		风荷载产生的各层剪力	
	X	Y	X	Y
15	272.635	242.306	35.300	12.502
14	727.528	742.427	176.732	100.632
13	1 321.000	1 432.932	320.692	229.965
12	1 779.800	1 982.064	459.227	354.427
11	2 124.922	2 411.633	592.195	473.887
10	2 393.072	2 758.248	719.429	588.196
9	2 619.416	3 053.121	840.736	697.180
8	2 831.573	3 316.585	955.885	800.631
7	3 055.176	3 573.707	1 064.599	898.301
6	3 292.453	3 827.847	1 166.533	989.880

续表 8.33　　kN

作用和荷载	地震作用产生的各层剪力		风荷载产生的各层剪力	
	X	Y	X	Y
5	3 534.901	4 076.104	1 261.249	1 074.974
4	3 764.684	4 307.823	1 348.163	1 153.059
3	3 948.974	4 495.158	1 426.451	1 223.394
2	4 087.101	4 639.060	1 494.833	1 284.829
1	4 189.412	4 750.696	156.061	1 347.024

3.结构顶点位移和最大层间位移见表 8.34。

表 8.34　结构顶点位移和最大层间位移

类别		顶点			层间位移	
		u/mm	u/H	允许值	$\Delta u/H$	允许值
风载	X 轴方向	2.84	1/9 999	1/1 000	1/9 999	1/900
	Y 轴方向	1.56	1/9 999	1/1 000	1/9 999	1/900
地震	X 轴方向	6.69	1/7 013	1/900	1/5 212	1/800
	Y 轴方向	7.10	1/6 602	1/900	1/3 604	1/800

4.剪力墙设计

选取底层某剪力墙进行计算，剪力墙承受的内力为：M = 1 177.69 kN·m，N = 1 288.41 kN，V = 198.29 kN。剪力墙尺寸为 $b \times h \times l$ = 190 mm × 5 400 mm × 4 400 mm，砌体采用 Mb20 砂浆砌筑，灌孔混凝土强度等级采用 Cb30，钢筋采用 HRB335，f_y = 300 MPa，墙体配筋见表 8.35。

表 8.35　墙体配筋表

层数	部位	竖向配筋及配筋率		水平配筋及配筋率	
1 ~ 2	全部	Φ 16	0.132%	2 Φ 12	0.149%
3 ~ 12	外墙转角(包括内角)	Φ 16	0.132%	2 Φ 10	0.103%
	其余部位	Φ 14	0.101%	2 Φ 10	0.103%
13 ~ 15	全部	Φ 16	0.132%	2 Φ 10	0.103%

(1) 正截面受弯承载力验算

① 平面内验算

假定为大偏心受压，对称配筋，在确定受压区高度时忽略分布筋的影响，则有

$$e_0 = \frac{M}{N} = \frac{1\ 177.69\ \text{kN}\cdot\text{m}}{1\ 288.41\ \text{kN}} \times 10^3 = 914.06\ \text{mm}$$

$$h_0 = h - a_s = 5\ 400\ \text{mm} - 300\ \text{mm} = 5\ 100\ \text{mm}$$

$$\beta = \frac{H_0}{h} = \frac{4\ 400\ \text{mm}}{5\ 100\ \text{mm}} = 0.8$$

$$e_a = \frac{\beta^2 h}{2\ 200}(1 - 0.22\beta) = \frac{0.8^2 \times 4\ 400\ \text{mm}}{2\ 200}(1 - 0.022 \times 0.8) = 1.29\ \text{mm}$$

$$e_N = e_0 + e_a + \frac{h}{2} - a_s = 914.06\ \text{mm} + 1.29\ \text{mm} +$$

$$\frac{5\ 400\ \text{mm}}{2} - 300\ \text{mm} = 3\ 315\ \text{mm}$$

$$x = \frac{\gamma_{RE} N}{b f_g} = \frac{0.85 \times 1\ 288\ 410\ \text{N}}{190\ \text{mm} \times 8.33\ \text{N/mm}^2} = 691.9\ \text{mm}$$

因 $\xi_b h_0 = 0.53 \times 5\ 100\ \text{mm} = 2\ 703\ \text{mm} > x$

$$Ne_N \leqslant \frac{1}{\gamma_{RE}}[f_g bx(h_0 - \frac{x}{2}) + f'_y A'_s(h_0 - a'_s) - \sum f_{st} A_{st}]$$

$$Ne_N = 1\ 288.41\ \text{kN} \times 3.315\ \text{m} = 4\ 271.1\ \text{kN} \cdot \text{m}$$

$$A'_s = 603\ \text{mm}^2 (3 \Phi 16)$$

$$[M] = \frac{1}{0.85} \times [8.33\ \text{N/mm}^2 \times 190\ \text{mm} \times 691.9\ \text{mm} \times (5\ 100\ \text{mm} - \frac{691.9\ \text{mm}}{2}) +$$

$$300\ \text{N/mm}^2 \times 603\ \text{mm}^2 \times (5\ 100\ \text{mm} - 300\ \text{mm}) - 300\ \text{N/mm}^2 \times 201.1\ \text{mm}^2 \times$$

$$(1\ 000\ \text{mm} + 1\ 800\ \text{mm} + 2\ 400\ \text{mm} + 3\ 200\ \text{mm} + 4\ 000\ \text{mm})] =$$

$$6\ 266.15\ \text{kN} \cdot \text{m} > Ne_N$$

平面内承载力满足要求。

② 平面外验算

平面外按轴心受压计算，且不考虑竖向钢筋的作用，则

$$N \leqslant \frac{1}{\gamma_{RE}} \varphi_{0g} f_g A$$

$$\varphi_{0g} = \frac{1}{1 + 0.001\beta^2} = \frac{1}{1 + 0.001 \times (\frac{4\ 400\ \text{mm}}{190\ \text{mm}})^2} = 0.65$$

$$[N] = \frac{1}{0.85} \times (0.65 \times 8.33\ \text{N/mm}^2 \times 190\ \text{mm} \times 5\ 400\ \text{mm}) \times 10^{-3} =$$

$$6\ 535.62\ \text{kN} > N = 1\ 288.41\ \text{kN}$$

平面外承载力满足要求。

(2) 斜截面是受剪承载力验算

① 截面复核

剪跨比为

$$\lambda = \frac{M}{Vh_0} = \frac{1\ 177.69\ \text{kN} \cdot \text{m} \times 10^3}{198.29\ \text{kN} \times 5\ 100\ \text{mm}} = 1.16 < 2$$

$$[V_w] = \frac{1}{\gamma_{RE}} 0.15 f_g bh = \frac{1}{0.85} \times 0.15 \times 8.33\ \text{N/mm}^2 \times 190\ \text{mm} \times 5\ 400\ \text{mm} \times 10^{-3} =$$

$$1\ 508.22\ \text{kN} > 1.4\ V = 1.4 \times 198.29\ \text{kN} = 277.61\ \text{kN}$$

② 斜截面受剪承载力

因为 $\lambda = 1.16 < 1.5$,取 $\lambda = 1.5$。

$0.2f_g bh = 0.2 \times 8.33\ \text{N/mm}^2 \times 190\ \text{mm} \times 5\ 400\ \text{mm} \times 10^{-3} = 1\ 709.32\ \text{kN} > N = 1\ 288.41\ \text{kN}$。

取 $N = 1\ 288.41\ \text{kN}$

矩形截面 $A_w = A, f_{vg} = 0.64\ \text{MPa}$

水平配筋 $A_{sh,n} = \dfrac{4\ 200\ \text{mm}}{800\ \text{mm}} = 5.25$,配 $n = 5$ 层,每层 2 Φ 12,$A_s = 226\ \text{mm}^2$

$$V_w \leqslant \frac{1}{\gamma_{RE}}\left[\frac{1}{\lambda - 0.5}\left(0.48 f_{vg} bh_0 + 0.1N\frac{A_w}{A}\right) + 0.72 f_{yh}\frac{A_{sh}}{s}h_0\right]$$

$$\begin{aligned}[V_w] = {} & \frac{1}{0.85} \times \left[\frac{1}{1.5 - 0.5} \times (0.48 \times 0.64\ \text{N/mm}^2 \times 190\ \text{mm} \times 5\ 100\ \text{mm} + \right. \\ & 0.1 \times 1\ 288\ 410\ \text{N}) \times 10^{-3} + \\ & \left. 0.72 \times 300\ \text{N/mm}^2 \times \frac{5 \times 226\ \text{mm}^2}{800\ \text{mm}} \times 5\ 100\ \text{mm} \times 10^{-3}\right] = \\ & 2\ 332.38\ \text{kN} > 1.4V = 277.61\ \text{kN}\end{aligned}$$

5.剪力墙连梁设计

剪力墙连梁采用钢筋混凝土圈梁和配筋砌块砌体组合而成。由于该工程剪力墙间距较小,结构布置时将较长的剪力墙进行开洞,采用连梁相连,连梁的截面高度尽量减小,形成弱连梁。上部某剪力墙承受内力为:$M = 72.04\ \text{kN} \cdot \text{m}$, $V = 79.8\ \text{kN}$。连梁净跨 $l_n = 1\ 800\ \text{mm}$,组合截面 $b \times h = 190\ \text{mm} \times 600\ \text{mm}$。灌孔混凝土采用 Cb25($f_g = 6.36\ \text{MPa}, f_{vg} = 0.55\ \text{MPa}$),受弯钢筋采用 HRB335($f_y = 300\ \text{MPa}$),箍筋采用 HPB235($f_y = 210\ \text{MPa}$),圈梁混凝土采用 C20($f_c = 9.6\ \text{MPa}, f_t = 1.1\ \text{MPa}$)。

(1) 正截面受弯承载力验算

连梁采用对称配筋

$$A_s = \frac{M\gamma_{RE}}{f_y(h_0 - a_s)} = \frac{72.04\ \text{kN} \cdot \text{m} \times 10^6 \times 0.85}{300\ \text{N/mm}^2 \times (565\ \text{mm} - 35\ \text{mm})} = 385\ \text{mm}^2$$

按规范构造配筋为 $0.2\% \times 190\ \text{mm} \times 565\ \text{mm} = 214.7\ \text{mm}^2$

(2) 斜截面受剪承载力验算

配筋砌块连梁箍筋可采用双钩单箍或"U" 形双箍,本工程采用"U" 形箍,即间距为 200 mm,钢筋面积 $A_{sv} = 101\ \text{mm}^2$,满足最小配箍率要求。

① 截面复核

连梁跨高比

$$\frac{l_n}{h_b} = \frac{1\ 800\ \text{mm}}{600\ \text{mm}} = 3.0 > 2.5$$

$$\begin{aligned}[V_b] = {} & \frac{1}{\gamma_{RE}}0.2 f_g bh_0 = \frac{1}{0.85} \times (0.2 \times 6.36\ \text{N/mm}^2 \times 190\ \text{mm} \times 565\ \text{mm}) \times 10^{-3} = \\ & 160.65\ \text{kN} > 1.2\ V_b = 1.2 \times 79.8\ \text{kN} = 95.76\ \text{kN}\end{aligned}$$

② 斜截面受剪承载力验算

$$\begin{aligned}[V_b] = {} & \frac{1}{\gamma_{RE}}\left(0.64 f_{vg} bh_0 + 0.8 f_{yv}\frac{A_{sh}}{s}h_0\right) = \\ & \frac{1}{0.85}(0.64 \times 0.55\ \text{N/mm}^2 \times 190\ \text{mm} \times 565\ \text{mm} +\end{aligned}$$

$$0.8 \times 210\ \mathrm{N/mm^2} \times \frac{101\ \mathrm{mm^2}}{200\ \mathrm{mm}} \times 565\ \mathrm{mm}) \times 10^{-3} =$$

$$157.24\ \mathrm{kN} > 1.2\ V_b = 95.76\ \mathrm{kN}$$

满足要求。

本章小结

(1) 从本章中可以总结出砌体结构房屋受震害破坏的情况,可归纳为两大类:一类是由于结构或构件的承载力不足而引起的破坏;另一类是由于建筑布置和构件选型不当、构件存在缺陷而引起的破坏。因此,在砌体结构房屋的抗震设计中,对结构进行抗震强度验算和注重概念设计、加强构造措施是同样重要的。

(2) 震害调查表明:房屋的总高度和层数、房屋的高宽比、墙体的布置形式、建筑平立面的布置和防震缝的设置以及结构构件材料和截面尺寸的选用对砌体结构房屋的抗震性能有着重大影响。因此,在进行砌体结构房屋抗震设计时,首先必须满足对这些方面的一般规定。

(3) 多层砌体房屋的抗震计算,一般只考虑水平地震作用的影响,可不考虑竖向地震作用的影响。与钢筋混凝土结构体系一致,多层砌体房屋的高度都不超过 40 m,质量和刚度沿高度分布比较均匀,水平震动时以剪切破坏为主时,进行抗震计算宜采用底部剪力法等简化计算方法。在进行结构构件的截面验算时,可不作整体弯曲验算,而只验算房屋在横向和纵向水平地震作用影响下,横墙和纵墙在自身平面内的抗剪能力。

(4) 多层砖房、多层砌块房屋的抗震构造主要有几个方面:构造柱、圈梁的合理设置及构造;各结构构件之间的可靠连接要求;楼梯间的合理布置及构件连接以及配筋砖砌体的一些特殊构造要求。

(5) 底部框架-抗震墙房屋结构由于上下部的材料和结构均不相同,结构的自振特性差异较大,因此,其抗震性能较差。此类结构的抗震设计特点是上下不同结构分别按相应结构进行设计、计算,然后按照整体结构进行抗震验算和采取构造措施。抗震设计的基本要求是:房屋的总高度和层数限制,房屋最大高宽比。

(6) 配筋砌块砌体剪力墙是具有强度高、延性好、抗震性能佳的新型结构体系,其受力性能和现浇钢筋混凝土剪力墙结构很相似。在学习和借鉴国际标准的基础上,通过总结国内的科研成果和工程实践,《砌体结构设计规范》(GB 50003—2002)对配筋砌块砌体剪力墙房屋的地震作用计算、一般规定以及抗震构造措施等方面均作出了较为系统的规定。

思考题

8.1 砌体结构房屋有哪些震害?哪些方面应通过计算或验算解决?哪些方面应采取构造措施解决?

8.2 为什么要对房屋的总高度、层数和高宽比进行限制?它们对砌体房屋的抗震性能有什么影响?

8.3 为什么要限制多层砌体房屋抗震墙的间距?

8.4 在进行墙体抗震承载力验算时,怎样选择和判断最不利墙段?

8.5 配筋砌块砌体剪力墙结构有什么突出优点?根据抗震设防烈度的不同,这种结构形式的房屋在建造的高度上有何规定?

8.6 在配筋砌块砌体剪力墙斜截面抗震承载力验算中,为什么要对剪力设计值进行调整?

参考文献

[1] 中国建筑东北设计研究院.GB 50003—2001 砌体结构设计规范[S]. 北京:中国建筑工业出版社,2002.

[2] 建设部.GB 50011—2001 建筑抗震设计规范[S]. 北京:中国建筑工业出版社,2001.

[3] 中国建筑科学研究院.GB 50010—2002 混凝土结构设计规范[S]. 北京:中国建筑工业出版社,2002.

[4] 唐岱新.砌体结构设计[M]. 北京:机械工业出版社, 2004.

[5] 唐岱新,龚绍熙,周炳章. 砌体结构设计规范理解与应用[M]. 北京:中国建筑工业出版社,2002.

[6] 施楚贤,徐建,刘桂秋. 砌体结构设计与计算[M]. 北京:中国建筑工业出版社,2003.

[7] 施楚贤. 砌体结构[M]. 北京:中国建筑工业出版社, 2003.

[8] 唐岱新,许淑芳. 砌体结构[M]. 北京:高等教育出版社, 2003.

[9] 施楚贤,施宇红. 砌体结构疑难释义[M]. 北京:中国建筑工业出版社, 2004.

[10] 陕西省发展计划委员会.GB 50203—2002 砌体工程施工质量验收规范[S]. 北京:中国建筑工业出版社, 2002.

[11] 苏小卒. 砌体结构设计[M]. 上海:同济大学出版社, 2002.

[12] 东南大学,同济大学,郑州大学. 砌体结构[M]. 北京:中国建筑工业出版社, 2004.

[13] TALY N.现代配筋砌体结构[M]. 周克荣译.上海:同济大学出版社, 2004.

[14] 刘立新. 砌体结构[M]. 武汉:武汉工业大学出版社, 2001.

[15] 罗福午,方鄂华,叶知满. 混凝土结构及砌体结构[M]. 2 版.北京:中国建筑工业出版社, 2003.

[16] 丁大钧. 砌体结构[M]. 北京:中国建筑工业出版社, 2004.

[17] 王庆霖.砌体结构[M].北京:地震出版社, 2005.

[18] 顾祥林,高连玉.砌体结构与墙体材料基本理论和工程应用[M].上海:同济大学出版社, 2005.

[19] 李砚波,张晋元. 砌体结构设计[M]. 天津: 天津大学出版社,2003.

[20] 王墨耕,郁银泉,王汉东.配筋混凝土砌块砌体结构设计手册[M]. 北京:中国建材工业出版社,2002.